高 等 院 校 信 息 技 术 规 划 教 材

数据库技术应用基础

史九林 窦显玉 编著

清华大学出版社
北京

内 容 简 介

本书以数据库技术的基本知识、基本概念和基本方法为主线，以小型数据库应用系统实例为引导，全面介绍数据库技术的主要内容，突出数据库的设计、实现和编程方法，着力培养数据库应用系统的开发能力。本书特点是，在精选课程内容的基础上，建立由总体到具体、由浅入深、由简到繁、难点分散的教材体系；实现强化实践、侧重能力、突出应用的教学目标；运用深入浅出、语言流畅、图文并茂、通俗易懂的表述方式。

本书适宜用作普通大专院校、职业技术院校等计算机应用专业及其相关专业学生数据库技术课程的教材；也可作为数据库技术人员、计算机应用系统开发人员及相关人员培训班教材，自学数据库技术人员的参考书。

图书在版编目（CIP）数据

数据库技术应用基础/史九林，窦显玉编著. —北京：清华大学出版社，2009.1
（高等院校信息技术规划教材）
ISBN 978-7-302-18199-6

Ⅰ. 数…　Ⅱ. ①史…②窦…　Ⅲ. 数据库系统－高等学校－教材　Ⅳ. TP311.13

中国版本图书馆 CIP 数据核字（2008）第 108259 号

责任编辑：袁勤勇　徐跃进
责任校对：李建庄
责任印制：杨　艳

出版发行：清华大学出版社　　　　　　　　　地　　址：北京清华大学学研大厦 A 座
　　　　　http://www.tup.com.cn　　　　　邮　　编：100084
　　　社　　总　　机：010-62770175　　　邮　　购：010-62786544
　　　投稿与读者服务：010-62776969，c-service@tup.tsinghua.edu.cn
　　　质　量　反　馈：010-62772015，zhiliang@tup.tsinghua.edu.cn
印 装 者：北京鑫海金澳胶印有限公司
经　　销：全国新华书店
开　　本：185×260　印　张：17　　　　　字　　数：390 千字
版　　次：2009 年 1 月第 1 版　　　　　　印　　次：2009 年 1 月第 1 次印刷
印　　数：1～4000
定　　价：25.00 元

产品编号：026951-01

本书如存在文字不清、漏印、缺页、倒页、脱页等印装质量问题，请与清华大学出版社出版部联系调换。联系电话：010-62770177 转 3103　产品编号：026951-01

前言

数据库技术的出现虽然比计算机诞生的时间晚了近 20 年。但此后的几十年间,数据库技术与计算机技术同步发展、相互支持、共生共荣。从 20 世纪 60 年代后半期开始的几十年间,数据库技术的研究、开发和应用逐步进入高潮;成果不断涌现,不断推陈出新;经历了从层次模型到网状模型,再到关系模型的里程碑式发展过程;商品化数据库软件层出不穷,大量投放市场,犹如天女散花,遍布全球。到 20 世纪 70 年代中期,数据库之花也绽放在中国大地。现在,已不再有人怀疑数据库技术在数据存储和管理领域的重大意义和巨大作用。几乎百分之百的计算机系统都装备有数据库系统;几乎百分之百的计算机用户都应用数据库技术于自身的业务管理应用;几乎所有的计算机工作者,不管是专业的还是非专业的,都努力地去掌握数据库技术和方法,并以之为能。

数据库技术是一种数据管理技术,是一门计算机专业的专业基础课程,是计算机专业及其相关专业的学生都必须学习和掌握的技术。因为计算机是一种信息处理工具;信息处理的基础是数据处理,数据处理的基础是数据管理。数据库技术又是一种面向应用、实践性很强的技术;离开应用就会失去存在的价值;没有足够的实践,技术就显得苍白无力。笔者曾从事数据库技术课程教学 30 余年。近几年,又有机会参与和从事计算机应用技术型人才和职业技术人才的培养和教育工作。深感技术教学、实践教学和能力培养的深远意义和实践意义。笔者以为,职业技术教育需要处理好两个关系。一是理论与实践的关系。在强调实践教学的同时不要忽视理论教学。实践只有特殊性,理论才有一般性。从实践出发寻找理论支持是一个好的教育方式。我们反对没有实践的理论,但也反对没有理论的实践。"实践→理论→再实践"是一个合理的公式。二是案例教学与举一反三的关系。案例是"举一"、是解剖麻雀、是引导、是学会,不是目的;"反三"是能力、是可持续发展、是目的;二者必须有机结合、相辅相成。

教材是教学的脚本。有一本合适的教材是教学和学习成功的一半。理论与实践结合、案例与举一反三相辅必须通过教材来体现和实施。笔者在本书编写过程中试图针对职业技术教育层次进行初步尝试和改革。主要考虑的是如何改革教材体系与结构、内容重点与表述、教学方法与过程等。首先,对内容进行优选。侧重数据库技术的基本问题,如基本知识、基本概念和基本原理;以实例为引导,如选择合适的DBMS 实例和应用课题实例;使学生能掌握数据库技术的基本内容和基本技术,初步建立起数据库技术基础知识和思维方法;训练学生正确运用数据库方法设计和开发数据库应用系统的初步能力。第二,建立由总体到具体、由浅入深、由简到繁、难点分散的教材体系;使学生循序渐进、自然地进入数据库领域。如第 1 章先介绍数据库的总体概念,第2 章给出一个小型应用课题并进行分析,此后各章围绕应用课题展开,第 7 章是一个总结。第 8 章是一个 DBMS 拓展。第三,强化实践,注重能力,特别着力于数据库设计过程的问题分析和具体 DBMS 实现,体现实践第一性原理。书中围绕应用实例给出每一阶段的操作过程,供学生验证、实验、模仿和练习。要求学生能借助实例达到举一反三的目的,进一步自行完成实例未给出部分的设计和实现。注意把数据库技术与数据库技术的应用融通在一起;发挥示范 DBMS 的实践作用。第四,为使学生抓住课程重点,每章开头列出本章要点和知识点。每章习题给出丰富的不同类型的题目,力图覆盖全章的知识要点和能力训练。通过习题回味可加深对教材内容的理解,提高实践能力。第五,在全书的表述上注意做到深入浅出、语言流畅、图文并茂、通俗易懂、重点突出。以期达到让读者"一看就懂,一学就会,一练就通,举一反三"的目的。以上可以算是本书的一些特点吧。是否合适,还是由读者说了算;还得由专家们点评认可。

本书适合用作普通高等院校计算机应用专业及其相关专业学生的数据库技术应用课程教材;也可作为计算机应用系统开发人员及相关人员的学习参考书或培训教材。

全书共 8 章,由两人参与编写。史九林编写了第 1 至 7 章。窦显玉编写了第 8 章。全书由史九林策划、设计和统稿。

南京大学计算机科学与技术系徐洁磐教授是我国知名数据库专家,我的良师益友。他不仅拨冗仔细审阅了全书手稿,提出了许多改进意见和建设性建议;而且,在本书写作过程中还给予了极大鼓励、关心支持、全力帮助和悉心指导,笔者深表感谢。在本书编写过程中还得到了三江学院王芝庆教授、金肯职业技术学院计算机与通信工程系领导的关心,以及计算机应用技术专业同仁们的支持。在此一并表示感谢。

由于笔者水平有限,时间仓促,书中疏漏和错误在所难免,恳望读者批评指正。

编　者

2008 年 9 月于南京

目录

Contents

第1章

数据库系统基本概念

计算机的一个十分重要的应用领域是信息管理,信息管理的核心技术是数据管理。数据管理的近代技术是数据库。数据库技术的出现和迅速发展使之成为计算机学科的一个重要分支。其应用的广泛性、深入性和重要性已是尽人皆知,不言而喻。

本章的主要任务是让读者对数据库技术有一个比较全面的了解和认识,建立起关于数据库的基本概念,包括基本知识和术语、基本原理和方法、基本结构和技术等几个主要方面。本章主要回答以下几个问题。

(1) 什么是信息、数据、数据管理和数据处理?

(2) 有哪些常见的计算机数据管理技术?

(3) 什么是数据库? 数据库系统由哪些元素组成?

(4) 数据库系统的体系结构是如何架构的?

(5) 什么是数据库管理系统? 在数据库系统中有什么作用?

(6) 数据库语言包括哪些语言? 它们各有什么用途?

(7) 数据库系统的活动过程是什么?

(8) 数据库系统技术为什么能得到广泛应用?

1.1 什么是数据库

1.1.1 信息、数据和数据管理

1. 信息

信息(information)一词已被人们熟悉和广泛使用。至于什么是信息还没有公认、确切的定义。控制论创始人维纳(N. Wiener)说:"信息就是信息,它既不是物质也不是能量。"实际上,信息是现实世界中客观事物的属性表征及其运动状态的真实反映所形成的关于事物的概念。人一旦接收、认识和掌握了某事物的信息,他就具备了关于该事物的知识。现实生活中,人们常常把获得的消息、新闻、情报、广告和知识等看成信息。信息总是伴随着事物的存在而存在,事物又总是以信息顽强地表现自己,不管你是否已经认识或获取到。人总是千方百计地获取信息,以决定自己此后的社会活动,以企进一步认识

世界和改造世界。因此,信息已成为一个组织或部门的重要财富和资源。人类的社会活动形成了物质流、资金流和相伴随的信息流。信息流控制和制约着物质流和资金流的运动。

2. 数据

数据(data)是信息符号化的结果,是用以表示、存储、传输信息的一种结构化符号串。所谓"结构化"是指数据中的符号必须遵循预先规定的规则构成"串"。所谓"符号"是指文字、标点、声音元素、几何元素、时间元素等公众已经接收并广泛流行的基本符号的全体。使用不同基本符号构成的数据有不同的展现形式,如数值、文本、语音、音频、图像、图形、视频等。可以用不同形式的数据表示同一信息。通常人们把信息和数据等同视之。虽然这并不妨碍对数据和信息的理解,但实际上,信息和数据是有严格区别的。数据是表示信息的一种媒体,也称载体;信息载荷在数据之上。或者说,数据所表达的内涵和意义才是信息。近代计算机技术允许把不同形式的数据叠加、复合在一起,表示、处理和展现复杂的信息,这就是多媒体和多媒体技术。

相对于计算机信息处理,数据又被定义为计算机输入、处理和输出的对象。所以有人把数据说成是计算机领域的专门术语,是构成计算机软件的一部分。任何媒体形式的数据若要进入计算机,都必须经过数字化的过程。就是把数值、文本、语音、音频、图像、图形、视频等形式的数据转换成比特(bit,又称位)流,即二进制表示,并进行编码、存储在计算机的存储设备上,然后计算机才能通过软件对其进行处理或输出。西文编码表,汉字编码表,图形、图像、视频和声音的采样、量化、编码/压缩编码等都是信息媒体数字化的工具。因此,任何形式的数据在计算机内都统一成了二进制位串,即"0"/"1"的串。这也是计算机多媒体技术的基础。

3. 数据管理

计算机数据处理面临数量巨大、关系复杂的数据集群。如何管理好数据,以提高数据处理的有效性和提供优良的信息服务,成为计算机学科的一个重要研究课题。随着计算机软硬件技术的不断发展,特别是外部存储器产品的不断更新,容量不断增大,计算机数据管理(data management)技术经历了自由管理、文件管理和数据库管理3个重要发展阶段。

1) 自由管理阶段

自由管理(adaptive management)实际上是无管理。在计算机仅有内存可以存储数据的年代,程序员把数据和处理它的程序捆绑,构成一个整体。程序流程与数据两相适应,共存共亡。或者说,在这种方式下,没有统一的数据管理规则;有的只是程序员智慧和匠心之体现;任何一个程序都必须特别地考虑它所处理的数据的逻辑特性和存储特性;按地址引用数据。数据为处理它的程序私有。在数据量不大的情况下,这种方法尚可使用。

2) 文件管理阶段

把数据组织成文件进行管理是计算机数据管理技术的重大进步,至今久盛不衰。文件管理(file management)是以文件为单位的数据管理方式。文件是一种按规定规则或标准组织起来的,同类数据的集合;独立地存储在外部存储设备上。为其命名一个名字作为标识,称文件名。此后,就可以按文件名直接引用文件;不再需要考虑那些与物理存储位置、设备特性有关的细节问题。为适应不同的应用和存储设备,文件有不同的组织方式,如流式文件和记录式文件,顺序文件、索引文件和直接文件等;有不同的存取方法,如顺序存取和直接存取。操作系统的文件管理功能(即文件管理系统)对文件进行统一管理和服务,把文件的所有物理结构和物理特性掩盖起来(又称"透明"性)。用户程序只需设计文件的逻辑结构,通过操作系统实现对文件的基本操作,如打开/建立、读写、关闭、复制、删除等。因此,几乎所有程序设计语言都把文件的逻辑结构定义和处理功能纳入其中。

文件管理方式有许多优点。主要是:

(1) 数据可以长久地保存在外部存储器上,避免了同一数据的多次输入。

(2) 数据的逻辑结构和物理结构分开管理。应用程序负责对数据逻辑结构的解读和处理,把数据的物理结构以及应用程序与文件间的数据交换交由操作系统完成,一定程度上提高了程序设计的效率。

(3) 提供了有条件的数据共享能力。也就是说,在程序设计时,只要清楚了解了它所面对文件的逻辑结构就可以使用这些文件。

但是,文件管理方式也存在许多不足。主要是:

(1) 文件与程序的相关性。文件只能由程序创建与读写。任何一个文件都必定依附于一个程序而存在。程序负责设计文件的逻辑结构,又基于文件逻辑结构而处理。

(2) 数据共享能力有限。一个文件的设计很难满足多个应用程序的不同要求。

(3) 文件只是孤立地存在,不能反映出不同数据之间的关联性。结果是,同一数据可能存储在不同的文件中。后果是,可能造成大量数据冗余,发生数据不一致性错误。

假定某学校有 3 个不同的应用:学生学籍管理、学生电话查询和学生邮政通信。分别为它们设计 3 个文件:学生信息表文件(数据结构见表 1-1)、学生电话号码表文件(数据结构见表 1-2)和学生地址表文件(数据结构见表 1-3)。显然,在这 3 个文件中学号和姓名重复存储了 3 次,是一种数据冗余现象。数据冗余不仅占用了大量的存储空间,也为维护数据的一致性带来难度。

表 1-1 学生信息表文件

学　　号	姓　名	性　　别	出生年月	班　　级
210806101	陈敏敏	女	1990.2	应用 061
210806102	李学好	女	1989.10	应用 061
220806101	顾家新	男	1987.12	经济 061
210806201	黄玲玲	女	1991.1	应用 062
220806201	柯向民	男	1989.3	经济 062
220806101	王怀国	男	1986.7	经济 061
220806202	徐晶晶	女	1988.8	经济 062
210806103	余美美	女	1990.11	应用 061
210806202	张全理	男	1991.9	应用 062

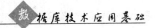

表 1-2　学生电话号码表文件

学　号	姓　名	电　话
210806101	陈敏敏	12345678
210806102	李学好	87654321
220806101	顾家新	11223344
210806201	黄玲玲	56784321
220806201	柯向民	24680721
220806101	王怀国	55728363
220806202	徐晶晶	86261188
210806103	余美美	86868686
210806202	张全理	34598712

表 1-3　学生地址表文件

学　号	姓　名	住　址
210806101	陈敏敏	南京北京西路
210806102	李学好	上海武夷路
220806101	顾家新	济南纬一路
210806201	黄玲玲	南京龙园北路
220806201	柯向民	南京虎踞路
220806101	王怀国	北京平安里
220806202	徐晶晶	天津海河路
210806103	余美美	南京江心洲
210806202	张全理	北京三里河

　　由上可见,这两种数据管理方式下,程序和数据紧紧联系在一起。如果说文件管理方式下程序和数据之间的关系有所松动的话,则自由管理方式下程序和数据是牢不可破的。这种程序和数据的结构关系称之为"以程序为中心",数据只处于辅助地位,如图 1-1(a)所示。

　　3) 数据库管理阶段

　　数据库方法是在文件基础上的一个重大发展。目的是要消除文件管理方式的缺陷,力图提供数据构造更合理、管理能力更强大、管理方法更完善、数据服务更实用的数据管理技术和方法。数据库管理方法(database management)与文件管理方法有着本质的区别。其主导思想是对数据实行整体性的统一、集中、独立创建和管理,实现从信息角度完整描述和存储一个"组织"(企业、机构、机关、部门等)。以数据集成、统一管理、最小冗余和多层次数据共享为主要特征。例如,把文件管理下的学生信息表文件(见表 1-1),学生

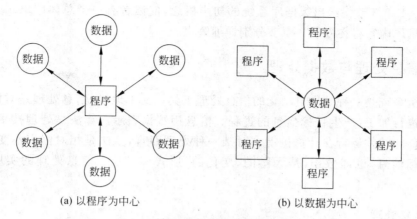

(a) 以程序为中心　　　　　　　　(b) 以数据为中心

图 1-1　程序与数据结构关系示意图

电话号码表文件(见表 1-2)和学生地址表文件(见表 1-3)3 个文件集成在一个表"学生表"
(数据结构见表 1-4)中来管理,显然有许多好处:消除了数据冗余,保证了数据的一致性
等。这只有在数据库系统方式下才能合理实现。原 3 个文件的数据的使用方法也将
不同。

表 1-4　学生表数据库

学　号	姓　　名	性别	出生年月	班　　级	住　　址	电　话
210806101	陈敏敏	女	1990.2	应用 061	南京北京西路	12345678
210806102	李学好	女	1989.10	应用 061	上海武夷路	87654321
220806101	顾家新	男	1987.12	经济 061	济南纬一路	11223344
210806201	黄玲玲	女	1991.1	应用 062	南京龙园北路	56784321
220806201	柯向民	男	1989.3	经济 062	南京虎踞路	24680721
220806101	王怀国	男	1986.7	经济 061	北京平安里	55728363
220806202	徐晶晶	女	1988.8	经济 062	天津海河路	86261188
210806103	余美美	女	1990.11	应用 061	南京江心洲	86868686
210806202	张全理	男	1991.9	应用 062	北京三里河	34598712

　　数据库管理方式从根本上改变了程序与数据的关系,把以程序为中心的程序、数据
结构关系转变为"以数据为中心",如图 1-1(b)所示。这意味着,数据不再依赖于程序的
存在而存在;可以先于程序而存在。从而,把数据的逻辑结构定义、物理存储结构和维护
服务管理等与应用程序设计分开处置,大大提高了应用程序的生产率和数据共享能力。
数据上升为主导地位。

　　数据库方法的出现,一方面是因为海量数据管理的需要;另一方面是计算机技术快
速发展提供了条件;特别是外存储器的容量越来越大、种类越来越多、性能越来越好、价
格越来越低、可靠性越来越高。第三是因为软件技术的发展为数据库开发提供了优秀的

软件平台。1.1.3 节将给出数据库系统的初步概念,使读者有一个总体印象。关于数据库方法的具体内容将在以后各章节分别详细解说。

1.1.2　信息处理与数据处理

计算机系统是一种高度自动化的信息处理工具。简单地说,信息处理是对源信息按某种算法进行加工,产生目标信息的过程。信息用数据表示。算法是处理技术和方法,实现于软件。软件运行在计算机上。对某一种处理而言,算法是相对固定不变的,而源信息和目标信息,也即数据,是大量的、变化的、形式多样的。信息处理的实质是数据处理。

1. 信息处理

信息处理(information processing)自古有之,只是信息意识、处理方法、可用工具、应用范围和施用效果经历了由初级到高级,由简单到复杂,由落后到先进,由手工到自动的发展过程。今人谈及信息处理时,总是与计算机联系在一起,即计算机信息处理。简单地说,信息处理是"收集→输入→处理→输出→施用"信息的一个不断往复的过程。在这个过程中要使用到计算机软硬件的大多数技术,特别是数据库技术。信息、计算机硬件、软件、应用程序以及相关人员等共同构成的计算机应用系统称为计算机信息系统,简称信息系统,其主要目的是提供信息服务,如商业营销系统、学校教务管理系统、办公自动化系统、情报检索系统、图书检索系统、地理信息系统、电子商务、电子政务等都是典型信息系统的例子。

2. 数据处理

信息系统的基础是数据处理(data processing),信息处理通过数据处理得以实现。因为信息的载体是数据,对信息进行处理就是对数据进行处理。因此,一般情况下把信息处理和数据处理混为一谈,不再加以严格的区分。所谓数据处理是指对数据进行收集、记录、整理、组织、输入、存储、加工、维护、查询、传输、输出等一系列基本操作的总和。数据处理的基本环节是数据管理。

数据处理是计算机的一个庞大应用分支。它具有 4 个显著特点:

(1) 涉及的数据量十分巨大,而一个特定应用处理却只使用其中有限部分。因此,需要使用海量存储器存储数据库中的数据。

(2) 除输入输出数据外,绝大部分数据是持久的,需要长时间地存储在计算机系统中,以提供给一个组织或更大范围内的多个程序共享使用。

(3) 数据与数据之间具有比较复杂的关联关系,需要为其建立相应的结构模型以构造、存储和管理数据。

(4) 对数据的处理算法相对比较简单,侧重于诸如分类、排序、检索、统计、汇总、制表等一类的处理。

1.1.3 数据库系统的初步印象

通常所说的数据库,专业地应当称为数据库系统(database system,DBS)。它是由数据、硬件、软件、应用以及参与其管理的专业人员等元素组成的一个完整体系。图1-2给出了关于数据库系统的初步印象示意图,下面简单介绍组成系统的各个元素。

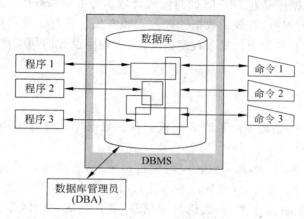

图 1-2 数据库系统印象示意图

1. 数据库

数据库(database,DB),是一种存储在计算机系统内的数据集合,是数据库系统的管理对象。集合中的数据按特定模型组织、构造、布局和存储;能提供某组织或某范围内众多应用的数据共享服务。数据库中数据属于持久性数据,相对稳定和长期保存。它不同于输入数据和输出数据,尽管输入数据可以经加工和处理存入数据库,或数据库中数据经推导成为输出数据。

2. 硬件

硬件(hardware)是支持数据库系统的基础平台之一。一是计算机硬件系统,特别是外存储器。数据库系统需要海量存储器存储数据库,如大容量的硬盘。二是计算机网络系统。早期的数据库多建立在单机上;而今则以建立在网络上为主。多数采用客户/服务器(C/S),或浏览器/服务器(B/S)结构。以支持如电子商务、电子政务、网上信息查询系统等应用的需要。

3. 软件

软件(software)是支持数据库系统的另一个基础平台(图1-2中未明显出现)。主要是指操作系统,常用的有 Windows、UNIX 等,操作系统支持数据库系统的运行;还有应用开发工具软件,如 C、C++、Java、VB、PowerBuilder 等,工具软件提供数据库应用系统的开发平台;此外尚有接口软件,如 ODBC、JDBC 等,接口软件提供数据库系统与应用程序、网络间的数据连接和传递通道。

4. 数据库管理系统

数据库管理系统(database management system,DBMS),见图 1-2 中包围于磁盘图元外带阴影的矩形,属系统软件类,是管理数据库的软件机构,是数据库系统的核心软件。DBMS 的功能是实现对数据库的数据组织、数据操纵、数据维护、数据保护、数据服务等。这意味着,数据库是在 DBMS 的封闭式管理状态下提供数据服务的。DBMS 为应用提供了统一、标准、规范、有效的数据管理方式和方法。其目的是尽可能地降低用户程序在数据管理、维护和存取上的复杂程度,提高应用程序设计的简明性和方便性,提高应用程序开发的生产率。

5. 应用

应用(application)是数据库系统的效益所在。数据库系统应用用户可分为两大类,联机用户和程序用户。

(1) 联机用户(图 1-2 中标为"命令"的键盘形框)是直接面对系统运行现场,通过命令、菜单、工具按钮等操作工具(或称命令语言),以交互方式操作和使用数据库的一类用户。主要应用是数据查询业务,如查询特定信息、数据列表、统计、数据分析等。结果数据的输出量一般比较少,甚至只是个别数据。比如查询某班级学生某课程的平均考试成绩,查询统计成绩在 90 分以上的人数等。这种应用方式适合于非计算机专业人员使用。

(2) 程序用户(图 1-2 中标为"程序"的矩形)是利用程序设计语言(如 C、C++、VB、Java 等)编写独立的应用程序或应用程序系统,与数据库进行数据交换,执行数据操作和处理,完成一个或一类特定的数据处理任务的用户。这类用户多是计算机专业人员(如程序员、软件人员、数据库管理员等)。程序用户处理的数据面积相对比较大,处理过程相对比较复杂。结果数据的输出量也比较大,输出形式比较丰富。对数据库的操作可能涉及查询、插入、修改、删除或其他等各种目的。

特别要注意的是,任何用户的一次应用都只涉及数据库中的某一块局部数据,而不是数据库的全部数据。所有应用用户都可以同时使用同一数据库。同时并发运行的多个应用所使用的数据可以任意交叉、重叠,甚至是同一块数据;即数据库提供了任意方式的数据共享能力。

6. 数据库管理员

数据库管理员(database administrator,DBA),见图 1-2 下端的矩形框,是数据库系统的设计者、维护者、管理者和责任者;也可以看成是数据库的一个应用用户,他的职责是规划和建设数据库,为应用用户提供数据服务,维护数据库的安全性、完整性,改善数据库系统性能,提高系统运行效率。可见 DBA 的工作范围涉及整个数据库系统。因此,DBA 必须熟悉数据库所在组织的全部数据性质和用途,对数据库的用户需求要有充分的了解和认识,对数据库系统本身具有良好的专业知识、专业技术和专业技能。DBA 可以是一个人担任,也可以是一个工作小组担任。

这 6 个元素有机地联系在一起,各司其职,相互作用,相互影响,协调运转,构成数据库系统。

1.1.4　数据库技术的发展

数据库系统技术于 20 世纪 60 年代产生于美国。由于它的卓越性和计算机数据处理需求的不断扩大，不到 10 年时间便风行全世界，其发展可以从 4 个方面说明。

1. 传统数据库时期

这是计算机数据管理技术由文件管理方式向数据库系统管理方式的过渡时期。这一时期的数据库系统虽然是从文件系统脱胎而至，但它是计算机数据管理技术的一次进步和飞跃。发展了层次模型数据库系统（hierarchical database）和网状模型数据库系统（network database），并走向实用。

首先出现的是层次数据库系统。它采用层次数据模型构造数据库，但带有深深的文件方式的阴影。其代表作是美国 IBM 公司于 1969 年推出的 IMS 系统，这是最早商品化的通用数据库管理系统软件产品，也是 20 世纪 80 年代前装机量最多的 DBMS。此外，美国 MRI SYSTEM CORP 公司开发的 SYSTEM 2000 也是比较著名的 DMBS 产品。层次数据库是数据库技术发展的第一个里程碑。

继层次数据库系统之后出现的是网状数据库系统。网状数据库系统采用网状数据模型构造数据库，使数据库技术走向专业和成熟。更加能满足事务数据处理期望的海量数据管理的需要。美国数据系统语言委员会（CODASYL）1971 年提出的 DBTG 报告奠定了网状数据库的基础，首次提出了数据库系统的一系列概念和方法，如数据库系统的三层结构、模式、子模式、视图、数据描述语言、数据操纵语言，等等。DBTG 是一个数据库系统规范，实现 DBTG 规范的 DBMS 代表作有 IDMS/R、IDMS/SQL、DMS 1100 等。网状数据库系统是数据库技术发展的第二个里程碑。

2. 关系数据库时期

关系数据库（relational database）是数据库技术发展的第三个里程碑，也是数据库技术发展最重要的时期。关系数据库的概念首先是由 IBM 公司研究员 E. F. Codd 于 1970 年提出的。1979 年 IBM 公司研制成功第一个关系数据库管理系统 SYSTEM R 投放市场。之后几年陆续出现了 ORACLE、SQL/DS、DB2、INGRES、SYBASE 等关系数据库管理系统，以及专门为个人计算机（微机）配置的 dBASE、FoxBASE、FoxPro 等。经过近 20 年的开发、研究和发展，关系数据库系统已成为数据库系统的主流；并逐步取代了层次模型和网状模型数据库系统。

关系数据库系统有许多优点。

（1）数据结构简明、精巧。关系数据模型以单一的二维表作为基本数据结构，容易学习、理解、掌握和应用。

（2）具有高度的物理独立性。用户只集中注意数据库的逻辑结构，而无须关心和了解数据的物理存储细节。

（3）操作简便，功能强大。关系数据库系统使用非过程性语言实现对数据库的各类操作。使操作十分灵活,效率高。一次操作获得一个集合作为结果。大大地提高了应用程序的生产率。

(4) 理论基础坚实。关系数据库系统建立在数学理论之上,主要是集合、逻辑、代数。这为关系数据库管理系统的开发、研究和发展提供了可靠的理论保障。

因此,关系数据库系统的开发、研究至今乃胜,方兴未艾。

3. 专用数据库时期

前述 3 种数据模型的数据库系统起源于商业信息处理应用,较好地适合事务处理领域。对于非事务处理领域,如图形/图像处理、工程数据处理、人工智能和知识处理、地理/地球信息处理等领域,这些数据库系统就不能提供足够的模型支持。为此,于 20 世纪 80 年代兴起了专用数据库系统的研究和开发。把数据库技术与专业领域技术进行结合。专业数据库系统的典型实例主要有:

(1) 工程数据库系统　数据库技术与工程领域技术结合的系统。

(2) 图形数据库系统　数据库技术与图形技术结合的系统。

(3) 图像数据库系统　数据库技术与图像处理技术结合的系统。

(4) 统计数据库系统　数据库技术与统计应用技术结合的系统。

(5) CAD 数据库系统　数据库技术与 CAD 技术结合的系统。

(6) 知识库系统　数据库技术与人工智能应用技术结合的系统。

(7) 多媒体数据库系统　数据库技术与多媒体技术结合的系统。

4. 新一代数据库时期

20 世纪 80 年代之后,计算机技术逐步扩大到许多新的应用领域,如计算机辅助设计(CAD)、计算机辅助制造(CAM)、知识处理、多媒体信息处理等。虽然关系数据库系统研究已经取得了很大的进展;但是,由于数据结构比较简单,仍然不能满足新应用领域提出的要求。专用数据库系统又不具备通用性,国际互联网、嵌入式系统、移动通信领域也都要求提供数据库系统的数据服务。因此,人们便开始了新一代数据库系统的研究。主要是:

(1) 面向对象的数据库系统。把面向对象技术扩充到关系数据库系统中,形成面向对象数据库系统。

(2) 数据仓库。是关系数据库系统从事务型向决策、统计型发展形成的系统。

(3) Web 数据库系统。是数据库技术与国际互联网(Internet)结合形成的系统。

(4) 嵌入式数据库系统。是关系数据库系统微型化,应用于嵌入式系统领域形成的系统。

(5) 移动数据库系统。是关系数据库系统微型化,应用于移动通信领域形成的系统。

1.2　数据库系统的体系结构

数据库系统始终维持一个严谨的体系结构,以保证对数据的有效管理,实现数据库管理的所有功能,体现数据库系统的特点。这种结构按 3 个层次进行架构,又称 3 个抽象层次,或 3 个抽象级别。它们分别是内层、概念层和外层。两两相邻层次之间建立了两级映射,负责相邻层次之间的连接和数据转换。即"3 级模式—2 级映射"结构,如

图 1-3 所示。这种结构成为数据库系统体系结构的一种标准,所有流行的 DBMS 都按这个标准设计和实现。

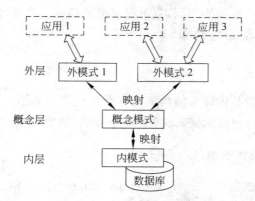

图 1-3　数据库系统结构示意图

1.2.1　三级模式

模式(schema)是人为地表示数据的形式定义,包括数据类型、数据结构、数据范围、数据联系、数据约束和数据操作的详细描述,是 DBMS 构造数据库、维护数据库、提供数据应用服务的一组规则。不同层级使用不同的模式,提供不同的数据服务。

1. 概念模式

概念模式(conceptual schema)位于体系结构的概念层(中间层),又称模式。它表示和描述数据库的整体数据组织、逻辑结构和管理规范,即定义全局数据库的逻辑结构;是装配、管理和维护数据库的框架。全局数据库也称概念数据库,每一个概念数据库都必须且只能建立一个概念模式。

2. 内模式

内模式(internal schema)位于体系结构的内层,又称物理模式或存储模式。它表示和描述全局数据库的物理存储结构和存取方法;即定义数据库本身如何在物理存储设备上存储、排布与传输,如存储文件结构、索引结构、数据的存取路径等。每一个概念模式都有一个对应的内模式。

3. 外模式

外模式(external schema)位于体系结构的外层,又称子模式或逻辑模式或用户模式。它表示和描述用户的应用处理所期望的数据构成的数据库,也称用户数据视图;是全局数据库的某一局部数据集合,故又称局部数据库或逻辑数据库或用户数据库。即应用用户可使用的数据库局部数据的逻辑结构框架。应用程序只有通过外模式才能与数据库进行数据交换。所以外模式是与应用程序直接相连的模式。外模式由概念模式导出,依赖于概念模式的存在而存在,与概念模式相容。每一个数据库应用程序都必须有一个外模式与之对应,反之一个外模式可以服务于多个应用程序。

必须强调的是,概念模式和外模式只表示相应数据库的逻辑结构。并不表示,也不存在数据的物理存储。而内模式则不同,它不仅定义和描述了数据库的存储结构,同时也意味着相应数据的实际物理存储,参见图 1-3。

1.2.2 二级映射

映射(mapping)是数据库体系结构的另一个组成部分,是模式与模式之间的连接和转换机构。映射分外模式/概念模式映射和概念模式/内模式映射两个级别。

1. 外模式/概念模式映射

外模式/概念模式映射(external/conceptual mapping),在图 1-3 的外层与概念层之间用双向箭头表示,建立外模式与概念模式之间的对应关系,以及数据转换规则。如前所述,外模式定义的是一个局部数据库。因此,只有概念模式的部分数据结构出现在外模式中;而且这些数据结构中的数据类型也可以与概念模式不同。应用程序提取数据时,该映射负责把概念数据库的数据转换成用户数据库的数据;反之,应用程序向数据库存储数据时,该映射负责把用户数据库的数据转换成概念数据库的数据。可见,这里的映射是双向的,每一个外模式都必须有一个相应的外模式/概念模式映射与之对应。

2. 内模式/概念模式映射

概念模式/内模式映射(conceptual/internal mapping),在图 1-3 中概念层与内层之间用双向箭头表示,建立概念模式与内模式之间的对应关系,以及数据转换规则。内模式定义的是一个物理数据库,即数据在物理存储设备上的实际存储。在 DBMS 提取数据时,这个映射负责把存储介质上存储的数据按概念模式的定义进行转换,并提交给 DBMS;反之,在 DBMS 要求向数据库存储数据时,这个映射负责把概念模式定义的数据转换为存储结构的数据,并请求存储。这里的映射也是双向的。

作为一个示例,请为学生学籍管理、学生电话查询和邮政通信等 3 个应用设计一个简单的数据库。如图 1-4 所示,图 1-4(a)是三级模式之间的关系,图 1-4(b)是各级模式定义下的数据库视图。学生表是全局数据库。学生信息表、学生通信表是两个用户数据库,其数据从学生表映射而得。学生表存储文件是存储在存储器上的物理数据库;并建立了学号索引,以加快数据的查找速度。

通过这个例子说明两点。第一,模式结构和数据库结构是一致的。正常情况下,模式的存在意味着相应数据库的存在。不过,只有物理数据库是实际物理存储的,概念数据库和用户数据库是物理数据库的导出物。第二,数据库系统共同存储了模式和数据两部分信息。模式是对数据的定义,或说是关于数据的数据;数据是模式定义下的值,两者不可分离。这是数据库系统与文件系统的严格区别。

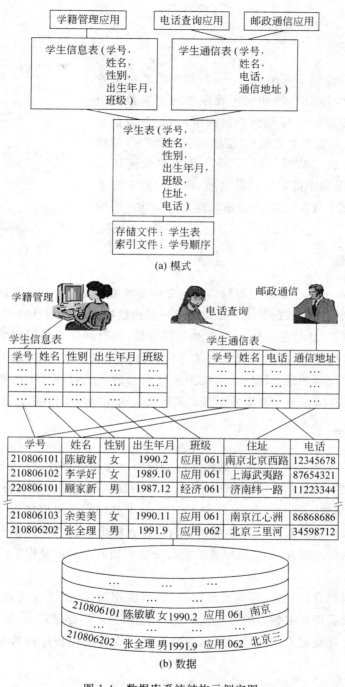

图 1-4　数据库系统结构示例实图

1.2.3　3 种记录

记录是系统传输数据的基本单位。数据库系统的三级结构有 3 种不同的记录结构

（见图 1-5）。

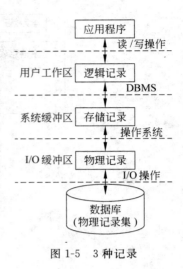

图 1-5　3 种记录

1. 逻辑记录

逻辑记录（logical record 或 record）是外模式定义的
用户数据库记录，是 DBMS 和应用程序之间交换数据的
单位（图 1-3 中虚线矩形框和空心前头所示）。逻辑记录
由应用程序需要的有效数据构成，提供给应用程序作处理
之用。应用程序访问数据库时，DBMS 负责提取逻辑记
录，并传输到应用程序指定的内存区域，称为用户工作区
（user work area，UWA）。应用程序只能处理 UWA 中的
数据。

2. 存储记录

存储记录（stored record）是存储模式定义的基本数据存储单位，是 DBMS 与操作系
统之间进行数据交换的数据单位。存储记录一般由数据和系统信息构成，前者是存储于
数据库的业务数据，后者是系统用于表示存储特征、数据间联系的附加数据。当 DBMS
向操作系统请求数据时，操作系统负责从存储设备上读取数据，并提取存储记录传送到
DBMS 提供的系统缓冲区。DBMS 只能操纵它自己的系统缓冲区中的数据。例如从存
于系统缓冲区的存储记录中提取数据组成逻辑记录送往用户工作区。

3. 物理记录

物理记录（block）又称块，是数据库在存储设备上存储的基本单位，也是内存与外存
之间进行数据交换的基本单位。物理记录大小和数据组织与存储设备特性有关，如磁盘
存储器，物理记录的大小是固定的，比如 512B。一个物理记录可以包含一个或几个完整
的存储记录。操作系统根据 DBMS 的请求执行输入输出（I/O）操作，从外存储器上读入
物理记录到输入输出缓冲区，再从输入输出缓冲区中提取存储记录传送到 DBMS 的系统
缓冲区。

从物理记录到存储记录，再到逻辑记录，直到应用程序，是逐级提取数据的过程，也
是应用程序从数据库获取数据的过程。反之，从逻辑记录到存储记录，再到物理记录，直
到在存储设备上存储起来，是逐级装配数据的过程，也是应用程序向数据库存储数据的
过程。

1.2.4　数据独立性

数据库系统有许多追求的目标；而数据独立性（data independence）是最重要的目标
之一，是提高应用程序生产率的关键。所谓数据独立性是指程序与数据之间的无关性。
或者说，数据库系统向程序提供数据服务而不依赖于程序。数据库的逻辑结构、存储结

构、存取方法、存储设备等的任何改变不影响原有程序的正确运行。数据库系统的数据独立性分为逻辑独立性(logical data independence)和物理独立性(physical data independence)两级。

1. 逻辑独立性

逻辑独立性是指当数据库的总体逻辑结构发生改变,如修改了概念模式、增加了新数据类型、改变或增加了数据间的联系,等等,无须对原有的程序作出相应修改。从数据库系统体系结构可知,程序是按外模式与数据库系统交换数据的;外模式是由概念模式导出的;外模式与概念模式之间是通过映射转换数据的。因此,当概念模式发生改变时相应地修改外模式/概念模式映射,保证外模式不被改变而保持原状,就可以保证相关程序的正确运行,实现逻辑独立性。

2. 物理独立性

物理独立性是指当数据库的物理结构(即物理存储)发生改变,如存储结构的调整和改变、索引的增加或删除、存取方法的更换、存储设备的更替和扩充等,都毫不涉及数据库的逻辑结构,从而不影响原有程序的正常运行。同样从数据库系统体系结构可知,当内模式发生改变时相应地修改概念模式/内模式映射;保证概念模式不被改变而保持原状,就可以保证全局数据库不变;继而用户逻辑数据库不变,应用程序就无须修改了。

由上可知,三级模式二级映射的体系结构是实现数据独立性的必须和保证。

1.3　数据库语言

数据库语言是数据库用户使用和操纵数据库的工具。通过数据库语言建造数据库系统和数据库应用系统,处理或加工数据库数据。用户借助数据库语言与数据库系统进行交互,接收数据库系统服务,维护数据库安全、效率和运行。因此,数据库语言是数据库管理系统的主要组成部分。数据库语言主要包括数据描述语言、数据操纵语言和应用程序设计语言。这些语言都是高级语言形式。不同类型数据库系统的数据库语言不同。各自适应自己的数据库类型。

不同 DBMS 数据库语言的语言形式、风格和功能不尽相同。就语言形式而言,多数采用命令形式。命令可以在 DBMS 状态下直接使用,也可以在程序中使用。为了改善人机关系,提高用户友好性,使用方便快速;近年来常用菜单、工具按钮、对话框、向导等可视化形式,而且十分流行。

1.3.1　数据描述语言

数据描述语言(data description language,DDL)是定义数据库逻辑结构,描述数据库各级模式的语言工具。它分模式描述语言(DDL)、子模式描述语言(Sub_DDL)和存储模式描述语言(data storage description language,DSDL)。

1. 模式描述语言

模式描述语言是定义全局数据库的逻辑结构,描述概念模式的语言。它定义和描述数据库中所有的数据元素,包括元素命名、组成结构、数据类型、约束条件及其他数据特征;定义和描述数据间的联系,包括联系对象、联系方式、联系约束等。

用模式描述语言表述的概念模式一旦被 DBMS 成功接收,就意味着已经创建了一个数据库。但这只是数据库的一个框架,按照这个框架,可以向数据库装填数据。

2. 子模式描述语言

子模式描述语言是定义用户数据库的逻辑结构,描述外模式及其与模式映射关系的语言。它同样要定义和描述用户数据库中所有的数据元素和数据间的联系,但必须能从模式导出。可以有与模式不同的描述,如数据元素名可以不同、数据类型可以不同、数据范围可以不同,等等。

3. 存储模式描述语言

存储模式描述语言是定义存储全局数据库的物理结构,描述存储模式的语言。它定义和描述存储记录的格式和结构、数据间联系的物理表示、存储区域的大小、文件组织、存取方法等。

1.3.2 数据操纵语言

对数据库的存取和维护操作统称为"数据操纵"。数据操纵语言(data manipulation language,DML)实现对数据库的检索、插入、删除、更新、控制、安全等操作。数据操纵语言一般都是命令式语言形式;可以以"会话"方式使用,也可以编程使用。

1.3.3 程序设计语言

程序设计语言(programming language)是用户用来编写应用程序的语言。和通常的程序设计一样,这种语言具有数据类型说明、数据运算和处理、程序流程控制、输出格式设计等功能。但是,因为在数据库系统中,应用程序处理的数据主要来自数据库,所以程序设计语言还必须具备与数据库系统交换数据的功能。从发展历史来看,早期的数据库系统不向用户提供程序设计语言,而是借用当时流行的语言,如 PL/1、FORTRAN、COBOL 等,并称它们为宿主语言(host language,HL)。把数据库管理系统的数据操纵语言,这里称它们为数据子语言(data sub language,DSL),嵌入到宿主语言中。这样,DSL 负责对数据库的操纵,即数据存取;HL 负责完成应用处理任务。

关系数据库系统出现之后,DBMS 提供一种自含式数据操纵语言,又称查询语言;由一系列命令组成,或表格填写方式,具有简单的处理、统计功能。使用这种语言不必编写复杂的程序,方便灵活,执行效率高,适合非程序员用户使用,如 SQL、QBE 等。

现在,许多数据库系统把数据描述语言、数据操纵语言、查询语言和程序设计语言等组合在一起,构成一个综合性的数据库语言;进而还提供数据库系统开发平台。这为数据库应用系统开发提供了便利条件。

需要特别说明的是,数据库语言是数据库系统功能的具体体现,是开发、操作、维护数据库的工具。学习一个 DBMS 的主要任务就是学习它的数据库语言,也就是掌握相关的技术,具备相关的能力。

1.4　数据库管理系统

宏观地看,数据库系统有两个重要的组成部分,数据库和数据库管理系统。DBMS是横隔在用户和数据库之间的一种界面(interface),或称接口,包括"面向应用"的接口和"面向系统"的接口。前者是向用户提供数据服务,后者是请求操作系统的平台支持和数据的存储、传输服务。

1.4.1　数据库管理系统的功能

数据库管理系统的主要功能如下所述。

1. 数据定义功能

提供描述概念模式、内模式和外模式的语言工具。用数据描述语言书写的各种模式称为源模式。进而,DBMS 能接收并处理这些模式,将"源模式"翻译成"目标模式",在系统内建立数据库的逻辑结构框架和存储结构框架。存储目标模式的机构称为数据字典(data dictionary,DD),或称描述数据库。这是创建数据库的第一步。

2. 数据加载功能

各种数据库模式,特别是概念模式和内模式,定义和处理之后,只在系统中建立了一个数据库的框架,或者说是一个"空数据库"。数据加载就是向数据库中装填数据。数据加载有数据准备和执行装填两个步骤,有单个数据装填和成批数据装填两种方式。

3. 数据操纵功能

数据操纵功能的目的是为了接受、分析、并执行数据库应用用户通过 DML 提出的各种数据操作要求,主要是检索、插入、删除、修改等操作。

4. 运行控制功能

为了保证数据库能有效、正常运行,必须对其进行必要的控制和管理,主要是安全性控制、完整性控制、多任务并发控制。

5．性能监督功能

动态地监视数据库系统性能的变化，包括运行速度的变化、存储空间效率的变化、数据库存储的变化等。当性能降低到不可容忍的地步时，能自动加以改善，或向系统管理人员报告，由数据库管理员对其调整和改善。

6．数据库维护功能

为保证数据库的正常运行和应用环境的变化，可能要对数据库进行诸如数据库重定义、数据库重构造、数据库重组织等一类的处理。

7．故障恢复功能

当数据库局部，或全部受到损坏时，能将其进行修复，恢复正常运行。

8．数据通信功能

实现不同用户、不同方式、不同地域的数据传输。

1.4.2　数据库管理系统的组成

作为一个庞大复杂、功能强大的软件，数据库管理系统由数以千计的程序模块组成。为简明起见，把它们划分为 3 个主要程序模块组介绍，列举常见的程序名称。

1．语言处理模块组

主要是完成数据库语言的编译处理。它们是 DDL 语言处理程序、DML 语言处理程序、命令语言解释程序、程序设计语言的预编译程序或编译程序。

2．系统运行支持模块组

主要是完成数据库操纵功能和控制功能的一组程序，它们是系统控制程序、存取控制程序、数据存取程序、数据更新程序、完整性控制程序、并发控制程序、性能监督程序、通信控制程序等。

3．例行程序组

主要是维护数据库系统的专用程序。它们是数据库初始装入程序、数据库重定义程序、数据库重构造程序、数据库重组织程序、系统转存程序、日志处理程序、性能统计和分析程序、检查点管理程序、数据库恢复和重启动控制程序、密码定义和鉴定程序、数据字典维护程序等。

1.4.3　数据库管理系统的分类

从数据库技术的发展看出，按系统采用的数据模型不同可以把数据库系统分为层次数据库系统、网状数据库系统、关系数据库系统和面向对象数据库系统。它们分别采用层次模型、网状模型、关系模型和面向对象模型管理数据。相应的数据库管理系统分别称为层次数据库管理系统(hierarchical database management system,HDBMS)、网状数据库管理系统(network database management system,NDBMS)、关系数据库管理系统(relational database management system,RDBMS)和面向对象数据库管理系统(object oriented database management system,OODBMS)。这些 DBMS 的基本功能一致,但软件设计思想和软件功能有本质的差别。

每一类 DBMS 又有许多不同的软件产品,管理功能有强有弱,使用于不同系统环境。如 RDBMS 就有数十种不同的软件产品。常见的有 dBASE、FoxBASE、VFP、DB2、Oracle、Sybase、SQL Server 等。

同一个 DBMS 产品又有许多不同的软件版本,这是因为系统升级的需要。如 SQL Server 就有 SQL Server 6.0、SQL Server 7.0、SQL Server 2000、SQL Server 2003、SQL Server 2005 等版本。

因此,在选用 DBMS 时有必要作精心的策划,在使用 DBMS 时要了解它们。

作为 1.4 节的结束,给出图 1-6 以示意 DBMS 的功能全貌和各功能的相互关系。

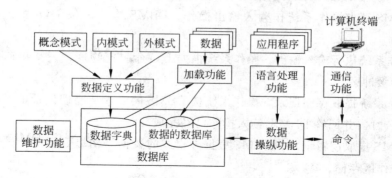

图 1-6 DBMS 功能关系示意图

1.5 数据库系统活动过程

为加深对数据库系统的理解,了解数据库系统的活动过程是有益的。图 1-7 展示了应用程序从数据库中获取所需数据的全过程和执行的路线图。下面分步进行说明(参见图 1-7 中带圈的数字序号)。

① 应用程序请求 DBMS 读入期望的逻辑记录,并构造一条 DML 命令发送给 DBMS。例如,图 1-4 中的电话查询应用程序要读入学号为 220806201 学生的电话号码数据。

② DBMS 分析命令的合法性。DBMS 先检查命令正确与否,再根据应用程序使用的外模式检查数据请求的合法性。如果两者都检查通过,则进入下一步;否则回答"失败",并把控制权返回应用程序。

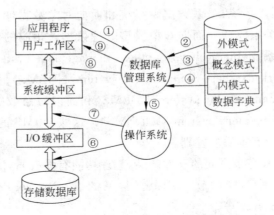

图 1-7　应用程序读入数据过程示意图

③ DBMS 向概念模式映射。DBMS 把外模式的数据结构映射到概念模式的数据结构,决定读取全局数据库的哪些数据,即哪些存储记录。

④ DBMS 向内模式映射。DBMS 把概念模式的数据结构映射到内模式,决定读取哪些物理记录,所在的文件,是否使用索引,使用哪个索引等。

⑤ DBMS 请求操作系统作输入输出操作。DBMS 构造一条 I/O 命令发送给操作系统。

⑥ 操作系统执行输入输出。操作系统根据 I/O 命令把物理记录从物理存储设备上传输到 I/O 缓冲区。

⑦ 操作系统提取存储记录。操作系统按 DBMS 的要求从物理记录中提取存储记录存入系统缓冲区;并回答 DBMS,读入操作已经完成。

⑧ DBMS 提取逻辑记录。DBMS 根据外模式的数据结构提取逻辑记录送入应用程序的用户工作区存储。

⑨ DBMS 回答应用程序。DBMS 回答应用程序“读入成功”,并把控制权返回给应用程序。这时,应用程序根据 DBMS 的回答信息决定此后的处理流程。若“成功”则便可以使用用户工作区内的数据了;若“失败”则进行错误处理,或例外处理,这是应用程序自身的事。

这里仅给出了应用程序从数据库提取数据的过程,应用程序还常常要把处理的结果数据存入数据库。存入过程是提取过程的相反过程,其执行步骤和路线图留给读者去思考、给出。

1.6　数据库技术的特点

写到这里,已经有条件回答“数据库系统技术为什么能得到广泛应用?”的问题。事实上,数据库技术一出现就受到密切关注,很快得到软件实现。商品化 DBMS 纷纷投放市场。学术界展开深入研究,取得了卓越成果,促进了数据库技术的迅猛发展。现实情况是，几乎所有计算机系统都不同程度地配置、使用数据库系统。究其原因，乃是因为数据库系统方法有诸多优越性和特点。

1. 数据集中统一管理

数据的集中统一管理体现在数据库是按特定模式组织和构造起来的，由数据库管理员管理和提供数据服务。数据的集中统一管理实现了。

（1）数据集约化。把某范围内所有用户应用的数据置于一个模式下，集成在一个数据库中，以最小的数据量存储为所有用户提供数据服务。数据集约化的集中体现是数据库在相对稳定的模式下控制和维护活动。

（2）最小冗余化。数据集约化的直接结果是减少同一数据的多副本存储，减少了存储空间的开销。

（3）保证数据一致性。所谓数据一致性是指同一数据的不同出现应有相同值；反之，称为数据的不一致性。数据的不一致性会造成信息丢失。对数据库的修改性操作是破坏数据一致性的直接原因。数据的最小冗余化减少了数据不一致性发生的机会，是保证数据一致性的基础。冗余数据的一致性由 DBMS 负责维护和保证。

（4）数据标准化。在数据库的管辖范围内，可以统一数据结构、统一数据类型、统一数据格式、统一数据语义。使数据符合一个统一的标准，以统一数据的利用、统一对数据的理解，简化对数据的管理。

（5）平衡不同用户对数据库的性能要求。每个应用用户都希望得到最好的数据服务和最好的运行性能。有最好的数据结构、最快的系统响应时间。但数据库管理员却要在维护全系统性能"最好"的前提下，让不同性质的用户有不同的性能。

2. 多渠道数据共享

数据共享是数据库系统的重要特征。如果数据库没有数据共享能力，就失去了存在的意义。数据库的共享机制包括 3 个方面。

（1）当前已经存在的应用用户可以共享同一数据库，这是新数据库系统创建的基础。

（2）未来新出现的应用用户可以共享同一数据库，这是数据库系统持久性和可持续性意义所在。

（3）应用用户使用不同应用工具可以共享同一数据库，使用 DBMS 的系统命令或开发的应用程序可以共享同一数据库。使用不同程序设计语言，如 C、VB、Java 等，编写的应用程序可以共享同一数据库。这是数据库系统的广泛适应性的特色。

3. 数据保护

数据库保护的意义和重要性不言而喻。数据库保护的措施有 4 个方面。

（1）完整性控制：数据完整性是保证数据库中数据正确性和合理性的必要条件。保持数据完整性是数据保护的首要任务，DBMS 提供了数据完整性检查、控制和报警设施。

（2）并发控制：数据库是一种共享数据集合。它允许多个应用程序并发执行，同时访问数据库。若不加控制,就会使数据库的数据遭受破坏。并发控制就是 DBMS 控制应用程序间协调、有序访问数据库的机制。

(3) 安全性控制:安全性是指阻止数据库被非法使用、蓄意泄露、恶意破坏等现象的管理和控制。为应用程序定义外模式是典型的安全性控制措施。此外,还有诸如设置口令,操作方式限制、数据使用权限等措施。DBMS 对用户的每一数据库操作进行检查和验证。同时,许多大型系统还记录数据操作日志,以供备查。

(4) 故障恢复:数据库系统运行过程中,数据库的局部或全部数据遭到损害是常有的事,称为数据库故障。故障恢复是指当数据库不再正确或正确性可疑时,把数据库恢复到已知正确的某一状态的系统处理。DBMS 提供人工或自动修复数据库的手段和工具,如周期性地备份数据库的部分或全部数据,记录运行日志,定时设置检查点等。

4. 数据独立性

数据独立性是数据库系统最显著的特点,这已在 1.2.4 节中做了详细的叙述。

习　题　1

一、名词解释题

1. 试解释下列名词的含义。

数据、数据管理、数据处理、数据库、数据库系统、数据库管理系统。

2. 写出下列英文缩写名词对应的中文名词。

DB、DBS、DBMS、RDBMS、DBA、DDL、DML、DSL、DD、UWA、I/O、CODASYL。

二、单项选择题

1. 信息与数据之间的关系是_____。

A. 信息与数据无关系 　　　　　　B. 信息就是数据

C. 信息是数据的载体 　　　　　　D. 数据是信息的载体

2. 下列关于文件管理方式的论述中,错误的是_____。

A. 文件是应用程序建立的同类数据的集合

B. 使用文件名就可以直接引用文件中的数据,这叫做"按名引用"

C. 文件未必一定要存储在外存储器上,可以存储在内存中

D. 文件不能表示出数据之间的关联关系

3. 信息处理与数据处理之间的关系是_____。

A. 信息处理与数据处理无关系 　　B. 数据处理是信息处理的基础

C. 信息处理是数据处理的基础 　　D. 信息处理就是数据处理

4. 以下列出的软件系统中,全部属于信息系统的是_____。

A. 操作系统、情报检索系统、办公信息系统

B. 教务管理系统、医疗信息管理系统、法律法规查询系统

C. 商业营销系统、数据库管理系统、邮政编码查询系统

D. 地理信息系统、图形图像处理系统、C 语言编译系统

5. 数据库系统的硬件支持平台是指_____。

A. CPU 与硬盘　　　　　　　　　B. 计算机硬件系统和网络系统

C. 显示器和键盘　　　　　　　　D. 硬盘和网络系统

6. 数据库管理系统是一种软件,属于_____软件类。

A. 应用　　　　　B. 工具　　　　　C. 系统　　　　　D. 网络

7. 数据库技术发展的第 3 个里程碑是_____数据库系统。

A. 层次模型　　　B. 网状模型　　　C. 关系模型　　　D. 面向对象模型

8. 在数据库系统的三级模式中,_____模式可以有多个。

A. 内　　　　　　B. 概念　　　　　C. 外　　　　　　D. 概念模式和外

9. 数据库存储在物理存储器上的记录称为_____记录。

A. 概念　　　　　B. 物理　　　　　C. 逻辑　　　　　D. 存储

10. 用于描述数据库系统各级模式的数据库语言是_____语言。

A. 数据操纵　　　B. 数据处理　　　C. 数据描述　　　D. 模式设计

11. 下面 4 组软件名称中,_____都是 DBMS 软件。

A. Word、FoxBASE、dBASE　　　　B. IMS、VFP、Oracle

C. Excel、SQL Server　　　　　　D. IE、DB2、Sybase

三、填空题

1. 数据处理的特点是_____量大,_____相对简单。

2. 数据库以_____记录为基本单位存储在外存储器上的,是_____和_____之间交换数据的单位。

3. 数据库中的数据只以_____模式为基准在外存储器上存储。

4. 数据库应用程序只能按_____模式与 DBMS 交换数据。

5. 数据库技术发展的 3 个里程碑分别是_____模型、_____模型和_____模型。

6. 数据库系统通常以_____语言方式和_____语言方式提供应用程序设计工具。

四、问答题

1. 什么是以"程序为中心"? 什么是以"数据为中心"? 试解释它们的意义。

2. 数据库管理方式的基本思想和主要特征是什么?

3. 数据库系统由哪些元素组成? 这些元素在系统中有什么意义?

4. 数据库管理员的工作职责有哪些? 是由一个人担任吗?

5. 数据库系统类型与数据模型有什么关系?

6. 关系数据库系统有哪些主要特点?

7. 发展新一代数据库技术的必要性是什么? 主要有哪些发展方向?

8. 数据库系统向应用程序提供数据服务时,涉及哪几种记录? 它们之间有什么

关系?

9. 什么是数据独立性? 分为哪两个级别? 有什么实际价值?

五、思考题

1. 根据数据库可能存在数据冗余这一现象,试分析一下,可能产生哪些数据不一致问题。

2. 试分析一下,在一个系统环境里,有哪些可能造成数据库受损或遭破坏的因素。

3. 如何理解"模式相对稳定"和"数据库动态变化"的意义?

4. 根据1.5节描述的数据库系统活动过程,试给出应用程序向数据库存储一个逻辑记录时的活动过程。

六、综合/设计题

1. 模仿图1-7,画出应用程序请求把一个逻辑记录存入数据库时数据库系统的活动示意图,并按活动步骤顺序写出每一步的活动内容。

2. 要求设计一个商业信息查询系统,包括3个应用,设计要求如下所示。

	应用_1	应用_2	应用_3
名称	商品规格查询	商品进价查询	商品销售价查询
输入数据	商品名称	商品代号	商品代号
输出数据	商品代号 商品名称 型号规格	商品代号 商品名称 进货价格	商品代号 商品名称 销售价格 折扣率

试根据设计要求分别给出概念数据库、用户数据库的数据结构。

第2章

数据库应用系统

数据库的价值在于应用,其主要应用在事务数据处理领域。基于数据库系统的计算机应用系统称为数据库应用系统。本章采用一个小型简单的实例应用课题讨论关于数据库应用的问题。并回答以下几个问题。

(1) 什么是数据库应用系统?有什么特点?

(2) 如何开发一个数据库应用系统?有哪几个步骤?

(3) 如何分析用户的数据需求?应提供哪些分析结果?

(4) 如何分析用户的功能需求?应提供哪些分析结果?

(5) 如何选择数据库应用系统的解决方案?有什么实际意义?

(6) 本书实例系统为什么选择 Visual FoxPro?

2.1 关于对数据库的几个认识

有几个围绕数据库的认识需要澄清,它们是数据库原理、数据库技术、数据库方法和数据库应用。

数据库原理(database principles)是关于数据库的基本概念、基本知识和基本理论的总和,其任务是揭示数据库的本质和一般规律,为数据库的研究、开发、发展和技术进步寻求并建立强劲的理论基础。研究的主要内容是数据库系统的体系结构原理和构筑理论、数据库模型原理及其设计理论、数据库操纵原理和优化理论,如关系数据库原理是研究关系数据库的数据模型及其设计、系统结构和架构、数据操作和优化。目前,数据库原理常常借助某种传统理论作为基础,对其改造和扩充形成自己的理论基础,如关系数据库原理就是建筑在数学理论基础之上形成的。它把关系、集合、一阶逻辑、关系代数和关系演算等数学理论进行必要的利用和扩充,建立起自己的一整套理论体系。数据库原理不仅仅为数据库学科的发展奠定了基础,也为数据库的进一步研究提供了指导。同时又为数据库系统的设计和开发提供了准则和指南,如数据库管理系统的设计和开发。

数据库技术(database technology)是指在数据库领域中使用的技术,是数据库原理具体表现出来的知识和能力的总和。包括模型设计技术,数据逻辑设计、物理设计和存储技术,数据构造、组织和管理技术,数据操纵和控制技术,数据检索和定位技术,数据库安全和恢复技术,还包括软件设计技术,等等。这些技术一旦被某人掌握就成为他的一种技能。

数据库方法(database method)有两种理解。一种理解是把数据库看成是一种管理数据的方式,因为目前成功应用的数据管理方法有文件方式和数据库方式两种,数据库是其一;另一种理解是如何运用数据库技术进行数据管理任务的实现方法,这主要体现于一个特定数据库系统提供的工具(如特定的 DBMS),以及如何运用这个工具。不同模型的数据库系统,实现方法不同,如层次模型和网状模型数据库系统提供的实现方法与关系模型数据库系统提供的实现方法不同。前者是基于结构的数据模型,后者是基于关系的数据模型。前者是基于单记录式的操作和处理,后者是基于集合式的操作和处理,包括数据库语言能力、表达方式和运用都不同。同一类型的数据库系统,数据库管理系统不同,实现方法也不同,如 Oracle 与 Visual FoxPro 显然有不同的实现方法。

数据库应用(database application)是指采用数据库方法为数据管理手段的信息系统开发思想和方式,如数据库方法应用于信息检索系统,应用于管理信息系统,应用于事务处理系统,等等。

2.2　数据库应用系统

在第 1 章里已详细讨论了数据库系统的基本概念和基本知识。然而数据库系统仅仅是一种数据管理方式,区别于文件系统或其他数据管理系统。尽管越来越多的数据库管理系统提供了一定的数据处理功能。但总是不能满足五花八门、丰富多彩的数据处理应用用户的需要。因此,数据库系统总是要与一个专门的应用环境联系在一起。所以通常所说的某某部门的数据库系统实际上是一个某某部门的数据库应用系统(database application system,DBAS)。

2.2.1　数据库应用系统构成

数据库应用系统一般由系统平台、数据库系统、应用程序系统和操作界面 4 部分组成(见图 2-1)。数据库系统的主要任务是负责对数据进行全面有效的管理,是数据库应用系统活动的数据资源基地和数据服务提供者。应用程序系统是用户数据处理的功能载体。可以是简单的数据处理,如检索和展示数据,统计分析和打印报表,等等。也可以是比较复杂的数据分析,如决策分析、主题分析、数据挖掘,等等。操作界面是操作人员与应用程序系统之间的交互工具,是系统功能在用户面前的一种呈现式样和操作"面板"。操作员通过操

图 2-1　数据库应用系统构造

作界面使用数据库应用系统提供的各种功能。操作界面可以是键盘命令操作方式;也可以是菜单、工具按钮、窗口、对话框,或其组合的可视化操作方式。目的是提供"最"为友好、简便的操作方法。

系统平台是数据库应用系统的软硬件支持。包括计算机的硬件配置、网络、操作系统、程序设计语言和开发环境等。

　　数据库应用系统有自己的特点。首先,数据库应用系统是以数据库系统为基础开发的一种计算机应用系统。数据库系统在其中的作用是实现统一的数据管理和维护,是一次被应用。因此,数据库系统是数据库应用系统的基础。其次,数据库应用系统具有针对性和独特性。换句话说,数据库应用系统是为一个专业单位或一类专业单位开发的计算机应用系统。所以数据库应用系统通常是量体定做,专门开发。它要有满足自身个性特征的数据模型和数据库构件,要能完成专业部门自身期望的所有数据处理任务。第三,数据库应用系统聚焦于数据处理,而不是数据库系统本身。因此,数据库的设计、实现和维护必须符合、适应应用的需求。应用程序系统的设计和开发是数据库应用系统设计的主要方面。可以这样认为,数据库从数据的角度表示了一个组织(或单位),而应用程序则运转着一个单位。第四,数据库应用系统不具备广义通用性,而数据库系统则具有广义通用性。不同的数据库应用系统可以使用同一种数据库系统,但不是同一个数据库。

　　简而言之,数据库应用系统是一种适应一定应用环境,以数据库系统为核心的计算机应用系统。它与硬件平台、软件平台和数据库管理系统相结合,具有管理和维护大量结构化的数据,对数据进行预期的处理并提供数据服务的能力。

2.2.2　数据库应用系统开发

　　数据库应用系统开发是生产一个 DBAS 的过程,包括数据库设计和实现,应用软件设计和开发两个方面。应用软件设计和开发过程属软件工程的范畴(见图 2-2(a)),数据库设计由数据库技术给出(见图 2-2(b))。两者都遵循软件工程的思想和方法。

　　数据库设计任务包含在软件设计过程的概要设计阶段和详细设计阶段同时完成。为了突出数据库设计,可以单独讨论。数据库设计的主要任务是设计数据模型,分需求分析、概念设计、逻辑设计和物理设计等 4 个设计阶段。每一个阶段都产生相应的设计结果,它们是需求分析说明书、概念设计说明书、逻辑设计说明书和物理设计说明书。数据库设计的需求分析阶段着重对数据进行分析,可以与软件设计需求分析同时进行。但

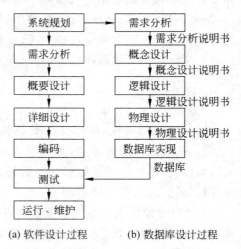

(a) 软件设计过程　　　　(b) 数据库设计过程

图 2-2　数据库应用系统设计过程

数据库需求分析侧重于对数据结构、数据流程、数据存储、数据约束、数据处理要求等的分析。概念设计阶段是设计数据库的概念模型,得出实体-联系模型。这两个阶段主要与数据库的应用环境有关。逻辑设计阶段是设计数据库的数据模型,物理设计阶段是设计数据库的物理模型。这两个阶段的设计与使用的数据库管理系统和系统平台有关。采用的 DBMS 不同,数据模型也不同。有了正确的数据模型和物理模型就可以在 DBMS

上实现数据库模式的创建和数据装填了。更详细的内容将在第 7 章中讨论。

2.3　一个数据库应用实例课题——教学管理

为了能准确和具体领会数据库应用系统的设计、开发和应用，从而学习好数据库技术这门课程。本节选择一个实例，以期有较好的实践性。实例选择本着熟悉、简单、小型，不致拘泥于对应用环境的熟悉和过多篇幅解释的原则；选择学校中的"教学管理"应用作为实例。实例的开发偏重于数据库部分，应用程序部分的开发适可而止，见好就收。有兴趣的读者可以在此基础上加以扩展，如扩展信息内容、增加课表信息、教室信息等。该应用处理还可以进行扩展，如扩展课表查询、教室查询与借用登记、教材管理与发放等功能。

2.3.1　课题背景

教学管理是学校教务部门（学校教务处、院系教务办公室）的一项中心管理工作，它涉及学生、教师、课程、教学、成绩等多种信息，信息维护（输入、删改等）、信息检索、统计分析、编制打印报表等多种处理。面对着大信息量，应用处理高频率。因此，实现教学管理工作的电子化是必要的，也是重要的。事实上，有条件的学校都不同程度地应用数据库技术开发了相应的应用系统服务于教学管理工作。尚有学校可能还在使用"有纸"管理，编制各种信息的花名册、统计表格纸，等等。也有学校使用诸如 Excel、Word 一类的办公软件。究其原因有两条，一是自己没有开发能力，二是商品软件价格太高。鉴于此，不妨潜心来学习一下数据库技术，自己开发一个应用系统。

2.3.2　课题要求

从应用功能的角度，可能有许多要求。例如，管理哪些信息、能做哪些处理、如何操作，等等。从用户环境的角度，有信息表示、信息安全、信息约束等方面的要求。从系统环境的角度，在单机环境下运行还是在网络环境下运行，等等。本书主要从应用功能的角度进行讨论，提出如下要求。

（1）信息存储要求　仅围绕教学管理存储信息。数据库主要存储和管理学生信息、教师信息、课程信息、教学信息、成绩信息等。

（2）应用操作要求　主要操作应包括：

① 信息维护操作。信息录入、修改、删除、整理、索引等操作。

② 信息查询操作。信息检索、简单统计分析等操作。

③ 编制报表操作。班级/学生成绩表、学生成绩单、优秀学生统计表等。

（3）信息安全要求　数据库中信息必须满足基本完整性要求。包括：

① 每一个数据必须正确，且合理、有效。

② 数据之间必须具有一致性，相互协调。

③ 对数据施以适当的保护，不被随意破坏。

（4）界面设计要求　要求有友好的用户操作界面,显示清晰、操作简便、尽可能减少键盘输入量。

注意,课题要求主要由用户提出。但在系统开发初期,用户往往很难提得全面、具体。因此,需要开发者在需求调查和分析过程中与用户一起研讨,启发用户的思维,提出确切、详尽的要求。

2.4　实例课题需求分析

需求分析至关重要,是应用系统开发的出发点和依据,是未来系统是否有实用价值的关键,也是系统开发的第一步骤。需求分析从调查入手,获取用户现行系统形成的资料,对新系统的设想和意见,产生需求分析结果,编写需求分析说明书。但本节只给出必要的结果。

2.4.1　需求调查

必须明确,任何一个正常运转的用户已经有一个信息处理系统存在;或者是人工的,或者是机械的,或者是半自动化的,甚至已经用上了计算机。需求调查就是了解这个系统的细节。需求调查的方法有多种形式。

（1）收集相关资料,如本例中要收集学生名册、教师名册、课程汇编、成绩登录表、成绩单、各种统计报表、教学管理制度、各级教学管理机构及其隶属关系等原始资料。

（2）召开需求调查座谈会,如管理人员座谈会、教师座谈会、学生座谈会、校院系领导座谈会、专题座谈会等。

通过座谈了解教学管理的各个环节,运作方法,信息提供;对待开发系统的要求、建议和深化管理的趋势;加深对资料的认识、理解和把握。通过需求调查掌握第一手资料,提供需求分析的依据。

2.4.2　数据需求分析

对数据需求的分析是数据库设计的第一需要,也是建立和实现数据库的源泉和基础。主要有 3 方面的内容。

（1）分析数据元素。有哪些数据元素? 其组成的基本数据是什么? 属什么数据类型? 数据量有多大? 同类数据元素构成数据表。新系统必须包含哪些数据表?

（2）分析数据关联性。哪些数据元素之间具有关联关系? 通过什么数据建立关联? 关联的性质是什么?

（3）分析数据约束条件。数据的取值范围是什么? 数据元素之间有什么约束关系? 是否允许空值?

对实例课题的数据需求分析,得到两项结果信息,数据的结构分析信息和数据间关联的分析信息。

1. 数据的结构分析

数据的结构分析结果是需求分析说明书的主要内容之一，是数据库的基本数据构件。每一类数据元素构成一个数据表，这里用表格形式描述出数据表的结构组成（见表 2-1～表 2-6）。表中给出数据表的名称、可能达到的最大数据量以及组成数据表的各数据项的描述信息。

表 2-1　学生数据元素分析结果

数据表名称：学生表			数据量　＜5000		
序号	数据项	数 据 类 型	最大长度	可否为空	取 值 范 围
1	学号	阿拉伯数字字符	8	否	
2	姓名	汉字	4	否	
3	性别	汉字	1	否	男或女
4	出生日期	日期	8	可	
5	籍贯	汉字	5	可	
6	照片	图片	不定长	可	

表 2-2　教师数据元素分析结果

数据元素名称：教师表			数据量　＜100		
序号	数据项	数 据 类 型	最大长度	可否为空	取 值 范 围
1	职工代号	阿拉伯数字字符	6	否	
2	姓名	汉字	4	否	
3	性别	汉字	1	否	男或女
4	籍贯	汉字	5	可	
5	出生日期	日期	8	可	年份之差大于等于20年
6	工作日期	日期	8	可	
7	职称	汉字	3	可	教授、副教授、讲师、助教
8	照片	图片	不定长	可	

表 2-3　课程目录数据元素分析结果

数据元素名称：课程目录表			数据量　＜200		
序号	数据项	数 据 类 型	最大长度	可否为空	取 值 范 围
1	课程代号	阿拉伯数字字符	4	否	
2	课程名称	汉字	10	否	
3	是否必修	汉字	1	可	是或否
4	学时数	整数	3	可	≤160
5	学分数	整数	1	否	≤8

表 2-4　成绩数据元素分析结果

数据元素名称：成绩登分表			数据量		＜5000
序号	数据项	数据类型	最大长度	可否为空	取值范围
	课程代号	阿拉伯数字字符	4	否	课程目录表
1	课程名称	汉字	10	否	
2	学生学号	阿拉伯数字字符	8	否	学生信息表
3	学生姓名	汉字	4	否	
4	分数	整数	3	可	0≤分数≤100

表 2-5　开课课程数据元素分析结果

数据元素名称：开课表			数据量		＜1000
序号	数据项	数据类型	最大长度	可否为空	取值范围
1	职工代号	阿拉伯数字字符	8	否	教师信息表
2	教师姓名	汉字	4	可	
3	课程代号	阿拉伯数字字符	4	否	课程目录表
4	课程名称	汉字	10	可	
5	上课时间	字符	8	否	周日,节次
6	上课教室	字符	16	否	楼号,教室号

表 2-6　系名数据元素分析结果

数据元素名称：系名表			数据量		＜20
序号	数据项	数据类型	最大长度	可否为空	取值范围
1	系代号	阿拉伯数字字符	2	否	
2	系名	汉字	10	否	
3	系主任姓名	汉字	4	可	
4	办公地址	汉字/字符	10	可	

2. 数据间的关联信息

对实例课题中数据间关联关系的分析结果用表格和图两种形式给出(见表 2-7 和图 2-3)。两表建立关联关系时,一个表为主动方,称主表。另一个表为连接方,称子表。关联双方必须有共同的数据项(可能是一个数据项,也可能是几个数据项的组合)。这是关联的连接点。关联可以达到从一个表引用另一个表相应信息的目的。这个问题将在下一章仔细讨论。

表 2-7   数据关联分析结果

序号	主　表	子表	关联数据项	关联类别	关　联　延　伸
1	学生表	成绩表	学号	一对多	学生表与课程目录表之间是多对多关联
2	课程目录表	成绩表	课程代号	一对多	
3	教师表	开课表	工作证号	一对多	教师表与课程目录表之间是多对多关联
4	课程目录表	开课表	课程代号	一对多	
5	系名表	教师表	系代号	一对多	
6	系名表	学生表	系代号	一对多	

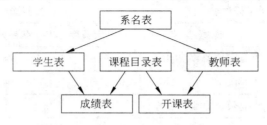

图 2-3   实例课程中数据表的关联图

2.4.3   功能需求分析

功能需求分析是应用程序设计的前提和依据。数据分析是一种静态分析,功能分析则是一种动态分析。所谓功能,是指用户的日常例行数据处理活动,即对数据加工处理的方法和过程。对用户功能的需求分析主要注意 3 个方面的内容。

(1) 分析用户数据处理活动范围。用户有哪些数据处理活动?这些活动分布在哪些部门?新系统必须实现哪些处理活动?

(2) 分析每一个具体数据处理活动细节。处理功能是什么?输入什么数据?输出什么结果?经过哪些处理步骤?引用到数据库中哪些数据?使用什么处理方法或计算公式?使用频率是多少?对运行方式、运行效率和结果精度有什么特殊要求?

(3) 分析的方法是由粗到细,由总体到个别,自顶向下,逐步分解。目的是把一个复杂的问题化解为若干简单的问题。分析清楚这些简单问题,也就分析清楚了复杂的问题。

图 2-4 所示的是本书实例课题处理功能分解的结果。可以看出,整个处理功能是"教学管理"。首先分解为 5 个功能组。分别是信息检索与浏览、成绩管理、课程管理、报表编制与打印、数据库维护等。每个功能组再分解为若干功能,该分解图可以作为一个功能分析大纲,根据这个大纲一个功能一个功能地进行分析就容易得多了。

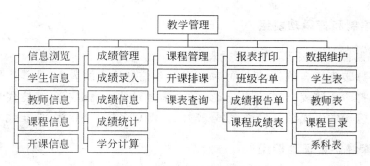

图 2-4 系统处理功能结构图

1. 信息检索和浏览功能组

主要是提供一般的信息浏览操作,设 4 项基本功能。

(1) 学生信息检索和浏览。根据检索要求(如学号、所在系、专业,甚至性别等)建立条件表达式,并检索、显示相关学生信息,供用户浏览,功能代号为"1.1"。

(2) 教师信息检索和浏览。根据检索要求(如教师工号、所在系、职称等)建立条件表达式,并检索、显示相关教师信息,供用户浏览,功能代号为"1.2"。

(3) 课程信息检索和浏览。根据检索要求(如课程代号、名称等)建立条件表达式,并检索、显示课程信息,供用户浏览,功能代号为"1.3"。

(4) 开课信息检索和浏览。根据检索要求(如课程代号、教师工号、上课时间等)建立条件表达式,并检索、显示开课信息,供用户浏览,功能代号为"1.4"。

2. 成绩管理功能组

主要是学生学习成绩的管理,设 4 项基本功能。

(1) 成绩录入功能。根据任课教师提供的课程成绩登分表录入所有分数数据,功能代号为"2.1"。

(2) 成绩查询和浏览功能。根据检索要求(如学号、课程代号等)建立条件表达式,并检索学生成绩信息、显示结果,功能代号为"2.2"。

(3) 成绩统计分析功能。关于学生/课程的总分统计,平均分计算,不同分数段的计算和分析等,功能代号为"2.3"。

(4) 学分级计算功能。根据学分级计算公式计算全部或部分学生的学分级,功能代号为"2.4"。

3. 课程管理功能组

主要是排课表和开课情况查询,设两项基本功能。

(1) 课程排课功能。根据课程安排录入开课信息,功能代号为"3.1"。

(2) 开课课程查询功能。根据查询要求(如什么课程、哪个教师、上课时间等)查找开课情况并显示查询结果,功能代号为"3.2"。

4. 报表编制和打印功能组

主要是编制固定的报表,设 3 张报表功能。

(1) 编制打印班级名单,包括学号和姓名两项信息构成的表格,功能代号为"4.1"。

(2) 编制打印成绩表,包括课程名称、学生学号和姓名、分数等,功能代号为"4.2"。

(3) 编制打印学生成绩单,包括学号和姓名,课程名称,分数等,功能代号为"4.3"。

5. 数据库维护管理功能组

主要是对数据库基本表的维护。包括数据的录入、修改、删除、重建索引、备份等。

(1) 学生信息表的维护功能,功能代号为"5.1"。

(2) 教师信息表的维护功能,功能代号为"5.2"。

(3) 课程目录信息表的维护功能,功能代号为"5.3"。

(4) 系信息表的维护功能,功能代号为"5.4"。

由于本书篇幅的限制,只提供了分析的主要内容。细节内容不在这里细说了。

2.4.4 数据与功能关系分析

应用功能与数据之间的关系有两种。一种称为"建立",即有向数据库写入数据的操作,表示为 Create。另一种称为"使用",即从数据库中索取数据的操作,表示为 Use。这两种关系用一张表表示,称为"U-C"表(如表 2-8 所示),也称 U-C 矩阵。

表 2-8 数据与功能关系表

功能	数据	学生	教师	课程	系名	开课	成绩
信息检索和浏览功能组	功能 1.1	U					
	功能 1.2		U				
	功能 1.3			U			
	功能 1.4					U	
成绩管理功能组	功能 2.1	U		U			C
	功能 2.2	U		U			U
	功能 2.3	U		U			U
	功能 2.4	U		U			U
课程管理功能组	功能 3.1		U	U		C	
	功能 3.2		U	U		U	
报表编印功能组	功能 4.1	U					
	功能 4.2	U		U			U
	功能 4.3	U		U			U

续表

功能	数据	学生	教师	课程	系名	开课	成绩
数据库维护功能组	功能 5.1	C					
	功能 5.2		C				
	功能 5.3			C			
	功能 5.4				C		

　　实际上,还可以对 U-C 矩阵作"置换"运算,把使用关系进行集中。再按置换的结果重新进行功能分组。U-C 矩阵也是数据库安全管理中进行用户权限分配的参照。因为这里的实例系统比较小型,故不作此处理了。

2.5　实例课题解决方案的选择

　　任何一个数据库应用系统开发项目在实施实质性开发前都必须首先选择一种或多种解决方案,然后择其一而用之。

2.5.1　解决方案选择的意义

　　需求分析是解决要做什么的问题,解决方案是解决如何做的问题。根据解决方案确定系统目标,制定开发计划,编制开发进度,优化经费投资,拟定质量标准,进而实施系统配置、系统设计和系统实现过程。选择合适的解决方案是系统成功的必要条件。所谓合适是指,一是要能顺利实现应用系统功能,二是不失一般性和先进性,三是用户条件,特别是技术条件、环境条件、资金条件、人员条件能够承受。

2.5.2　解决方案选择的内容

　　方案选择的内容包括:
　　(1) 计算机系统平台的选择。如选择什么样的计算机硬件,是微型计算机还是小型计算机? 运算速度多大为好? 内存和外存多少为宜? 需要哪些外部设备? 等等。如选择什么样的支持软件,是 Windows 还是 UNIX? 什么版本? 等等。如选择什么样的网络环境,是局域网还是互联网? 等等。
　　(2) 数据库系统的选择。如选择什么样的数据库类型,是非关系模型类还是关系模型类? 等等。如选择什么样的 DBMS,是 Sybase、SQL Server 还是 Access、Visual FoxPro? 等等。
　　(3) 开发方式的选择。如选择结构化方式还是面向对象的方式? 等等。
　　解决方案的选择,既要考虑到新系统的功能实现和性能要求;又要考虑到用户的实际承受能力,如技术支持能力、经费支付能力、场地提供能力和环境适应能力等。适当兼顾一定时期内系统的扩展趋势,量力而行,适可而止。以实际、实用、实效为准则。

2.5.3 实例课题的解决方案

本实例课题是一个很小型的实验系统,以学习数据库基本技术和方法为目标;故对系统平台和数据库系统的选择要求不高。根据这个目标,可以在一般配置的微型计算机上单机实现实验系统。DBMS选择关系模型的Visual FoxPro软件。所以选择这种解决方案是因为学习本教材的读者随手可得,也因为Visual FoxPro具备了数据库技术的基本要素、提供了面向对象的应用程序开发方法。而且易学、易用、易理解,能达到良好的学习和实践练习的效果。

也许有读者会提出质疑,为什么不选择最有现代气息的数据库软件呢?其实,在软件领域永远没有最好,只有更好。能解决问题的软件就是好软件。程序员在最初学习Basic、FORTRAN、PASCAL、C、C++等语言时会感觉一个比一个好,不免有喜新厌旧之举。而如今的Visual Basic、Delphi、Visual C++、Java等语言各有所长,难分优劣。设计人员应该根据客观条件,选择自己熟悉的软件,才能保证合格的质量与生产率。

为了更具一般意义,本实例课题还选择了网络环境下SQL Server 2000解决方案。将在第9章中表述其基本实现。

2.6 数据库系统 Visual FoxPro

因为在实例课题的解决方案中选择了Visual FoxPro(VFP)数据库系统软件,所以有必要对其做一个简单的介绍。因为本书不是一本关于VFP的专门教材,所以不做详尽的讲解。随着本书此后的进展将陆续介绍相关的VFP操作。如果读者有兴趣深入学习VFP,建议找一本专门的教材或VFP参考手册仔细阅读之。

2.6.1 简介 VFP

Visual FoxPro是一个小型关系数据库系统,它有比较完善的关系数据库概念,严格遵循关系模型设计和操作规范。有完善的完整性控制机制,包括域完整性、记录完整性、参照完整性和存储过程。VFP有自己的一整套数据库语言,并引入SQL语言,实现对数据库的集合操作和应用程序编程。这些都是关系数据库系统的明显特征。VFP建立了一个功能体系完备、软件环境友好的自独立系统;使得无须借助任何外界条件就能完成应用系统开发和运行。

VFP数据库系统软件包含数据库设计与实现,以及应用程序设计两大部分功能,是一个比较完备的集成操作环境。操作界面的风格与Windows规范完全一致。在这个环境中,VFP提供多种设计器、生成器、向导、管理器等设计工具,实现可视化的操作方式。使数据库应用系统的开发、实现和操作灵活、便利、高效。如图2-5所示中的几个设计器的式样。此外,VFP还提供菜单、工具按钮等。因此,一种操作有多种可用操作工具。如一个数据库的设计和实现可以运用命令、菜单、按钮、向导等不同操作工具去完成。也可以在不同操作环境下操作,如可以在VFP系统主窗口上操作,可以在项目管理器上操作,可以借助向导操作,等等。

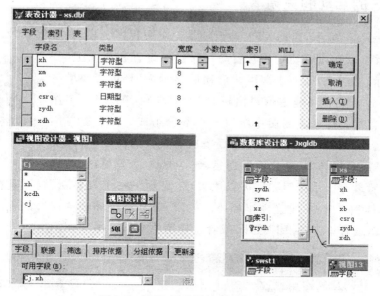

图 2-5　VFP 部分设计器局部图示

VFP 采用面向对象的程序设计技术,提供足够的基本对象的类,使应用程序设计更简单、更容易、更直观、更高效。图 2-6 显示了"表单"程序设计的可视化操作窗口。

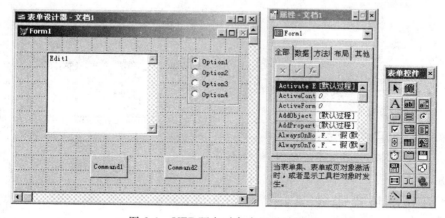

图 2-6　VFP 面向对象应用设计窗口

VFP 系统同时也提供了简单的数据库网络功能,如与数据库服务器的远程连接和远程视图定义功能;但网络功能不很强大。

因此,VFP 很适合一个中小型数据库应用系统,特别是在单机上运行的数据库应用系统开发支持。本教材选择 VFP 作为讲解和学习数据库系统基本知识和技术的示范 DBMS 和实验平台是恰当的、可以理解的。建议读者学习本教材时安装好 VFP,然后,一边读书,一边模仿,一边操作。想必会收到事半功倍的效果;不失学习的情趣和成就感。

2.6.2　VFP 的启动和关闭

在 Windows 环境下,启动 VFP 与启动其他应用程序一样,只要找到 VFP 启动程序所在的位置就可以立即启动它。若启动程序已经设置在桌面上(一个狐狸头图标,见图 2-7),双击即可。启动后显示 VFP 集成环境主窗口(见图 2-8)。集成环境主窗口由标题栏、菜单栏、工具栏、工作区、状态栏和含在工作区内的命令窗口 6 个部分组成。命令窗口用来输入和执行 VFP 命令。VFP 有数百条功能强大的命令,可以实现对数据库的所有操作,如数据库的创建、数据加载、数据修改、信息检索、数据库管理等。系统启动后可以用菜单"显示"→"工具栏"设置工具栏的内容;可以用菜单"工具"→"选项"配置操作环境。关闭 VFP 集成环境主窗口的方法是,或者输入命令 QUIT,或者单击"关闭"按钮,或者选择菜单"文件"→"退出"。

图 2-7　VFP 图标

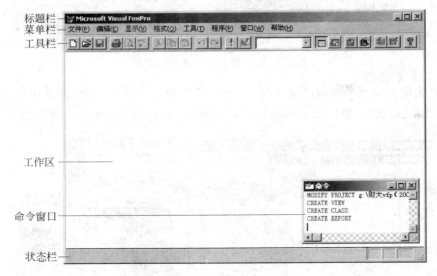

图 2-8　VFP 主窗口

2.6.3　VFP 项目管理器

一个数据库应用系统的开发是一项软件工程项目,它一般要包含许多不同种类的信息,如数据库、应用程序、用户接口、文档资料、图形/图像、音频等。以项目为单位有计划地管理软件系统开发过程,管理项目中的相关组件是很有必要的,也是一个需要大力推崇的工作方式和良好的开发习惯。因此 VFP 项目管理器是一个很有价值的管理功能,作为项目的组织管理工具和控制中心十分有效。

利用 VFP 项目管理器建立一个项目文件管理在开发的工程项目可以作为项目开发的开始。这个文件犹如是项目构成组件的框架或大纲，也可以看成是一个固定定制的文件夹。这个大纲分数据、文档、类库、代码和其他等 5 大项，用 5 张卡片页显示（见图 2-9），这是大纲的第 1 层。可以把每一大项逐层展开成下层较小的分项，如图 2-10 对 3 个大项展开的下层分项的图示。最小分项中将包含文件。如果文件本身也可以分项的话，则还能继续展开，如数据库表是由字段构成的，则可以展开其所有字段。

图 2-9　VFP 项目管理器

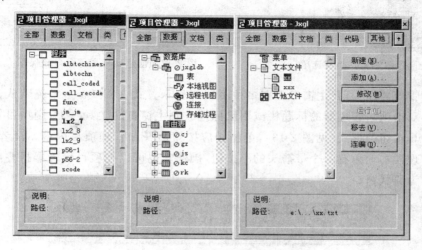

图 2-10　项目管理器的管理层次

一个独立开发项目包含的各种文件按类型分别挂接到相应类别的分项中进行管理，有条不紊，井然有序。同时，可以在项目管理器上通过工具按钮、快捷菜单等方便地管理、操作文件，如新建文件、添加或移出文件、修改文件、运行程序、应用系统包装和可执行文件生成等。可以说，利用 VFP 的项目管理器就能完成项目的全部开发任务和管理工作。因此，VFP 的项目管理器是 VFP 集成开发环境的集中体现，应当充分利用。

创建项目文件的操作十分简单。在 VFP 集成环境主窗口上提供了多种方法，如用菜单操作的"文件"→"新建"，如用按钮操作的"新建"按钮。这时 VFP 显示"新建"文件类型选单（见图 2-11）。选择"项目"单选按钮，按"新建文件"按钮进入"创建"对话框（见图 2-12）。在"项目文件"文本框上输入项目文件名，并单击"保存"按钮。至此，在主窗口上就显示项目管理器（见图 2-9）。

建立项目文件前，最好先在某磁盘上新建一个文件夹，如在 D 盘上新建文件夹 jxgl。启动 VFP 后第一件事是把默认目录设置为 D:\jxgl。这样，以后建立的所有文件都存储在这个目录中，便于日后管理。

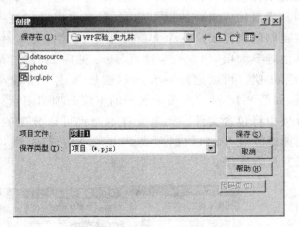

图 2-11　新建文件类型选单　　　　　　　　图 2-12　创建项目文件命名和保存

项目管理器在 VFP 主窗口上有多种不同的显示方式。图 2-9 是系统默认方式或全景方式。双击项目管理器的标题栏或用鼠标拖放到主窗口的工具栏上,则项目管理器便显示为工具按钮的形式(见图 2-13),单击相应按钮展开和管理项目内容。读者注意到,在项目管理器右上角有一个带箭头的小按钮,操作它也可以把项目管理器折叠成工具条状或展开为原状窗口。

图 2-13　项目管理器的按钮形式

习　题　2

一、名词解释题

试解释下列名词的含义。

数据库技术、数据库应用、操作界面、系统平台、解决方案。

二、问答题

1. 数据库应用系统有哪些特点?数据库应用系统与数据库系统有什么关系?

2. 数据库应用系统有哪些组成元素?它们在系统中承担什么角色?

3. 软件设计和数据库设计有什么不同?有什么关系和联系?

4. 选择数据库应用系统解决方案时要考虑哪些问题?具体内容是什么?

三、综合/设计题

1. 对所在学校的教学管理部门(如教务处、系教务办公室等)进行适当调查,收集相关资料,并进行必要需求分析。再补充、修改、具体化表 2-1~表 2-7 的内容。

2. 根据图 2-4,详细补充分析每一个功能要求,并表述。

3. 在自己的或公共实验室的计算机上安装 VFP 系统,设置必要参数;并开始试用。

4. 利用项目管理器在 VFP 系统上创建"教学管理"项目。

第 3 章

数据模型设计及数据库创建

存储在数据库中的数据都是结构化的数据,而不是杂乱无章的堆积。这就需要为数据的组织、架构和存储提供必要的规则和规范。不同的数据库应用系统,这种对数据的规则和规范是不完全相同的,有其自身的个性特征。在数据库中,数据的规则和规范体现为数据模型。因此,数据模型是一个数据库系统的核心和基础。本章将围绕这个问题进行讨论。并回答以下几个问题。

(1) 数据库中数据有哪些主要特征?

(2) 如何把一个组织/机构用数据的形式装入数据库?

(3) 什么是数据模型? 为什么要建立数据模型?

(4) 数据模型包括哪些内容? 如何设计一个数据模型?

(5) 不同数据库系统采用何种数据模型? 有什么不同?

(6) 如何实现一个特定数据库系统的数据模型?

(7) 在数据库模型建立之后如何装入数据?

3.1 数据库数据主要特性

组织并存储在数据库中的数据有自己的特性。它们主要是:

1. 结构化特性(structural)

数据库中数据是结构化的数据。所谓结构化有 5 个方面的内涵。

(1) 数据有"型"和"值"的区分。所谓型是指数据的性质和种类,又称为数据类型。因为数据表现的多样性,不同数据有不同含义,参与不同操作,表示形式和存储方法也不一样;所以任何数据都必须定义其类型,如在"1203 个人"中,1203 表示数量,是数值型数据,可以参与算术运算,而在"电话分机号码 1203"中,1203 表示一个电话号码,是字符型数据,没有数量意义,也不能参与算术运算。此外,还有如日期型、逻辑型数据,等等。值是数据的具体内容或数据值,如 1203 是一个值(数值型),"1203"(注意,是有引号界定的)是另一个值(字符型)。

(2) 数据有语义的定义。同一数据形式在不同的语义定义下表示不同的意义。所谓语义是数据应表示的含义,如"分数/89"中 89 表示课程考试分数(数值型)。又如"学号/

202020507"(字符型),"出生日期/{1988/08/08}"(日期型)等。如果一个数据未定义其语义,则该数据是毫无意义的。数据＋语义＝信息。

（3）数据有聚合和组配。单个数据是无完整意义的,必须聚合若干相关数据并进行组配以表示一种对象,如单个"学号"或"姓名"或"性别"或"出生日期"或"籍贯"是没有应用价值的。把这些单个数据依其相关性进行聚合和恰当组配在一起表示一个"学生",就有了完整意义。

（4）数据有集合的组织。所谓集合是表示同类对象的数据组合体,如某规定范围内（一个班级或一个学校等）所有学生数据的集合。如第 1 章中表 1-1、表 1-2 和表 1-3 是 3 个不同对象的数据集合。

（5）数据有关联关系。所谓关联是指表示不同对象的数据建立的某种关系,以实现相互引用和参照,如学生和课程之间要建立"选修"关联关系,以表示某学生选修了哪些课程;某课程有哪些学生选修了,成绩是多少分,参见图 2-3。

2. 持久性特性（persistence）

数据库中数据是长期积累的数据,是一个组织或机构正常运转的基础和依赖。它贯穿于数据库应用系统的整个生命周期。持久性数据都存储在辅助存储器,如磁盘中。

3. 海量特性（great capacity）

数据库中数据的数据量一般都很大,所以用"海量"来形容,如银行存款数据库、股市信息数据库、商业营销数据库等,动则数千万兆或更大量。

4. 有效性特性（effectiveness）

数据库中数据必须保证其有效性才能使数据库有使用价值,产生经济效益。所谓数据的有效性是指数据的正确性、合理性和相容性。有效性又称为"完整性"。

3.2 数据抽象过程——4 个世界

数据库服务于应用,应用服务于组织,组织根据组织模型构建和运转。因此,从组织到数据库是一个抽象过程。这个过程的最终目的是用"数据"表示组织和组织运转的当前状况,并存储这些数据在计算机中。抽象过程是一个逐步演绎的过程,经过 4 个阶段,称为 4 个世界,即现实世界、概念世界、逻辑世界和物理世界。也即数据库演绎的 4 个范畴。

3.2.1 现实世界

简而言之,现实世界（real world）就是人们的生活环境、工作现场,是存在于人脑之外的客观世界。具体而言,现实世界是事物及其相互联系的总和。组成现实世界的"细胞"是能独立存在的个体。个体的确切含义乃是一个实际存在、且可以被识别的事物。可以是具体的物质,如一个学生、一个教师、一间教室、一本书等可以触接的事物。也可以是抽象的概念,如一笔账目、一个概念、马列主义、一个微笑等不可触接的抽象事物。个体可以是一个小概念,如"一个学生"是小概念,是观察和研究个别的学生特征,可以把这个学生和那个学生区分开;也可以是一个大概念,如"学生"是大概念,是观察和研究学生一类的共同特征,它区别于教师或其他。这是由研究能力和兴趣、管理目标和需要所决定的。

每个个体都具有特定的特征,以区别于别的个体,如每一个学生都有自己的学号、姓名、性别、出生日期和所在班级等特征。另一个学生却会不同。再如每一本书都有自己的编号、书名、作者、出版社等数据。特征更重要的作用是表征个体,体现它的存在。在表 1-1 中有 9 个不同的学生,无任何混淆。

在现实世界中常常要对个体分类,即把同类个体归为一个集合,称为集体。如某范围(全班或全校)内的所有学生构成一个集合,称为"学生"集体。全校的教师构成一个集合,称为"教师"集体。所有计算机类图书构成一个集合,称为"计算机图书"集体,等等。

一个组织中的不同集体之间是相互依赖、相互作用、相互影响和相互制约而存在的。如学生和教师之间、学生和课程之间、教师和课程之间、课程和教室之间、学生和图书之间等都具有这样或那样的关系。因此,一定范围内所有集体及其相互关系的总和称为组织。组织的规模可大可小,大到一个国家、一个地区,乃至全球;小到一个学校、一个公司、一个机关、一个部门乃至一个家庭。组织按"组织模型"(organization model)构建。通过"规章制度"管理,借助"管理信息"运转。所以组织是人、财、物、活动、规章制度、管理规范和互动行为等各种元素构成的、实际运转的、完善的系统。

现实世界是数据库应用系统的出发点和落脚点。具体而言,组织是一个数据库应用系统开发的驱动者和受益者。它们为了某种需要,将现实世界的部分或全部元素用数据库方法实现。认识和把握现实世界的方法是需求分析,包括个体和集体、约束和关系、包含和边界,等等。

3.2.2　概念世界

概念世界(conceptual world)又称信息世界或观念世界,是对现实世界的第 1 层次抽象,是现实世界在头脑中的反映,是对现实世界进行综合分析形成的概念的总和。通过概念,提炼出关于事物的信息,以及信息之间的相互作用关系和信息运动变化的一般规律。对事物的分析和抽象不再拘泥于其具体性和特殊性,而是形成关于事物的概念性,使适用于所有的同类事物。如对个别现有学生(如张学生、李学生等)的分析形成关于"学生"的概念。此后,遇到的每一个人是不是学生,就通过"学生"这个概念去认识和识别。也就是说,对现实世界中错综复杂的事物及其关系进行分析,去伪存真、去粗取精、取其所需;形成具有普遍意义的基本概念、基本关系和一般规律。如教师与学生之间的关系可能有教学关系、亲戚关系、父子关系、工作关系等,而在教学数据库中只识别和保留他们的教学关系,舍弃任何其他关系。

在概念世界中,用统一的名词、术语和方法表示事物,并将组织模型形式符号化,形成概念数据模型(conceptual data model),或称信息模型。产生概念模型的过程称为概念设计。对应现实世界的成分,把个体称为"实体"(entity);把同类实体的集合称为"实体集合"(entity set);把个体的特征称为"属性"(attribute);把个体相互关系称为"联系"(relation);把各种复杂的联系抽象化为简单的"1 对 1"、"1 对多"和"多对多"3 种基本联系。利用基本联系构造多实体之间的复杂联系。

由现实世界向概念世界的抽象是信息化的关键性步骤。正如在讨论信息的意义时说的那样,信息是现实世界中客观事物的属性表征及其运动状态的真实反映所形成的关于事物的概念。因此,信息是概念世界的本质。

3.2.3　逻辑世界

逻辑世界(the data world)也称数据世界,是概念世界的一种数据表示。也可以看成是对现实世界的第 2 层次的抽象。逻辑世界直接与数据库相关,即通过逻辑世界把现实世界映射到数据库中。在逻辑世界中,数据的结构分为数据项、记录、文件和数据库 4 级。数据项是最小数据组织单位,不可再分;是实体属性的数据表示。记录,也称逻辑记录,由若干关于同一实体的数据项构成,是实体的完整而有意义的数据表示。文件是记录的集合,对应于实体集合。数据库是文件的集合,包括实体间的联系。最终用逻辑数据模型(logical data model)表示这种结构关系,即表示信息模型,也即组织模型的数字化。逻辑数据模型简称逻辑模型,是数据模型设计的一个重要阶段,意味着实际建立数据库中数据的逻辑结构,产生逻辑模型的过程称为逻辑设计。

逻辑模型的设计和构建与数据库系统类型直接相关。不同类型数据库系统提供不同的逻辑模型构架规则和方式。众所周知,目前有层次模型、网状模型、关系模型、对象模型等类型的数据库系统。因此,同一问题在不同类型数据库系统平台上设计的逻辑模型大不一样,性能也有很大的差别。因此,数据是逻辑世界的本质对象。

3.2.4　物理世界

物理世界(physical world)也称计算机世界或存储世界;是数据的物理存储,或者说是在计算机存储设备(如磁盘)上的存储;是现实世界的第 3 层次的抽象。数据的逻辑结构和物理结构有较大的差别。逻辑结构是用户直观意义上的数据结构,即适合外部应用的数据组织形式;而物理结构与计算机存储设备特性有关。一般地,同一逻辑结构在不同存储设备上的物理结构是不同的,如存储在磁带和存储在磁盘上的物理结构必不同,但都必须提供一种设施建立逻辑结构和物理结构之间的相互转换。具体而言,物理存储必须保证逻辑结构的实现和应用。数据库的物理结构由物理数据模型(physical data model)定义,产生物理模型的过程称为物理设计。物理数据模型简称物理模型。

就存储而言,物理结构有 4 方面的意义。一是,所有数据,不管什么数据类型,均以二进制形式存储在存储设备上。二是,每一个数据项有一个独立的存储空间,称为字段(field)。字段是一个空间概念,字段中存储着数据项。因此,在不产生混淆的情况下字段和数据项通用。三是,记录的存储基于数据项的存储。换句话说,记录的所有相关数据项的存储字段彼此物理位置相邻。这些字段占有一段连续存储空间。所以,记录可以看成是所有属于它的诸数据项连成的一个"长"字符串。四是,数据的存储一般以文件为最大单位,称为物理文件。物理文件由物理记录(block)组成,物理记录的大小与存储设备特性关系密切,如磁盘存储器,物理记录可以是1个或连续2个、4个……盘区,不可随意定义。对于较小的记录,一个物理记录能存储几个或几十个完整的记录。对于较大的记录,则一个记录可能占有几个物理记录。一个物理文件拥有的物理记录在存储设备上可能是连续的,也可能是不连续的。就文件存取而言,为提高对文件的存取速度,物理结构还可以包括文件索引。

物理模型的设计和构建与计算机硬件系统,特别是存储设备特性直接相关。也取决于操作系统的文件管理功能。

从现实世界到概念世界,再到逻辑世界,最后到物理世界是数据的抽象过程;也是数据库的设计和开发过程。反之,从物理世界到逻辑世界,再到概念世界,最后到现实世界是数据的实化过程或具体化过程;是数据库应用和反作用于组织运行的过程;是数据库应用效果和价值所在。数据库的实际应用立足于逻辑世界、依赖于物理世界、着眼于现实世界。图3-1示意了不同世界中元素之间的对应关系。

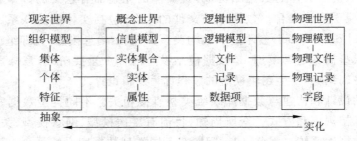

图 3-1　4 个世界及其关系

3.3　数据模型的基本概念

数据库以数据的形式和数据之间的相互关联表示一个组织的内部组织结构和各元素之间的关系。数据库中数据的表示及其相互关系是由"模式"归约的。因此,模式是一个组织在数据库中的抽象、浓缩和提炼。模式的本原是模型,模型是一个数据库系统的核心。所谓数据模型乃是指构造和管理数据库时所应遵循的规则以及此后对数据库所能实施操作的总和。

数据模型包括概念模型、逻辑模型和物理模型,是建立数据库体系结构中各层模式的本原。数据模型,特别是逻辑模型、物理模型是组织和管理数据库的重要工具。一般地,数据模型包含数据结构、约束条件和数据操作三方面的内容。数据结构定义数据的表示和构造方式,特别是数据间的联系方式,涉及实体和联系如何表示的问题。约束条件定义数据的完整性保证方式,涉及对属性、实体和实体集合的约束问题。数据操作定义对数据的操作方式和操作过程,涉及语言方式、途径和结果提供等问题。

3.3.1 实体与联系

对实体与联系的研究是为解决数据模型的数据结构问题。

1. 实体

在 3.1.2 节中已经提到实体的概念,这里稍加仔细讨论。所谓实体是对个体的抽象,是能被标识、能与别的实体相区别的个体。不同实体以其拥有的特征进行标识。如一个个别的学生用他(她)自己的学号(如 210806101)、姓名(如陈敏敏)、性别(如女)、出生日期(如 1990.2)、所在班级(如应用 061)来标志。另一个学生的学号是 210806202、姓名是张全理、性别是男、出生日期是 1991.9、所在班级是应用 062。通过这些特征去识别其中的一个实体,而不致混淆。这里选择了学号、姓名、性别、出生日期和班级 4 个"特征类",称为实体的"属性"。把"210806101"、"陈敏敏"、"女"、"1990.2"、"应用 061"称为对应属性的值,即"数据"。由此可见,实体是由属性"组"表示的。不同属性组定义不同的实体。如学校的"学生"是实体,由属性组(学号、姓名、性别、出生日期、班级)表示。医院的"病人"也是实体,可以由属性组(病历号、姓名、性别、年龄、身高、视力)表示。不可否认他们都是"人"。同一个人用不同的属性组表示就是不同的实体。具有相同属性组的实体的集合称为"实体集合"。显然这是信息的概念。或者说,在概念世界里研究实体和实体集合。

实体是个体向信息的抽象,用数据表示。如有一本书,书名是"An Introduction to DataBase systems",作者是"C. J. Date",出版时间是"1981 年",在南京大学图书馆藏书的分类号是"U398.2",书价是"18.00 元"。如果表示该实体的属性次序是:分类号、书名、作者、出版时间、定价;则该实体的数据表示是:

U398.2 An Introduction to DataBase systems C. J. Date198118.00

显然,这是一个字符串,并作为一个独立单位存储着。所有同类实体也都有一个相应的字符串存储着,这些字符串构成一个集合,就是文件。每一个字符串称为记录。显而易见,光有这个字符串是无意义的,因为无法理解它的含义;必须对它加以解释,即赋予数据的语义。用表 3-1 的方法可以达到这样的目的。

表 3-1 图书目录表

分类号(C,6)	书名(C,30)	作者(C,10)	出版日期(D,8)	定价(N,8,2)
U398.2	An Introduction to DataBase systems	C. J. Date	1981	18.00
TP311.1	Access2003 数据库应用开发实例	张 强	2007	47.00
⋮				

表头部分给出了对数据的"语义"(即解释),包括名称、类型、长度、位置等以及它们的数据类型,如(C,6)表示分类号为字符型数据,长度是 6 个字符。所有满足这个定义的实体构成"实体集合",即同类实体。这个表的存储可以毫无困难地被单独使用。

2. 联系与联系的类型

现实世界中的事物总是不断运动着,总是相互联系而存在。这种运动和联系又可能是非常复杂的。如"人"和"书"这两个实体集合之间就有多种联系。比如,某人是某书的作者、某人是某书的读者、某人是某书的管理者;某书是另一本书的参考书、某书是另一本书的翻译本、某书是另一本书的续集。又比如,某人是另一个人的同学、某人是另一个人的老师、某人是另一个人的妻子、某人是另一个人的学生;如此等等,不一而足。

但是,不管实体间的联系有多复杂,它们都是由"简单"联系合成的。或者说,我们可以将复杂的联系进行"分解"、"提取"。然后对这些简单的联系进行研究。

从两个实体集合的联系来看,有"一对一"、"一对多"、"多对一"、"多对多"的 4 种联系类型;其中"多对一"是"一对多"的反向联系,因此,实际需要研究的是 3 种基本联系类型。

1)"一对一"联系

设有实体集合 A 和 B,当集合 A 中存在一个实体 a 时,集合 B 中必存在且仅存在唯一个实体 b 与之相联系。反之亦然。称为"一对一"联系,表示为"1 to 1"或"1:1"。如一个学校必有一个校长,一个校长必在一个学校任职(见图 3-2)。

图 3-2　1:1 的联系示意图

2)"一对多"联系

设有集合 A 和集合 B,当集合 A 中存在一个实体 a 时,集合 B 中可以有 n 个实体 $b1,b2,\cdots,bn$ 与之相联系;n 可以为 $1,2,\cdots$,亦可以为 0。反之,集合 B 中任何一个元素最多且必须与集合 A 中的一个实体有联系。如一对夫妻可以有多个子女,可以只有一个子女,也可以没有子女;但任何一个子女必须属于一对夫妻(见图 3-3)。

图 3-3　1:n 的联系示意图

3）"多对多"联系

设有集合 A 和集合 B，当集合 A 中存在一个实体 a 时，集合 B 中可以有 n 个元素 b_1，b_2，…，b_n 与之相联系；n 可以为 $1,2,\cdots$，亦可以为 0。反之，当集合 B 中存在一个实体 b 时，集合 A 中可以有 m 个元素 $a_1,a_2,\cdots,a_m$ 与之相联系；m 同样可以为 $1,2,\cdots$，亦可以为 0。如一个学生选修了多门课程，一门课程被多个学生选修了（见图3-4）。

这3种基本联系的组合可以构造各种复杂联系形式，如图3-5所示，这就是数据库模式的本原。

图3-4　$n:m$ 的联系示意图　　　　图3-5　实体与联系的表示

因此，数据模型第一要素就是实体及实体间联系的描述和表示，即数据结构。

3.3.2　约束条件

约束条件是保证数据库中数据完整性的手段。所谓完整性是指数据的正确性、合理性和相容性。数据的数据类型定义是最初等的约束条件，用以保证数据的正确性。但是，正确性不代表合理性和相容性。如把学生性别属性的数据类型定义为（C,2），表示存储一个汉字。不言而喻，这个属性不能是'男'或'女'之外的任何其他汉字才是合理的；或者说，必须赋予该属性有"只接收和存储'男'或'女'"的约束条件，称为属性完整性约束条件，或域完整性约束条件。

对于一个实体的不同属性之间也有合理性和相容性的问题。如教师的出生日期和参加工作日期之间即如此。不难想象，如果一个教师参加工作日期小于等于他的出生日期是不符合事实的。必须赋予教师有"工作日期减去出生日期大于20年"的约束条件，称为实体完整性约束条件。

在不同实体集合之间同样需要赋予约束条件，保证不同实体之间的相容性。如在课程目录表、学生表和成绩表之间，成绩表中的课程代号必须是课程目录表中存在的课程代号，成绩表中的学号必须是学生表中存在的学号；否则就是不相容的。因此必须对成绩表赋予"学号必须在学生表中"和"课程代号必须在课程目录表中"的约束条件，称为参照完整性约束条件，或联系完整性约束条件。

以上是3种最基本的完整性约束条件。数据库管理系统还提供其他完整性约束条件的赋予功能。

3.3.3　操作方式

对数据库所能做的操作与数据库系统类型有关，主要体现与 DBMS 功能。如第1章所述,目前实用的数据库系统有层次型、网状型和关系型等 3 种类型。不同类型的 DBMS 提供不同的数据库操作语言和操作方法。因此,逻辑模型的构造依赖与 DBMS 的类型;逻辑模型一旦确定,对数据库的操作方式随之确定。如关系型数据库操作是一种非过程化的集合操作,操作对象是集合,操作的结果亦是集合。

3.3.4　数据模型的设计步骤

数据库的数据模型设计开始于对组织模型(现实世界中已经存在)的需求分析结果。分为两步,或两个阶段。

(1) 概念设计。主要任务是识别实体及其属性、实体间联系、联系方式及其派生属性等信息;运用"E-R 方法"(entity-relation)设计画出"E-R 图"。其结果称为"实体-联系"模型,即概念模型,或也称"E-R 模型"。需知,概念模型是比较初步的、粗糙的;但已经给出了数据库模型的路线图和完整轮廓。概念模型面向组织模型,与 DBMS 类型无关。

(2) 逻辑设计。从概念模型导出逻辑模型,与使用的 DBMS 直接相关,即按选择的 DBMS 设计相适应的数据模型。一方面是精确地表示出概念模型的结构;另一方面是根据需求分析信息细化模型,如明确数据类型、给出约束条件等。对直接从"E-R 模型"转换得到的逻辑模型进行性能优化,最后获得适用数据库逻辑数据模型。用这个逻辑数据模型就可以在数据库系统平台上创建数据库了。

3.4　概念模型设计

概念模型设计,也简称为概念设计,是面向组织模型的,是从现实世界向概念世界抽象的工具。设计的工具是 E-R 图,即用规定的图形元素表示实体和联系。

3.4.1　设计要点

(1) 识别实体和属性。根据需求分析区分和确定实体,以及拥有的属性。对区分出的所有实体及其属性统一命名。不同实体或属性的名不同,不同实体的相同属性有相同的名,如学生的"学号"属性无论在哪个实体中出现,一般应有相同的名。同一属性在同一实体中出现应有不相同的名,以保证唯一性。

(2) 识别联系。在概念设计时要区别基本实体和导出实体。基本实体是能独立存在的实体,如学生、教师、课程目录、系名等是基本实体。而成绩、开课课程则是导出实体,它们依赖于基本实体的存在而存在。导出实体实际上是基本实体发生联系产生的实体。例如,因为学生与课程有联系,并派生出"分数",所以就导出实体"成绩",以记录和存储每一个学生的每一门课程的分数。

(3) 分析联系类型。概念设计时只考虑基本实体之间的联系,必须分析清楚每一个联系的类型。这种分析必须具有一般性,不依特定实例为依据。如当前暂时情况是每名教师只承担了一门课的教学;反之,一门课只分配给了一名教师。如果就这个特例得出教师与课程的联系类型是"1∶1"的结论显然是错误的。这个联系的一般类型应是"$n:m$"的。

（4）识别"处理功能"。在对组织进行需求分析时必然要分析用户的处理功能要求。这些处理功能都与实体有关，同时也反映出联系及其类型。根据处理功能绘制 E-R 图是概念设计的关键性步骤。通常把一些功能较大、流程较复杂的处理称为"主处理"。主处理是概念设计核心对象。

（5）从局部到全局。为每一个处理功能绘制局部 E-R 图，再综合局部 E-R 图绘制全局 E-R 图。

3.4.2　E-R 图方法

E-R 图是概念模型的一种表示法，故称 E-R 方法。使用的基本图形元素主要有矩形、椭圆形、菱形和折线等。矩形表示实体集合，椭圆形表示属性并用折线与实体集合连接，菱形表示联系并用折线与相关实体集合连接，折线表示连接关系。

（1）实体集合与属性的图示。用矩形图元表示实体集合。实体集合名置于矩形中，名可以是文字示意的，如"学生"；也可以是符号标志的，如 student 或 xuesheng 或 xs，等等。用椭圆形图元表示属性。属性名置于椭圆中，每一个属性图元都用折线与实体集合图元连接，如图 3-6 中，E 是实体集合名，A_1、A_2、A_3 和 A_4 是属性名。

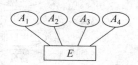

图 3-6　实体集合与属性

（2）两实体集合联系的图示。用菱形图元表示联系。联系的名置于菱形中，用折线连接两个相联系实体集合，可以在菱形图元两端的折线上标出联系类型，在图 3-7(a)中，R_1 是 E_1 与 E_2 的联系，联系类型是 $1:n$。两实体集合可以有一种以上的联系，如教师与课程之间可以有"授课"联系，也可以再有"课程研究"（如教材内容、教学方法研究）联系。每一种联系用一个菱形图元表示，在图 3-7(b)中，R_2 是 E_3 与 E_4 的一种联系，联系类型是 $1:n$。R_3 是 E_3 与 E_4 的另一种联系，联系类型是 $m:n$。

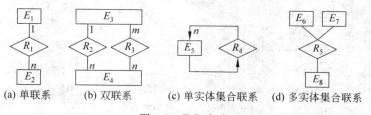

(a) 单联系　　　(b) 双联系　　　(c) 单实体集合联系　　(d) 多实体集合联系

图 3-7　E-R 方法

（3）单实体集合联系的图示。同一个实体集合可以建立其内部实体间的联系，如教师集合中有校长、院长、系主任等领导人员。如果要建立领导和被领导关系就要建立教师集合自身的联系。一个实体集合的联系是两条折线都连向同一个实体集合，在图 3-7(c)中，R_4 是 E_5 与 E_5 的联系，联系类型是 $1:n$。可以用箭头表示出联系的方向。

（4）多实体集合联系的图示。有时需要建立多个实体集合之间的联系。例如，教师、课程和学生三者之间建立联系。意思是，学生选修指定教师所授的课程。这与分别建立教师与课程、课程与学生联系的意义不同，后者学生和教师没有必然的联系，在图 3-7(d)中，R_5 是 E_6、E_7 与 E_8 的联系。

将规定范围内的图元按上述表示法连接在一起构成 E-R 图。

3.4.3　概念设计实例

在第 2 章已经给出关于教学管理应用系统的需求分析。从表 2-8 可以发现,成绩管理、课程管理和报表功能涉及的实体比较多,所以从这些功能着手画出局部 E-R 图(见图 3-8)。

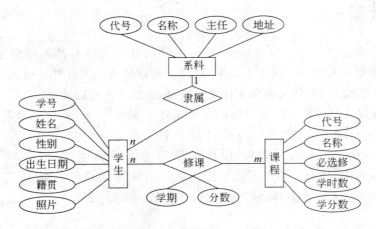

(a) 成绩管理功能的局部 E-R 图

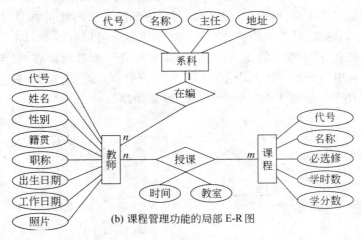

(b) 课程管理功能的局部 E-R 图

图 3-8　局部 E-R 图

因为通过这两项功能的 E-R 图已经包含了全部实体和联系,其他功能的局部 E-R 图可以省略了。接着的事情是集成局部 E-R 图产生出全局 E-R 图。集成的过程可以从一个最复杂的 E-R 图开始,然后逐个地把其他局部 E-R 图叠加上去。直至包含所有实体集合及其联系为止。读者不难看出,这两个局部 E-R 图有两个等同实体“系科”和“课程”。只要将它们重叠就得到一个新的较大的 E-R 图。在集成过程中注意发现和纠正不一致性,消除冗余现象。最终得到一个完整正确的全局 E-R 图(见图 3-9)。为简化而又不影响使用,图 3-9 中忽略了所有实体集合的属性图形元素。

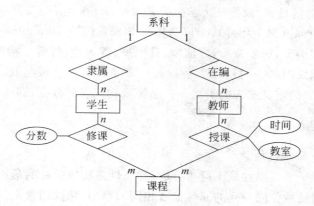

图 3-9　教学管理应用实例全局 E-R 图

3.5　关系数据模型

一个数据库系统或 DBMS,采用什么逻辑数据模型,就决定了它所属的数据库类型。在数据库的发展史上有 3 个重大的里程碑,层次模型、网状模型和关系模型。前两种模型已经很少使用,只在早期的计算机环境上运行。现今,大量的数据库都是在关系数据库系统平台上开发和运行。面广量大,几乎覆盖了整个计算机应用领域。所以本书只介绍和讨论关系模型。

3.5.1　关系模型

关系模型(relation model)是应用数学理论基础建立的逻辑数据模型。基于关系模型的数据库系统称为关系(型)数据库系统。

1. 关系的定义

什么是关系(relation)？关系是一个数学概念。简而言之,关系是一张二维表,简称表(table),或关系表,或数据表。表的列称为"字段"(feild)。行称为"记录"(record),即表示实体的数据。相对于关系,字段称为属性(attribute),行称为元组(tuple)。视元组包含属性的多少把元组称为 n-元组,如包含 3 个属性,称 3 元组,包含 5 个属性,称 5 元组。以后常常不加区分地使用这些名词术语。图 3-10的表有 7 个字段,故称为 7 元组。表或关系的结构表示为

$$R(A_1, A_2, \cdots, A_n)$$

其中,R 是表名,即关系名。A_i 是字段名,即属性名。这种表示形式就称为关系模式。例如,

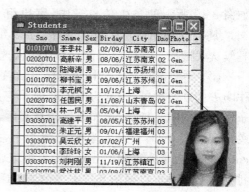

图 3-10　一张表

图 3-10 是一个学生信息表，或称一个学生关系。students 是表名。sno(学号)、sname(姓名)、sex(性别)、birday(出生年月)、city(籍贯)、dno(系代号)和 photo(照片)等是字段名。字段有自己的数据类型，如字符型、数值型、日期型、逻辑型，等等。横向识别的每一行是一个记录。竖向识别的每一列是一个字段列。表名和一组字段名及其类型(表头部分)构成关系模式，即表的定义或表的类型。一组记录构成表的数据，即表或关系的值。

2. 关系的性质

关系具有如下基本性质。

(1) 属性的原子性。属性是不可再分的，即属性是构成关系的最小数据单位。

(2) 属性的同质性。同一列的属性值有相同的类型、相同的含义，如学号列的值都是学号。

(3) 记录的唯一性。关系中不能存在完全相同的两条或两条以上记录。

(4) 属性次序的无关性。属性在关系中的排列次序无关紧要，即包含相同诸属性的关系中，无论这些属性按何种次序出现都视为同一关系。

(5) 元组次序的无关性。元组在关系中的排列次序无关紧要，即包含相同诸元组的关系中，无论这些元组按何种次序出现都视为同一关系。

(6) 关系的动态性。关系是时间的函数，即关系属性值允许被修改，关系中元组的多少随时间的推移可以变化。

(7) 关系的有限性。关系的属性个数和元组个数在特定时刻都是有限的。

3. 关键词

关键词(key)是关系的一个重要概念。关键词由本关系中的字段组成，一个字段或几个字段的组合。关键词的作用是标识表中记录，以便于记录查找和操作。关系可能有 4 种关键词：

(1) 超键词(super key)。能唯一标识表中每一个记录的字段组合称为超键词，如图 3-10 所示的学生信息表中，字段组合(sno，sname)是超关键词；(sno，sname，sex)是超关键词。

(2) 候选关键词(candidate key)。能唯一标识表中每一个记录且最少字段的组合，如图 3-10 所示的学生信息表中，字段组合(sno)是候选关键词。图 3-11 所示的学生成绩表中，字段组合(sno，cno，term)是候选关键词。一个表可能存在几个候选关键词。

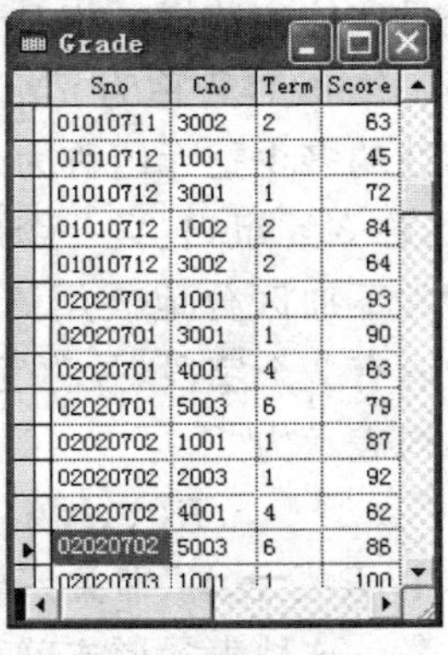
Grade

Sno	Cno	Term	Score
01010711	3002	2	63
01010712	1001	1	45
01010712	3001	1	72
01010712	1002	2	84
01010712	3002	2	64
02020701	1001	1	93
02020701	3001	1	90
02020701	4001	4	63
02020701	5003	6	79
02020702	1001	1	87
02020702	2003	1	92
02020702	4001	4	62
02020702	5003	6	86
02020703	1001	1	100

图 3-11 学生成绩表

(3) 主关键词(primary key)。从候选关键词中指定一个作为表的现行关键词，称为主关键词。主关键词一旦确定就赋予了记录的唯一性标志，如学生信息表中，指定字段(sno)为主关键词。图 3-11 所示的学生成绩表中，指定字段组合(sno，cno，term)为主关键词。一般地，表中记录按输入的时间先后排列。必要是可以强制其按主关键词的递增或递减次序排列。

(4) 外关键词(foreign key)。外关键词涉及两个表之间的关系。设有关系 A 和 B，都有字段组合 K。若 K 是关系 A 的关键词，但不是关系 B 的关键词，则称 K 是 B 的外关键词。例如，学生信息表和学生成绩表之间有共同字段 sno。sno 是学生信息表的关键词，但不是成绩表的关键词，则 sno 是成绩表的外关键词。外关键词的意义十分重要。通过外关键词可以建立相关两表之间的引用关系，如通过成绩表中的外关键词（sno）可以引用学生表的数据。显然，当已知成绩表中 sno ＝"01010701"时，就能在学生表中提取这个学生的数据。比如知道他的姓名叫李季林等。

3.5.2　关系数据库模型

关系数据库模型（relation database model，RDBM）是关系模式的集合。每一个实体集合定义为一个关系，即二维表。实体间的联系也用关系表示，如学生成绩表是实体"学生"和"课程"发生联系而导出的，同样也是实体，同样也定义为关系，用二维表来表示。对每个关系的定义称为关系模式，设某数据库拥有 n 个实体集合，其中包括因联系导出的实体集合，并定义为 n 个关系模式，表示为 $Ri(i＝1,2,\cdots,n)$。则关系数据库模型 RDBM 是这些关系模式的集合。表示为

$$RDBM＝\{R_1,R_2,\cdots,R_n\}$$

3.5.3　关系模型的特点

关系数据库系统所以成为当前数据库系统的主流，得到广泛应用，是因为关系模型有许多独特优越性。

（1）概念简单。用二维表表示和存储数据，把实体和联系统一在一个概念下，结构简单，容易理解、使用和操作。

（2）功能强大。能直接构造结构比较复杂的数据模型。使用非过程化操作语言，一次获得一个集合。

（3）存储透明。数据库的存储结构由系统自行完成和维护，对用户透明，用户无须了解、参与和干涉。

（4）数据独立性高。用户不涉及数据的物理存储、操作非过程化和提供视图设计，使数据独立性大大提高。

（5）基础坚实。在集合论、关系代数和关系演算基础上创建关系数据库理论，对关系数据库技术的研究和发展提供有力的保障。

3.6　关系模型设计

数据库的逻辑数据模型设计起始于概念模型，与 DBMS 有关。这里只介绍关系模型的设计。

3.6.1　从概念模型到关系模型

逻辑模型的设计问题实际是如何把概念模型转化为逻辑模型的问题。对于关系模

型的设计,主要有以下几个步骤。

(1)"形式化"。

① 定义"标识符"标识概念模型中出现的所有元素,并保证其唯一性,如实体集合的标识符、属性的标识符、联系的标识符、数据库的标识符,等等。

② 定义属性的数据类型。不同类型数据库系统定义的规则不完全相同,需要参考DBMS 的定义规则。

③ 确定实体集合的主关键词和联系的外关键词。

(2)"模型转换"。即把概念模型转换成与 DBMS 相符合的逻辑模型。在关系DBMS 上,转换的方法是:

① 每一个实体集合转换为一个表,该实体集合的所有属性为表的字段。

② 每一个 $n:m$ 型联系转换为一个表,联系的所有属性以及两端之实体集合的关键词属性为该表的字段。例如,设联系 R_1,有属性 A_1。实体集合 E_1 有关键词 K_1 和属性 D_1,实体集合 E_2 有关键词 K_2 和属性 D_2,则联系 R_1 转换为关系 $R_1(K_1,K_2,A_1)$,如图 3-12(a)所示。

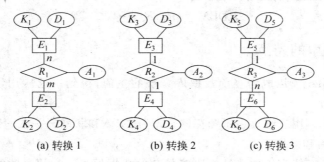

| (a) 转换 1 | (b) 转换 2 | (c) 转换 3 |

图 3-12 "联系"的转换方法

③ 对于每一个 $1:1$ 型联系,可以把联系合并到任一端实体集合的表中。例如设联系 R_2,有属性 A_2。实体集合 E_3 有关键词 K_3 和属性 D_3。实体集合 E_4 有关键词 K_4 和属性 D_4,则可转换为关系 $E_3(K_3,D_3,K_4,A_2)$ 和 $E_4(K_4,D_4)$。或者 $E_4(K_4,D_4,K_3,A_2)$ 和 $E_3(K_3,D_3)$,如图 3-12(b)所示。

④ 对于每一个 $1:n$ 型联系,可以把联系合并到 n 端实体集合的表中。例如设联系 R_3,有属性 A_3。1 端实体集合 E_5 有关键词 K_5 和属性 D_5,n 端实体集合 E_6 有关键词 K_6 和属性 D_6,则可转换为关系 $E_5(K_5,D_5)$ 和 $E_6(K_6,D_6,K_5,A_3)$,如图 3-12(c)所示。

(3)"模型优化"。对所有转换得到的关系模式需要做规范化和性能优化处理。

所谓规范化是指关系模式的设计和构造需满足一定的条件,使设计的关系是一个"好"或"较好"的关系,关系的结构是"合理"或"较合理"的。关系数据库建立了一套关系规范化理论,对关系进行规范和判定;但实践上过于理论和复杂,不便于应用;本书也忽略对它的讨论。对关系进行规范化的一个非形式化的判别方法是,"一个关系一个概念"的准则。意思是每一个关系只表示和存储关于一个"概念"的数据。如学生、课程和成绩是 3 个不同概念,用 3 个关系表示。这些关系就是规范化的,如果把它们设计在两个,甚至一个关系中,则必然不是规范化的。运用这个判定方法的关键是要充分了解数据的语义,能严格区分数据的不同概念,划分成不同的表。

性能优化包括空间优化和时间优化。一个数据库的模型可能有多个设计方案,比较这些方案而择其优。判定的标准是,存储空间是否最省、单位时间内访问的数据量是否最少、单位时间内数据传输量是否最少。提高性能的方法是适当分解或归并关系。

因此,关系规范化主要保证关系的可操作性;性能优化主要保证数据库系统效率。

(4)"设置约束条件"。确定表的主关键词和外关键词,设置关于字段、表内字段之间以及不同表之间的约束条件。

3.6.2　关系模型设计实例

1. "形式化"

1) 定义标识符和主关键词

属性标识符定义如下:

属性名	标识符	属性名	标识符	属性名	标识符	属性名	标识符
学号	sno	教师代号	tno	课程代号	cno	系科代号	dno
学生姓名	sname	教师姓名	tname	课程名称	ctitle	系科名称	dname
性别	sex	职称	title	必修/选修	Req_elec	系主任	dhead
出生日期	birday	工作日期	jobday	学时数	period	办公地址	daddr
籍贯	city	上课时间	classtime	学分数	credit		
照片	photo	上课教室	classroom	分数	score		
		学期	term				

实体集合标识符和主关键词定义如下:

实体集合名	标识符	主关键词
学生信息表	students	学号(sno)
教师信息表	teachers	教师代号(tno)
课程目录表	courses	课程代号(cno)
系科信息表	dept	系代号(dno)

联系标识符和外关键词定义如下:

联系名	标识符	外关键词
隶属	is_a	系代号(dno)
在编	be_in	系代号(dno)
修课	grade	学号(sno),课程代号(cno)
授课	offer	教师代号(tno),课程代号(cno)

2) 定义字段的数据类型(见表 3-2~表 3-7)

2. "模型转换"

1) 转换 4 个实体集合为关系表

学生关系表:students(sno,sname,sex,birday,city,photo)

教师关系表:teachers(tno,tname,sex,birday,city,jobday,title)

课程关系表：courses(cno,ctitle,Req_elec,period,score)

系科关系表：dept(dno,dname,dhead,daddr)

2）转换 4 个联系为关系表

隶属：因为是 1：n 型联系，所以 1 端的实体集合"系科"单独转换成关系表。n 端"学生"中加入系科的关键词(dno)，即把关系表 students 修改为

学生关系表：students(sno,sname,sex,birday,city,photo,dno)

在编：因为是 1：n 型联系，所以 1 端的实体集合"系科"单独转换成关系表。n 端"教师"中加入系科的关键词(dno)，即把关系表 teachers 修改为

教师关系表：teachers(tno,tname,sex,birday,city,jobday,title,dno)

修课：因为是 n：m 型联系，所以单独转换为关系表。把联系的属性，以及两端实体集合的关键词作为其字段。得

修课：grade(sno,cno,term,score)

授课：因为是 n：m 型联系，所以单独转换为关系表。把联系的属性，以及两端实体集合的关键词作为其字段。得

授课：offer(tno,cno,term,classtime,classroom)

最后，得到 6 个关系表如下。

students(<u>sno</u>,sname,sex,birday,city,photo,dno)

teachers(<u>tno</u>,tname,sex,birday,city,jobday,title,dno)

courses(<u>cno</u>,ctitle,Req_elec,period,score)

dept(<u>dno</u>,dname,dhead,daddr)

grade(<u>sno</u>,<u>cno</u>,term,score)

offer(<u>tno</u>,<u>cno</u>,classtime,classroom)

其中，有下划的字段组成关系表的主关键词。

3. "模型优化"

可以直接看出，6 个关系表各自都只表示了一个概念，不含有多余的字段。所以都是规范化的关系表，性能已是最佳化的。

4. "设置约束条件"

1）字段约束条件

sex(性别)＝"男"或"女"；

16≤当年 - 学生 birday(出生日期)≤ 35；

20≤当年-教师 birday(出生日期)；

title(职称)＝"教授"或"副教授"或"讲师"或"助教"；

credit(学分数)≤ 12；

0≤score(分数)≤ 100；

Req_elec(必修/选修)＝"T"/"F"；

term(学期)＝ 大于等于1，小于等于8的正整数；

2）实体约束条件

对 teachers(教师表)，jobday-birday≥20 年；

对 courses(课程表)，period＝score×16；

3）关系表间约束条件

对 students(学生表)，dno 必须在 dept 中；

对 teachers(教师表)，dno 必须在 dept 中；

对 grade(成绩表)，sno 必须在 students 中，cno 必须在 courses 中；

对 offer(开课表)，tno 必须在 teachers 中，cno 必须在 courses 中。

注意，约束条件是针对数据的，而不是模型。但必须在模型中定义。

为了创建数据库时方便参考，将 6 个关系表的模型综合制表，如表 3-2～表 3-7，称为关系表的结构设计表。其中，文件名是针对 VFP 数据库管理系统设立的。因为在 VFP 中，关系表存储为 dbf 类型的存储文件。

表 3-2　学生信息表结构设计

文件名：students.dbf				数据量　<= 5000		
序　号	字段名	中文名	数据类型	长　度	可否为空值	备　注
1	sno	学号	字符型	8	否	99999999 格式
2	sname	学生姓名	字符型	8	可	
3	sex	性别	字符型	2	可	必须男或女
4	birday	出生日期	日期	8	可	yyyy/mm/dd
5	city	籍贯	字符型	10	可	地区名称
6	dno	系科代号	字符型	2	可	99 格式
7	photo	照片	图片	不定长	可	图形

表 3-3　教师信息表结构设计

文件名：teachers.dbf				数据量　<= 300		
序　号	字段名	中文名	数据类型	长　度	可否为空值	备　注
1	tno	教师代号	字符型	4	否	9999 格式
2	tname	教师姓名	字符型	8	可	
3	sex	性别	字符型	2	可	必须男或女
4	city	籍贯	字符型	10	可	地区名称(省、市)
5	title	职称	字符型	10	可	教授/副教授/讲师/助教
6	birday	出生日期	日期型	8	可	yyyy/mm/dd
7	jobday	工作日期	日期型	8	可	yyyy/mm/dd
8	dno	系代号	字符型	2	可	99 格式

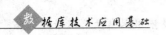

表 3-4 课程目录表结构设计

文件名：courses. dbf					数据量 <=200		
序 号	字段名	中文名	数据类型	长 度	可否为空值	备 注
1	cno	课程代号	字符型	5	否	99999 格式
2	ctitle	课程名称	字符型	20	可	
3	Req_elec	必修/选修	逻辑型	1	可	
4	period	学时数	数值型	3	可	<100
5	credit	学分数	数值型	2	可	<12

表 3-5 系科信息表结构设计

文件名：dept. dbf					数据量 <= 10		
序 号	字段名	中文名	数据类型	长 度	可否为空值	备 注
1	dno	系科代号	字符型	2	否	99 格式
2	dname	系科名称	字符型	20	可	
3	dhead	系主任	字符型	8	可	
4	addr	办公地址	字符型	20	可	楼号_办公室号

表 3-6 开课信息表结构设计

文件名：offer. dbf					数据量 <=200×200		
序 号	字段名	中文名	数据类型	长 度	可否为空值	备 注
1	tno	教师代号	字符型	4	否	99 格式
2	cno	课程代号	字符型	5	可	99999 格式
3	classtime	上课时间	字符型	8	可	周日_节次
4	classroom	上课教室	字符型		可	楼号_教室号

表 3-7 成绩信息表结构设计

文件名：grade. dbf					数据量 <=30×5000		
序 号	字段名	中文名	数据类型	长 度	可否为空值	备 注
1	sno	学号	字符型	8	否	99999999 格式
2	cno	课程代号	字符型	5	否	99999 格式
3	term	学期	字符型	1	否	9 格式
4	score	分数	数值型	3	可	<=100

3.6.3　教学管理数据库的数据模型

教学管理数据库的数据模型由上面设计完成的 6
个关系,即数据表构成。表 3-2~表 3-7 列出了这些关
系的数据结构,包括组成的字段、数据类型定义以及数
据格式等设计信息。根据这些表列出的信息就可以在
选择的 DBMS 下创建数据库。图 3-13 表示出它们的
联系关系。这些联系通过外关键词实现,将所有关系
连接为一个整体。不同关系之间约束条件也是通过外
关键词来实现的。

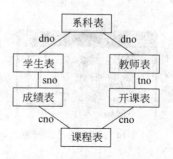

图 3-13　教学管理数据库模型

3.7　关系数据库创建

数据库模型的设计只完成了系统之外的工作,接着的工作是在数据库系统平台上创
建数据库。创建数据库的第一步是创建数据库模型,包括创建所有关系表;第二步是向
数据库中加载数据。两者完成之后就可以对数据库进行操作了。本节先做第一步工作。
以下以 VFP 数据库系统平台为环境,说明如何实际创建一个数据库框架。

3.7.1　创建 VFP 数据库

VFP 提供了多种创建数据库及其关系表的方式和工具。有命令、设计器、向导等方
式。设计者可任意选用。为直观和可视性强,本节选用设计器方式。数据库模型的创建
分两个层次。第一层次是创建一个数据库,建立起数据库文件。VFP 数据库由两个文件
存储,即.dbc 文件和.dct 文件。第二层次是创建关系表,建立起关系表文件。每一个关
系表文件至少由 1 个.dbf 文件存储,根据表的结构定义可能还要辅以.fpt 和.cdx 文件。

创建从 VFP 项目管理器入手,这是一种推荐的方法。下面给出步骤。

第 1 步,创建一个项目。命名为“Jxgl”。VFP 为之创建一个项目文件 Jxgl.pjx 和
Jxgl.pjt,存储关于项目管理的信息。

(1) 在 VFP 主窗口上进行“文件”→“新建”菜单操作,弹出“文件类型”选项框(见
图 3-14)。

(2) 选择“项目”并按“新建文件”命令按钮,弹出“创建”对话框(见图 3-15)。

(3) 在“项目文件”文本输入框中输入“jxgl”,并按“保存”按钮,完成项目文件创建,
并显示“项目管理器”(见图 3-16)。

第 2 步,创建数据库。命名为“Jxgldb”。VFP 创建数据库文件 Jxgldb.dbc 和
Jxgldb.dbt,存储关于数据库的信息。

(1) 在项目管理器 jxgl 上展开“数据”项,并选择“数据库”子项,按“新建”按钮(见
图 3-17),弹出“新建数据库”对话框(见图 3-18)。

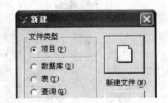

图 3-14 创建项目选择框

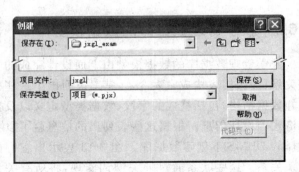

图 3-15 输入项目文件名

图 3-16 建成的 Jxgl 项目管理器

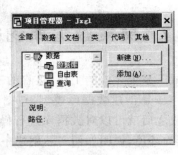

图 3-17 项目管理器

图 3-18 新建数据库命令按钮

（2）按"新建数据库"按钮，弹出"创建"对话框。在"数据库名"文本框中输入数据库名 Jxgldb，按"保存"按钮后显示"数据库设计器"（见图 3-19）。数据库名 Jxgldb 自动加入在项目管理器上。数据库是一个容器，装载关系表等各种数据库元素，数据库设计器提供设计这些元素的环境和工具栏，操作工具按钮就可以很方便地在数据库中新建、增减、浏览关系表等数据库元素。新创建的数据库为空数据库，不包含任何元素。

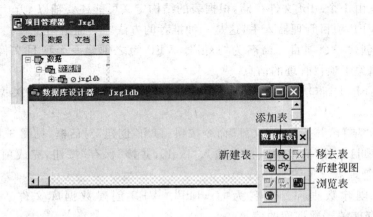

图 3-19 jxgldb 的数据库设计器

3.7.2 在数据库上创建数据表

在 VFP 中,关系表有两种状态,自由表和数据库表,并统称为数据表。自由表是不包含在任何数据库中的数据表,而数据库表则是已经装载在某个数据库中的数据表。凡是在数据库设计器上创建的关系表都是数据库表,否则即是自由表。下面的操作都将在数据库设计器上执行,所以建立的都是数据库表。

第 1 步,创建数据表结构。

作为例子,首先创建学生表,并命名为“students”。VFP 将为之创建数据库表文件students. dbf 和 students. fpt,以存储学生数据。表的创建在“表设计器”上进行。

(1) 打开表设计器。展开项目管理器的“数据”→“数据库”→“jxgldb”→“表”,并选择子项“表”后按“新建”按钮,弹出“新建表”对话框,参见图 3-20。

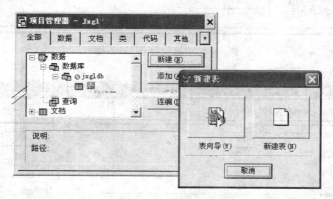

图 3-20 打开表设计器

单击“新建表”按钮,弹出“新建”对话框(见图 3-21)。在“输入表名”文本框中输入students,按“保存”按钮,即打开一个初始的“表设计器”(见图 3-22)。

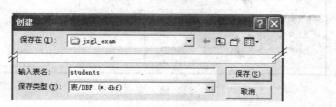

图 3-21 输入数据库表名

表设计器有 3 个页面相叠,分别有 3 个功能。数据表的结构创建主要在“字段”页上操作。

(2) 输入字段结构。首先输入表的第 1 个字段,在“字段名”栏输入“sno”,在“类型”栏选择“字符”,在“宽度”栏输入 8,在“索引”栏选择“升序”。根据需要,还可以在“标题”栏输入“学生”作为中文名;在“字段有效性”的“规则”栏输入字段完整性约束条件,如对sex 字段输入的约束条件为“sex＝‘男’or sex＝‘女’”。

如此重复,输入表 students 的全部字段,结果如图 3-23 所示。

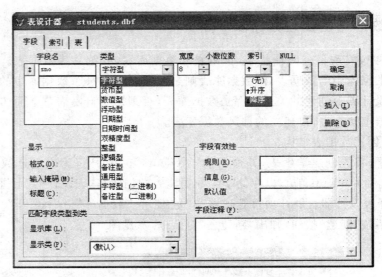

图 3-22　"表设计器"对话框

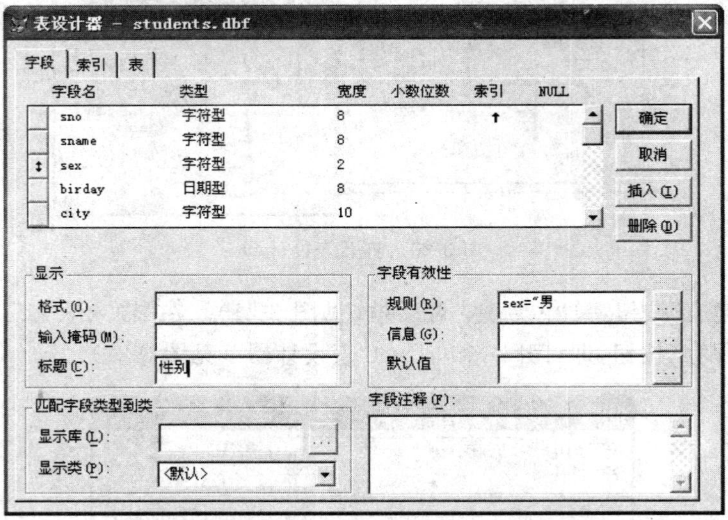

图 3-23　输入完成的学生表

第 2 步,建立表的索引。选择页面"索引"。

在"排序"栏选择升序,在"索引名"栏输入 sno,在"类型"栏选择主索引,在"表达式"输入主关键词 sno,参见图 3-24。

第 3 步,输入实体完整性约束条件,选择页面"表"。

"表"页面上有"长文件名"输入项、关于表的统计信息、实体完整性约束条件输入项等。如在"记录有效性规则"栏输入,

```
"YEAR(jobday)-YEAR(birday)>=20"
```

则表示教师的工作日期与出生日期至少相差 20 年,参见图 3-25。

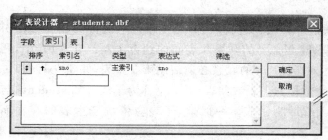

图 3-24 为 students 建立主索引　　　　　　图 3-25 记录有效性规则

3 步操作完成后,按"确定"按钮结束,系统保存结果,建立存储文件。对无"备注型"和/或"通用型"字段的表,建立一个.dbf 文件存储表的数据。如果有"备注型"或"通用型"或两者,则另再建立一个.fpt 文件存储"备注型"和/或"通用型"字段的数据。如果对表建立了结构复合索引,则还要建立一个索引文件.cdx 存储索引。一般地,一张表最少对应一个文件,最多对应 3 个文件。

对每一张关系表同样都经过上述 3 步创建对应的数据库表加载在数据库 Jxgldb 中。请读者自己一试。图 3-26 是 Jxgldb 加载了 6 个关系表的状态,图 3-27 是相应项目管理器的状态。读者已经可以自己建立其余 5 张关系表了。

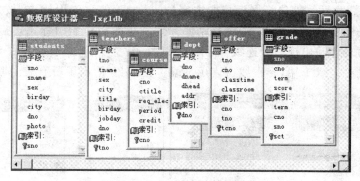

图 3-26 创建完成的 Jxgldb

图 3-27 创建数据库后的项目管理器

3.7.3　创建联系和表间约束条件

如图 3-13 所示,关系表之间通过外关键词进行联系,建立不同表之间的相互数据引用。在 VFP 数据库中根据应用要求建立必要的联系和表间的约束关系。在 VFP 中,两表只能建立 1∶1 或 1∶n 的联系。对于 $n∶m$ 的联系必须借助第 3 张表,并建立两个 1∶n 的联系实现。相联系两个表中,一个称为主表或父表,另一个称为子表。如 students 与 grade 的联系中,students 为主表,grade 为子表。一般地,子表应依赖于主表的存在而存在。

建立两表联系的条件是,主表必须已经建立了主索引或候选索引;子表必须已经建立了主索引、候选索引或普通索引。一般是关于外关键词的普通索引。在数据库中建立的联系称为永久联系,永久联系对多表操作是有益的。

1. 建立永久联系的方法

建立两表间的永久联系操作十分简单。操作方法是:

操作 1,打开数据库。在项目管理器上选择数据库 Jxgldb,按"修改"按钮。

操作 2,选择一对主表和子表。例如,选择 students 为主表,grade 为子表,并把它们拖动到适当位置。

操作 3,建立联系。把鼠标光标指向主表(students)的主索引标志,按住鼠标左键移动鼠标;鼠标光标变成小长方形,继续移动鼠标到子表的相应索引标志上后,松开鼠标左键;这时就在两表之间出现一个连线,表示联系已经建立。图 3-28 给出了建立联系的操作过程,单根线头表示 1 端,多根线头表示 n 端。图 3-29 给出了所有表的联系。

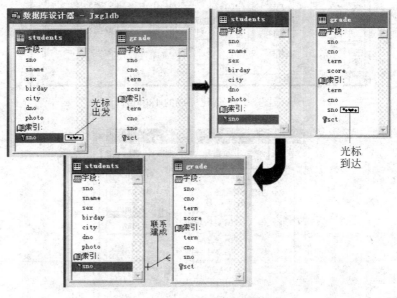

图 3-28　建立"联系"的操作过程

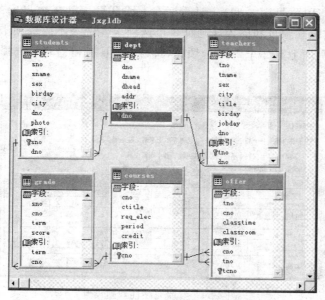

图 3-29 Jxgldb 的表联系全图

已建立的联系可以随时删除。方法是,用鼠标左击连线,变粗,再右击,弹出快捷菜单,选择"删除关系"菜单项,立即消失。或变粗后按键盘的 delete 键。

2. 建立参照完整性约束条件

表间约束条件称为参照完整性约束条件,约束条件施加在有联系的两个表之间。在VFP 系统中参照完整性约束条件分为 3 个规则和 3 个等级。用 3 个触发器实现,所谓触发器乃是一个程序块。程序功能是执行参照完整性检查。程序的执行条件是当表中有数据发生变化(插入新记录、更新关键词值)事件发生。因此,一旦有数据发生变化,相应的程序就立即执行。表 3-8 详细说明了规则和触发条件。

表 3-8 参照完整性规则及触发条件

规则 等级　　触发条件	更 新 规 则	删 除 规 则	插 入 规 则
	(当主表中有记录关键词值被更新时触发)	(当主表中有记录被删除时触发)	(当子表中有记录插入或被更新时触发)
"级联"约束	用新关键词值更新子表中的所有相关记录	删除子表中的所有相关记录	
"限制"约束	若子表中有相关记录存在,则禁止更新	若子表中有相关记录存在,则禁止删除	若主表中不存在匹配的关键词值则禁止插入
"忽略"约束	允许更新,不加任何约束	允许删除,不加任何约束	允许插入,不加任何约束

参照完整性约束条件建立在联系上,其操作方法是:

操作 1,打开数据库,用鼠标单击联系,连成变粗。

操作 2,用鼠标右击连线,弹出快捷菜单,选择"编辑参照完整性"菜单项,弹出"参照完整性生成器"对话框(见图 3-30)。对话框有一张联系表列出数据库的现有联系清单。有更新规则页、删除规则页和插入规则页 3 个选项卡。选择不同选项卡设置不同规则的约束条件。每个页面上有 3 个等级选项钮,即级联、限制和忽略。选择不同按钮设置不同等级的约束条件。

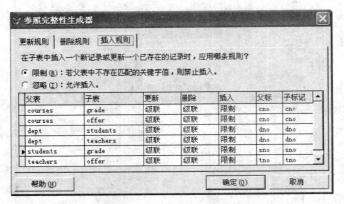

图 3-30　参照完整性规则设置

操作 3,在参照完整性生成器对话框上用鼠标选择联系,选择页面,选择等级即完成参照完整性约束条件的设置和建立。

参照完整性约束条件设置后显示在"参照完整性生成器"对话框的联系表列上,同时也直接设置在相关数据库表的"触发器"上(表设计器的"表"页面)。

至此,已经完成了数据库的创建任务。

3.8　数　据　装　入

创建数据库及其相关的表只创建了数据库和表的框架,表是还没有任何数据存储于其中的空表。数据装入是针对表而言的,就是向表填入数据,只有装载了数据的数据库才赋予了应用价值。

3.8.1　数据装入方法

数据装入有许多方法,也可以选择任何时间。

1. 初始输入

一般是在创建表结束时立即向表输入数据,也可以是在任何时候打开表继续输入数据。方法是在系统提供的输入环境下直接在表上输入数据,如 VFP 系统在创建表完成保存文件后会提示是否要马上输入数据记录(见图 3-31(a))。只要单击"是"按钮就立即进入当前表的输入状态(见图 3-31(b)),输入板是一个全编辑输入环境,可以任意移动光标,任意输入、删除、修改字符。

（a）立即输入提示　　　　　　（b）记录输入板

图 3-31　立即输入数据提示

2. 延迟输入

延迟输入是不响应立即输入数据提示之后的时间里，向表输入记录的情况。此时，先要打开表，再请求进入输入状态。操作方法是：

操作 1，打开表。在项目管理器上选择表，如 students。按"浏览"按钮，显示表浏览窗口。

操作 2，选择菜单"显示"→"编辑"，再选择菜单"显示"→"追加方式"就进入记录输入状态，与图 3-31（b）同形。

操作 3，数据输入。

3. 命令输入

利用系统提供的编辑、插入等命令装入数据，如 browse、append、insert、SQL-INSERT 等命令。有些命令主要用在应用程序中向表输入数据。

4. 复制装入

复制装入又称批装入。要装入的记录已经存储在某类型文件中，如文本文件、Excel 文件或数据库文件等。装入时一次批量地把大量的记录输入到指定表中。这种装入要求原始文件遵循一定的格式规则。

3.8.2　实例数据库表批装入演示

直接在表中输入是最简单的数据装入方法。为利用已计算机化的数据，避免输入工作量的开销，可以把已存在的某些类型的文件数据成批装入数据表，如数据库文件、文本文件、Excel 文件等。作为例子，选择数据规模小的数据表，演示一下通过 VFP 界面操作方式是如何实现数据表批装入的方法。

例 3-1　从 dbf 数据表装入。设有数据表 xim.dbf，其数据内容、格式和类型与 dept.dbf 完全一致。要求把 xim.dbf 的数据追加到 dept.dbf。

分析：考察 xim. dbf 知其字段名与 dept. dbf 不一致，字段数也少于 dept. dbf（见图 3-32(a)）。解决的方法是先把 xim. dbf 文件复制出来；然后把字段名修改得与 dept. dbf 相同（见图 3-32(b)）；最后把新的 xim. dbf 文件加载进 dept. dbf 文件（见图 3-32(c)）。因为在 dept. dbf 中还缺少地址数据，则打开 dept. dbf 文件，并人工补充输入。显然，如果 xim. dbf 的数据量很大，这一方法节省了可观的工作量。

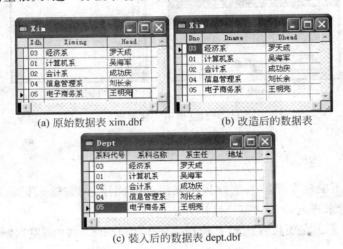

(a) 原始数据表 xim.dbf　　　(b) 改造后的数据表

(c) 装入后的数据表 dept.dbf

图 3-32　从 dbf 装入

追加操作：分两步进行。

操作 1，复制原 xim. dbf 文件，并修改字段名；并使新 xim. dbf 处于关闭状态。

操作 2，装入 xim. dbf 文件进 dept. dbf 文件。操作过程是：

（1）打开 dept. dbf 文件，并处于"浏览"状态。

（2）选择"表"→"追加记录"，显示"追加来源"对话框（见图 3-33）。

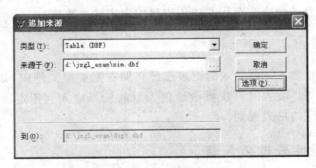

图 3-33　设置来源文件

（3）选择"类型"为 Table(DBF)，输入或浏览选择"来源于"为文件 xim. dbf。

（4）按"确定"按钮，系统执行装入任务。

（5）在 dept. dbf 上编辑输入地址字段的数据。

完成数据装入过程。因为是同类型文件的装入，所以相对比较简单一些。

例 3-2　从 Excel 工作表装入。设有 Excel 工作表，存储文件名为 jsexcel. xls，其单元格的数据内容、类型、格式和排列顺序都与 teachers.dbf 结构完全一致(见图 3-34(a))。要求把 jsexcel.xls 的工作表数据追加到 teachers.dbf。

追加操作:分两步进行。

操作 1,整理 jsexcel.xls 工作表数据,使与 teachers.dbf 完全一致。

操作 2,装入 jsexcel.xls 工作表数据进 teachers.dbf 文件。操作过程是:

(1) 打开 teachers.dbf 文件,并处于"浏览"状态。

(2) 选择"表"→"追加记录",显示"追加来源"对话框。

(3) 选择"类型"为 Microsoft Excel 5.0,输入或浏览选择"来源于"为文件 jsexcel.xls (参照图 3-33)。

(4) 按"确定"按钮,系统执行装入任务,结果见图 3-34(b)。完成数据装入过程。

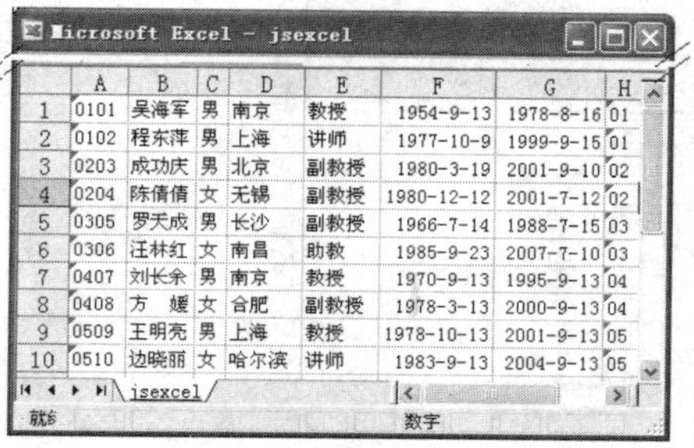

(a) Excel 工作表数据 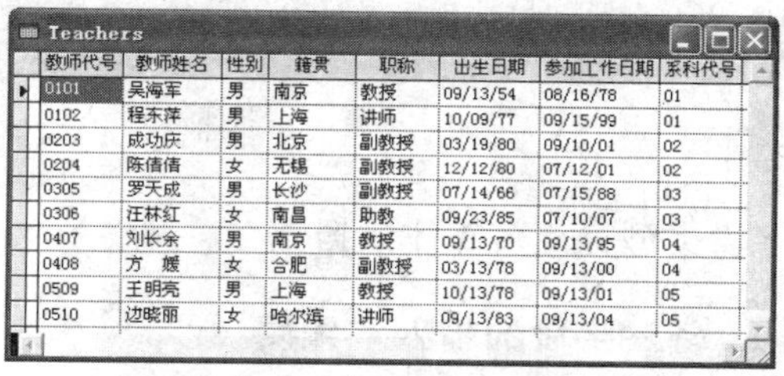   (b) 装入后的数据表 teachers.dbf

图 3-34   从 Excel 装入

例 3-3   从文本文件装入。设有文本文件 dept.txt,存储有关于系科的数据。要求把 dept.txt 的数据追加到 dept.dbf 中。

分析:考察 dept.txt 中的数据格式,可能与 dept.dbf 的结构要求不一致。为此,必须调整文本文件,对应的一条记录数据必须用"回车"结束;记录中的字段数据必须用一个分界符(如空格符、逗号等)隔开,本例设为空格符;使文本数据的构造形式与 dept.dbf 的结构完全一致(见图 3-35(a))。

追加操作:分两步进行。

操作 1,整理 dept.txt 数据,使数据构造与 dept.dbf 结构完全一致。

操作 2,装入 dept.txt 数据进 dept.dbf 文件。操作过程是:

(1) 打开 dept.dbf 文件,并处于"浏览"状态。

(2) 选择"表"→"追加记录",显示"追加来源"对话框。

(3) 选择"类型"为 Delimited Text,"文本分隔符"为空格。输入或浏览选择"来源于"为文件 dept.txt(见图 3-35(c))。

(4) 按"确定"按钮,系统执行装入任务,结果见图 3-35(b)。完成数据装入过程。

3.8.3   多媒体数据的输入

多媒体数据的存储和展示已成为必要。存储和管理图形图像、视频和音效等信息是数据库技术的新内容。在 VFP 系统中,用"备注"字段类型存储不定长文本数据;用"通

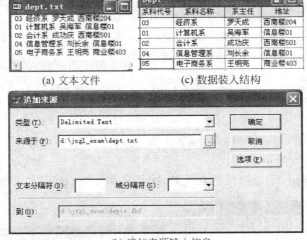

(a) 文本文件　　　　　　　(c) 数据装入结构

(b) 追加来源输入信息

图 3-35　从文本文件的装入

用"字段类型存储多媒体数据。

1. 备注字段的输入和编辑

备注字段的数据输入过程是：

操作 1，打开数据表，使其处于编辑或浏览状态。

操作 2，鼠标双击备注字段项(显示为 memo)，打开备注字段编辑窗口。

操作 3，在编辑窗口中输入或编辑文本数据，完成时用"关闭"按钮或 Ctrl＋W 键结束。

注意，当某记录的备注字段已有输入文本时，在数据表显示时为 Memo。

2. 通用字段的输入

通用字段的输入有粘贴法和对象插入法等方法；对象插入法又分新建对象插入法和文件对象插入法。下面以图片输入为例讲解输入过程。

(1) 粘贴法。粘贴法是利用剪贴板功能实现多媒体数据的输入。过程是：

操作 1，打开数据表，使其处于编辑或浏览状态。

操作 2，鼠标双击通用字段项(显示为 Gen)，打开通用字段编辑窗口。

操作 3，选择图片，并复制到剪贴板上。

操作 4，将鼠标光标移动到通用字段编辑窗口内，右击鼠标弹出快捷菜单，选择粘贴菜单项；则剪贴板上的图片即输入到通用字段中了。单击"关闭"按钮或按 Ctrl＋W 键关闭编辑窗口。这时在数据表显示时为 Gen，结果如图 3-36 所示。

(2) 文件对象插入法。文件对象插入法是把一个图片文件直接输入到通用字段中的方法。用图标表示，以便用创建它的程序展示图片。过程是：

操作 1，打开数据表，使其处于编辑或浏览状态。

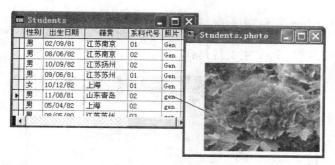

图 3-36　粘贴法输入通用字段

操作 2，鼠标双击通用字段项(显示为 gen)，打开通用字段编辑窗口。

操作 3，选择菜单"编辑"→"插入对象"，打开"插入对象"对话框。

操作 4，选择"由文件创建"选项钮，按"浏览"按钮选择一个图片文件，选择"显示为图标"复选钮，需要时用"更改图标"按钮选择一个合适的图标，按"确定"按钮。

（3）新建对象插入法。新建对象插入法是选择一个图片制作程序直接现场绘制后输入到通用字段中的方法。

操作 1，打开数据表，使其处于编辑或浏览状态。

操作 2，鼠标双击通用字段项(显示为 gen)，打开通用字段编辑窗口。

操作 3，选择菜单"编辑"→"插入对象"，打开"插入对象"对话框。

操作 4，选择"新建"选项钮，在"对象类型"列表中选择如"画笔图片"，按"确定"按钮执行画笔程序。

操作 5，现场制作图片，完成后单击"关闭"按钮或按 Ctrl＋W 键关闭编辑窗口。

3.8.4　创建完成的教学管理数据库表内容展示

1. 学生表(Students)(见图 3-37)

字段数：7　记录数：60　主关键词：sno

学号	姓名	性别	出生日期	籍贯	系科代号	照片
01010701	李季林	男	02/09/81	江苏南京	01	Gen
02020701	高新辛	男	08/06/82	江苏南京	02	Gen
02020702	陆海涛	男	10/09/82	江苏扬州	02	Gen
01010702	柳书宝	男	09/06/81	江苏苏州	01	Gen
01010703	李元枫	女	10/12/82	上海	01	Gen
02020703	任国民	男	11/08/81	山东青岛	02	Gen
02020704	林一风	男	05/04/82	上海	02	Gen
03030701	高建平	男	08/05/80	江苏苏州	03	Gen
03030702	朱正元	男	09/01/81	福建福州	03	Gen
03030703	吴云欣	女	07/02/82	广州	03	Gen
03030704	李玲玲	女	01/06/83	上海	03	Gen
03030705	刘树刚	男	11/19/82	江苏镇江	03	Gen
03030706	武达林	男	03/08/83	江苏南京	03	gen
03030707	吴计勇	男	12/08/81	浙江杭州	03	gen

图 3-37　学生表

2. 教师表（Teachers）（见图 3-38）

字段数：8　记录数：10　主关键词：tno

代号	姓名	性别	籍贯	职称	出生日期	工作日期	系科代号
0101	吴海军	男	南京	教授	09/13/54	08/16/78	01
0102	程东萍	男	上海	讲师	10/09/77	09/15/99	01
0203	成功庆	男	北京	副教授	03/19/80	09/10/01	02
0204	陈信信	女	无锡	副教授	12/12/80	07/12/01	02
0305	罗天成	男	长沙	副教授	07/14/66	07/15/88	03
0306	汪林红	女	南昌	助教	09/23/85	07/10/07	03
0407	刘长余	男	南京	教授	09/13/70	09/13/95	04
0408	方媛	女	合肥	副教授	03/13/78	09/13/00	04
0509	王明亮	男	上海	教授	10/13/78	09/13/01	05
0510	边晓丽	女	哈尔滨	讲师	09/13/83	09/13/04	05

图 3-38　教师表

3. 课程表（Courses）（见图 3-39）

字段数：5　记录数：14　主关键词：cno

4. 开课表（Offer）（见图 3-40）

字段数：4　记录数：27　主关键词：tno＋cno＋classtime

代号	课程名称	必选修	学时数	学分数
1001	政治经济学	T	32	2
1002	科学社会主义	T	48	3
3001	计算机应用基础	T	64	4
3002	办公自动化软件应用	F	48	3
3003	数据库及其应用	T	64	4
2001	高等数学	T	96	6
2002	高等代数	F	80	5
4001	金融和会计学	F	64	4
4002	劳动保障和保险学	F	64	4
2003	英语	T	96	6
5001	电子商务	T	64	4
5002	会计学	T	64	4
5003	审计学	T	48	3
4003	经济学	F	64	4

图 3-39　课程表

教师代号	课程代号	上课时间	上课教室
0204	5003	周三/3-4	C104
0306	2003	周一/3-4	A104
0509	3002	周三/1-2	C102
0306	2001	周二/7-8	C209
0407	3003	周一/1-2	C105
0102	2002	周四/3-4	C304
0102	1001	周三/3-4	C106
0204	3001	周四/1-2	C302
0408	3003	周三/3-4	C205
0509	5001	周五//3-	C208
0510	4003	周一/5-6	C304
0510	4003	周二/7-8	C103
0102	3002	周一/5-6	C302
0102	2002	周二/7-8	C203
0306	5001	周三/3-4	C202
0306	5001	周四/5-6	C306

图 3-40　开课表

5. 成绩表（Grade）（见图 3-41）

字段数：4　记录数：240　主关键词：sno＋term＋cno

6. 系科表（Dept）（见图 3-42）

字段数：4　记录数：5　主关键词：dno

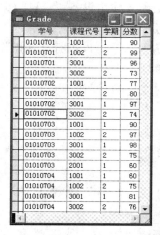

图 3-41 成绩表

系科代号	系科名称	系主任	地址
01	计算机系	吴海军	信息楼101
02	会计系	成功庆	西南楼501
04	信息管理系	刘长余	信息楼401
05	电子商务系	王明亮	商业楼403

图 3-42 系科表

习   题   3

一、名词解释题

试解释下列名词的含义。

(数据的)型、(数据的)值、(数据的)语义、现实世界、概念世界、逻辑世界、物理世界、数据模型、概念模型、逻辑模型、信息模型、物理模型、实体、属性、实体集合、联系、数据项、记录、文件、E-R 图。

二、单项选择题

1. 数据的有效性是指数据的_____。

A. 正确性   B. 合理性

C. 相容性   D. 正确性、合理性和相容性

2. 下列关于概念模型的论述中,错误的是_____。

A. 对实体与联系的研究是解决数据模型数据结构方面的问题

B. 把含有相同属性组成的实体称为同类实体

C. 相同属性不能同时出现在几个实体中

D. 联系也可以有属性

3. 设有实体集合 A 和 B,如果两者具有_____的联系关系,则称 $1:n$ 型联系。

A. A 中 1 个实体只与 B 中 1 个实体联系,反之亦然

B. A 中 1 个实体可与 B 中多个实体联系;反之,B 中 1 个实体只与 A 中 1 个实体联系

C. B 中 1 个实体可与 A 中多个实体联系;反之,A 中 1 个实体只与 B 中 1 个实体联系

D. A 与 B 的实体之间可以有任意的联系

4. 关系的主关键词取之于_____。

A. 超关键词   B. 候选关键词   C. 外关键词   D. 关键词

5. 对一个数据库所能进行的操作方式直接与_____有关。

A. 计算机硬件　　　　B. 计算机软件　　　　C. 输入输出设备　　　　D. DBMS

6. 与关系的基本性质有关的下列说法中,错误的是_____。

A. "属性次序的无关性"将保证具有相同属性组成的关系可以进行合并操作

B. "元组次序的无关性"有利于对关系进行元组整序

C. "关系的有限性"是指关系中元组个数不能超过规定数量(如 100 万个)

D. "关系的动态性"保证关系(数据)是可以被修改的

二、填空题

1. 数据库中数据有自己的特性。主要是,结构化特性、_____、海量特性、有效性特性。

2. 如果一个学生的学号是 02020308101,则说"学号"是数据的_____,02020308101 是数据的_____。

3. 数据模型包含数据结构、_____和数据操作三方面内容。

4. 数据库发展史上的 3 个重大里程碑分别是_____模型、_____模型和_____模型。

5. 关系是一个二维表。表的列称为字段,即关系的_____,行称为记录,即关系的_____。

6. 在设计 E-R 图时,用矩形表示_____,椭圆形表示_____,菱形表示_____,折线表示_____。

7. 关系模型的特点有概念简单、功能强大、_____、数据独立性高和基础坚实。

三、问答题

1. 数据库数据的结构化特征的具体内容是什么?

2. 关系"属性的原子性"性质有什么实质性意义?

3. 数据库的物理存储有哪 4 方面的存储意义?

4. 关系的外关键词只对一个关系而言吗?外关键词在关系模型中的作用是什么?

四、思考题

1. 试分析数据库的"4 个世界假说",说明其对数据库系统有什么指导意义和实现意义?

2. 试区分"关系模式"和"关系"的概念。

五、综合/设计题

1. 对所在学校的教学管理部门(如教务处、系教务办公室等)进行适当调查,收集相关资料,并在进行必要需求分析的基础上:

(1) 补充、修改、具体化 3.6.3 节中的表 3-2～表 3-7 的内容。

(2) 补充、修改、完善完整性约束条件。

(3) 在 VFP 平台上创建教学管理数据库及其数据库表。

(4) 为表建立主索引(主关键词)、普通索引(外关键词或其他)。

2. 参照 3.8.4 节展示的关系、部分数据示例:

(1) 收集、准备足够初始数据。

(2) 分别向表中输入数据。

3. 建立数据库表之间的永久关联和参照完整性。

第4章

关系数据库操作

数据库操作是数据库利益所在和价值体现,是充分利用数据库数据中资源的手段。因此,数据库操作的完备性、灵活性、多样性和方便性是一个数据库的重要性能指标。以关系模型及其理论为基础的关系数据库操作满足了这一要求。本章将对关系数据库操作做比较全面的介绍,并回答以下几个问题。

(1) 数据库有哪些操作? 操作的基本功能是什么? 操作的基本要素是什么?

(2) 什么是关系代数? 运算规则是什么? 有什么意义?

(3) 在 VFP 数据库系统中,数据库和数据表文件的结构布局是什么样的?

(4) 有哪些常用的 VFP 数据库操作? 如何使用这些操作? 具体操作步骤是什么?

4.1 数据库操作的一般概念

数据库操作是数据库数据操纵的主要内容,是实现对数据库的存取活动。数据库操作与数据处理有本质的不同。数据库操作是数据处理的基础性操作,为数据处理提供数据源和数据宿。具体而言,基于数据库的数据处理借助数据库操作获取源数据,处理产生的结果借助数据库操作作为数据库的宿数据存储于数据库中。而数据处理的主要任务是对数据实施变换、进行必要加工的过程。

4.1.1 数据库操作的种类

数据库操作只实现对数据库中数据的"存"和"取"。主要有 4 种不同类型的操作,数据查询、数据插入、数据删除和数据更新等。对不同数据模型的数据库操作方式不同。本节以关系数据模型为基础讨论数据库操作要点。

1. 数据查询

数据查询又称数据查找,是根据用户给出的查询条件从数据库中提取数据作为结果的操作。查询的对象是关系,查询的结果也是关系。查询的主体方式是"一次一个关系",关系是元组的集合或记录的集合。因此,又是"一次一个集合"方式,这是关系数据库查询操作的特点。

2. 数据插入

插入是向数据库中添加一个或多个元组的操作。用户可以首先根据模式的逻辑定义预先构造好记录,然后用插入操作将记录插入到数据库中。或者打开表后直接在表上插入性输入记录。因此,插入操作都要针对某特定的表而言。

3. 数据删除

删除是从数据库中去除一个或多个无须继续在数据库中存储的元组的操作。删除操作通常针对一个关系表而进行,删除的基本单位是元组。

4. 数据更新

更新是修改数据库中数据,使其具有新值的操作。修改的基本数据单位是属性,一次可以执行对一个或多个属性的修改。

4.1.2　数据库操作的分解

上述 4 种数据库操作可以分解为 7 个基本要素或原子操作,属性定位、元组定位、连接、元组检索、属性检索、插入和删除等。每一种数据库操作都由这些原子操作的某些操作及其操作顺序实现。

1. 属性定位

定位是确定操作对象的原子操作。定位有属性定位和元组定位两个层次。

属性定位是指明一个关系中一个或几个属性作为操作对象的原子操作。一般用属性名或属性在关系中的位置序号表示,如图 3-10 中学生关系的"学号"属性,图 3-11 中成绩关系的"学号"和"课程代号"属性等。

2. 元组定位

元组定位是指明一个关系中的一个或多个元组作为操作对象的原子操作。一般用条件表达式表示,如学生关系中满足"性别＝'男'"的元组,成绩关系中满足"学号＝'01010701' and 分数＞＝90"的元组等。

3. 连接

连接是把两个或几个关系连接合并成一个关系的原子操作。许多数据库操作,特别是数据查询操作,常常要从两个甚至更多的几个关系中获得查询结果。为此,一个有效的方法是把两个或几个关系进行连接,并合并为一个(综合)关系。然后在一个"大"关系中进行其他操作,如对学生、课程和成绩等 3 个关系进行查询,最后获得由姓名、课程名称和分数构成的结果关系。显然,结果关系的 3 个属性分别分布在 3 个不同的关系中。为简化操作过程,把这 3 个关系先综合成一个关系,使包含所有属性,为后继操作提供合适的范围。基本的连接操作是两个关系的连接,多个关系连接时,先连接两个关系,再把连接的结果关系与第 3 个关系连接,如此等等。

4. 元组检索

元组检索是从一个关系中提取元组的基本操作。

5. 属性检索

属性检索是从一个关系中提取属性的原子操作。

6. 插入

在关系中添加一个元组的原子操作。

7. 删除

从关系中去除一个或几个元组的原子操作。

由原子操作组合,并按原子操作出现的次序执行就能完成数据库操作。

1) 数据查询

单关系数据查询:元组定位→元组检索→属性定位→属性检索。

多关系数据查询:连接→元组定位→元组检索→属性定位→属性检索。

2) 数据插入

追加数据插入:插入。

条件数据插入:元组定位 → 插入。

3) 数据删除

数据删除:元组定位 → 删除。

4) 数据更新

数据更新:元组定位 → 元组检索 →(属性修改)→ 删除 → 插入。

(注:属性修改在数据处理中完成。)

4.2　关　系　代　数

数据库操作需要数据库操纵语言支持,关系数据库操作需要关系数据语言支持。因为关系数据库是建立在关系和集合理论基础上的,所以应用关系和集合运算实现对关系数据库操作是十分理想的。关系数据语言主要有关系代数和关系演算,本书只介绍关系代数。关于关系演算,读者可以参考有关文献。

4.2.1　关系代数的构成元素

关系代数是一个代数系统,它包括如下组成元素。

1. 集合

集合是参与关系代数运算的分量和运算的结果。在关系数据库中,关系的本质是元组的集合,所以关系代数的运算分量是关系,关系运算的结果还是关系。这是关系代数的封闭性,也保证了数据库操作的"一次运算一个集合"的特点。

2. 运算符

关系代数的运算符包括:

(1) 传统的集合运算　∪("并")　　∩("交")
　　　　　　　　　　　　 —("差")　　×("笛卡儿积")

(2) 扩充的关系运算　σ("选择")　Π("投影")
　　　　　　　　　　　　⋈("连接")　/("除法")

3. 条件

条件包括关系条件和逻辑条件,也称条件表达式。关系条件用关系表达式表示,逻辑条件用逻辑表达式表示。

(1) 关系表达式:表示为 $a\theta b$。其中,a、b 表示属性或常量,θ 表示关系运算符。关系运算符有

＜(小于),＜＝(小于等于),＞＝(大于等于)

＞(大于),＝(等于),!＝(不等)

(2) 逻辑表达式:$P \lor S$(或运算)、$P \land S$(与运算)、$\neg P$(非运算)。其中,P、S 是条件表达式,$\lor$(或)、$\land$(与)、$\neg$(非)是逻辑运算符。

条件表示为 F。一个关系表达式是条件表达式,用逻辑运算符连接一个或几个条件表达式构成的表达式还是条件表达式,如"学号＝'01010701'"是条件表达式,"学号＝'01010701' $\land$ 分数 ＞＝ 90"是条件表达式,"$\neg$(分数 ＞＝ 90)"也是条件表达式,"学号＝'01010701' $\land$(分数＞＝90 $\lor$ 分数＜60)"还是条件表达式。

计算条件表达式的结果值只为"真"或"假",即条件成立或不成立。条件用于元组定位。

4. 属性列表

属性列表是一个属性名的序列,用逗号隔开,表示为 L。形如"$A_1, A_2, \cdots, A_n$"。属性列表用于属性定位,例如,"sname、ctitle、score"。

4.2.2　关系代数运算规则

设有关系 R、S 和 V,图 4-1 是 3 个简单的例子关系,下面给出关系代数各运算的运算规则。

1. "并"运算

"并"运算是对两关系的运算,表示为

$$T_1 = R \cup S$$

关系 R

A	B	C
a_1	b_1	4
a_1	b_2	6
a_2	b_2	8

关系 S

A	B	C
a_1	b_1	3
a_1	b_2	6
a_2	b_1	7

关系 V

A	D
a_1	12
a_2	3

图 4-1　3 个例子关系

T_1 为结果关系。T_1 的模式与 R 或 S 相同,且 T_1 中的元组或者在 R 中,或者在 S 中。如按图 4-1 给出的例子关系,关系 T_1 如图 4-2 所示。具体地说,是把 R 和 S 两关系的所有元组归并在一起,并删除相同元组形成关系 T_1。

关系 T_1

A	B	C
a_1	b_1	4
a_1	b_2	6
a_2	b_2	8
a_1	b_1	3
a_2	b_1	7

关系 T_2

A	B	C
a_1	b_1	4
a_2	b_2	8

关系 T_3

A	B	C
a_1	b_2	6

关系 T_4

R.A	R.B	R.C	V.A	V.D
a_1	b_1	4	a_1	12
a_1	b_1	4	a_2	3
a_1	b_2	6	a_1	12
a_1	b_2	6	a_2	3
a_2	b_2	8	a_1	12
a_2	b_2	8	a_2	3

图 4-2　结果关系 T_1、T_2、T_3、T_4

对参与并运算的两关系要求必须满足"相容可并"条件。所谓"相容可并"条件是指,R 和 S 的属性个数相同,且对应属性有相同的数据类型。

从运算规则可以看出,并运算的作用是执行数据库插入操作。例如,要把关系 S 的所有元组插入到关系 R 中去,可表示为 $R = R \cup S$。

2. "差"运算

"差"运算是对两关系的运算,表示为

$$T_2 = R - S$$

T_2 为结果关系。关系 T_2 的模式与 R 或 S 相同,且 T_2 中的元组必须在 R 中但不在 S 中。如按图 4-1 给出的例子关系,关系 T_2 如图 4-2 所示。具体地说,是从 R 的元组中删除 S 也有的那些元组形成关系 T_2。参与差运算的两关系也必须满足"相容可并"条件。差运算的作用是执行数据库删除操作。例如,要从关系 R 中删除掉 S 中的元组,可表示为 $R = R - S$。

3. "交"运算

"交"运算是对两关系的运算,表示为

$$T_3 = R \cap S$$

T_3 为结果关系。关系 T_3 的模式与 R 或 S 相同,且 T_3 中任何一个元组必须是既在 R 中且又在 S 中的元组。如按图 4-1 给出的例子关系,关系 T_3 如图 4-2 所示。具体地说,是把 R 和 S 两关系中所有相同元组取出形成关系 T_3。参与交运算的两关系同样必须要满足"相容可并"条件。

"交"运算作用是执行数据库查询操作。例如,要从关系 R 中取出这样一些元组,这些元组都在关系 S 中。

交运算是一个复合运算,可以用差运算实现,即 $R \cap S = R - (R - S)$。因为 $T_2 = R - S$(见图 4-2);有 $R \cap S = R - T_2$,表示从 R 中删去与 T_2 中相同的元组,其结果必是 T_3。

4. "笛卡儿积"运算

"笛卡儿积"运算是对两关系的运算,表示为

$$T_4 = R \times V$$

T_4 为结果关系。T_4 的关系模式是一个包含 R 和 V 的所有属性形成的模式。R 的属性在前,S 的属性在后。T_4 中的元组是由 R 的元组与 S 的元组所有可能的配对,且并联形成的元组。如按图 4-1 给出的例子关系,关系 T_4 如图 4-2 所示。具体地说,对 R 的每一个元组都与 S 的每一个元组进行并联形成结果关系的元组。参与笛卡儿积运算的两关系不要求满足"相容可并"条件。在图 4-2 中,关系 T_4 的属性表示加上关系名 R 和 V 以示来源。结果关系 T_4 中元组个数(6 个)是 R 和 V 中元组个数(3 个和 2 个)的乘积。

不难看出,笛卡儿积运算是把两个关系连接成一个(较大)关系。实现了前面讲到的基本操作"连接"。但是,读者也可以看出,这种"无原则的全"连接可能使结果关系很大,并不实用。

5. "选择"运算

选择运算是对一个关系的运算,表示为

$$T_5 = \sigma_F(R)$$

其中,F 为条件,T_5 为结果关系。T_5 的模式与 R 相同,T_5 中的元组在 R 中,且条件 F 为真。对图 4-1 中的关系 R,若 $T_5 = \sigma_{B = "b_2" \wedge C > 5}(R)$,则 T_5 为如图 4-3 所示的关系。选择运算用于进行元组查询,或称纵向查询。

关系 T_5

A	B	C
a_1	b_2	6
a_2	b_2	8

关系 T_6

A	C
a_1	4
a_1	6
a_2	8

关系 T_7

A	B	C	A	D
a_1	b_1	4	a_2	3
a_1	b_2	6	a_2	3
a_2	b_2	8	a_2	3

关系 T_8

A	B	C	D
a_1	b_1	4	12
a_1	b_2	6	12
a_2	b_2	8	3

图 4-3　结果关系 T_5、T_6、T_7、T_8

6. "投影"运算

投影运算是对一个关系的运算,表示为

$$T_6 = \prod_L (R)$$

其中,L 为属性列表,T_6 为结果关系。T_6 的模式是以 L 为属性的关系模式,T_6 的元组是提取出 R 中对应于 L 的所有属性的列构成的关系的元组。换句话说,T_6 的每一个元组都对应于 R 的每一个元组;而 T_6 的元组只提取对应 R 的元组在 L 上的属性构成。对图 4-1 中的关系 R,若执行投影运算 $T_6 = \prod_{A,C}(R)$ 时,则 T_6 为如图 4-3 所示的关系。投影运算用于进行属性查询或称横向查询。

7. "连接"运算

连接运算是对两关系的运算,表示为

$$T_7 = R \underset{F}{\bowtie} V$$

其中,F 为条件,T_7 为结果关系。T_7 的关系模式是一个包含 R 和 V 所有属性形成的模式。R 的属性在前,S 的属性在后。T_7 中的元组是由 R 与 S 中满足条件 F 的配对元组,且并联形成的元组。若 F 为"$C > D$",则按图 4-1 给出的例子关系连接 R 和 V,关系 T_7 如图 4-3 所示。具体地说,对 R 的每一个元组与 S 的每一个元组计算 F,若 F 为真,就把这两个元组并联形成 T_7 的一个元组;若 F 为假,就放弃。在图 4-3 中,关系 T_7 的属性表示加上关系名 R 和 V 以示来源。结果关系 T_7 中元组个数多少因条件 F 而变。条件连接用于连接基本操作。

不难看出,连接与笛卡儿积相似。不同的是,连接是有条件的。因此连接的结果不像笛卡儿积那么庞大,实用得多。这里,在连接时用了条件 F,F 是可以任意定义的。特别地,如果把 F 定义为"$R.A = V.A$"就会发现,A 是两关系的共同属性,且值要相等才进行元组并联。在结果关系中属性 A 的值出现两次,又值相等。为简化表示,把这种特殊情况分离出来,称为自然连接。而一般意义下的连接称为条件连接或连接。

8. "自然连接"运算

自然连接运算是对两关系的运算,表示为

$$T_8 = R \bowtie V$$

自然连接的默认条件是:连接双方有相同属性(同名、同类型),相同属性的值相等。结果关系模式包含 R 的全部属性,以及 V 中除相同属性以外的所有属性。结果关系中元组的形成与连接类似,如图 4-1 中的 R 和 V,T_8 如图 4-3 所示。

关系代数的"除"运算比较复杂,本书忽略。

4.2.3 关系代数的复合运算

和数学运算一样,关系代数运算的复合可以完成对数据库的综合性操作,特别是连接、选择、投影等运算的复合比较常用。下面试举几例说明。

例 4-1   查询所有属于 02 号系的学生姓名及系名和地址。

分析：因为要求的结果关系的属性分布在不同的两个关系中，姓名在学生关系中，系名和地址在系科关系中。所以求解问题的过程分解为 3 步。

(1) 为了把所求的属性集中到一个关系中就要用连接运算，借助共同属性"系科代号"dno 连接学生和系科关系。因为 dno 是学生关系的外关键词，是系科关系的主关键词；根据题义应进行同型属性的连接，即自然连接。连接的结果关系，设为 T，参见图 4-4。关系 T 是一个有 11 个属性、60 个元组的关系。

Dno	Dname	Dhead	Addr	Sno	Sname	Sex	Birday	City	Photo
01	计算机系	吴海军	信息楼101	01010701	李季林	男	02/09/81	江苏南京	Gen
02	会计系	成功庆	西南楼501	02020701	高新辛	男	08/06/82	江苏南京	Gen
02	会计系	成功庆	西南楼501	02020702	陆海涛	男	10/09/82	江苏扬州	Gen
01	计算机系	吴海军	信息楼101	01010702	柳书宝	男	09/06/81	江苏苏州	Gen
01	计算机系	吴海军	信息楼101	01010703	李元枫	女	10/12/82	上海	Gen
02	会计系	成功庆	西南楼501	02020703	任国民	男	11/08/81	山东青岛	Gen
02	会计系	成功庆	西南楼501	02020704	林一风	男	05/04/82	上海	Gen
03	经济系	罗天成	西南楼204	03030701	高建平	男	08/05/80	江苏苏州	gen
03	经济系	罗天成	西南楼204	03030702	朱正元	男	09/01/81	福建福州	gen

图 4-4   学生关系与系科关系连接的结果关系 T

(2) 因为所有学生及其系科数据的元组都在 T 中；根据题意用选择运算筛选出系科代号为 02 的所有元组构成一个关系，设为 Q；共 12 个元组，参见图 4-5。

(3) 因为问题要求的属性是 Q 的第 6、第 2、第 4 个属性，所以结果关系的属性列表应该为"sname,dname,addr"。用这个属性列表对 Q 进行投影运算，得最后结果关系，参见图 4-6。

Dno	Dname	Dhead	Addr	Sno	Sname	Sex	Birday	City	Phot
02	会计系	成功庆	西南楼501	02020701	高新辛	男	08/06/82	江苏南京	Gen
02	会计系	成功庆	西南楼501	02020702	陆海涛	男	10/09/82	江苏扬州	Gen
02	会计系	成功庆	西南楼501	02020703	任国民	男	11/08/81	山东青岛	Gen
02	会计系	成功庆	西南楼501	02020704	林一风	男	05/04/82	上海	Gen
02	会计系	成功庆	西南楼501	02020705	崔小悦	女	11/15/85	江苏苏州	gen
02	会计系	成功庆	西南楼501	02020706	孙芝枫	女	02/01/84	北京	gen
02	会计系	成功庆	西南楼501	02020707	叶应超	男	03/03/83	重庆	gen
02	会计系	成功庆	西南楼501	02020708	朱美媛	女	05/01/82	江苏常州	gen
02	会计系	成功庆	西南楼501	02020709	侯珍真	女	06/01/82	江苏镇江	gen
02	会计系	成功庆	西南楼501	02020710	周秀萍	女	03/23/82	江苏无锡	gen
02	会计系	成功庆	西南楼501	02020711	朱妍莉	女	05/24/82	江苏常州	gen
02	会计系	成功庆	西南楼501	02020712	陈卫华	男	06/12/82	江苏镇江	gen

Sname	Dname	Addr
高新辛	会计系	西南楼501
陆海涛	会计系	西南楼501
任国民	会计系	西南楼501
林一风	会计系	西南楼501
崔小悦	会计系	西南楼501
孙芝枫	会计系	西南楼501
叶应超	会计系	西南楼501
朱美媛	会计系	西南楼501
侯珍真	会计系	西南楼501
周秀萍	会计系	西南楼501
朱妍莉	会计系	西南楼501
陈卫华	会计系	西南楼501

图 4-5   关系 Q,02 号系的全部学生数据   图 4-6   例 4-1 的答案

答案：综合上述 3 步得关系代数表达式为

$$\prod_{sname, dname, addr} (\sigma_{dno="02"} (dept \bowtie students))$$

例 4-2   查询所有属于 02 号系和 05 号系的学生姓名及系名和地址。

分析：通过例 4-1 已经求得 02 号系的学生姓名及系名和地址，设为关系 T。只要把"dno ='02'"改为"dno ='05'"就能求出 05 号系的学生姓名及系名和地址，设为 Q。因为 T 和 Q 是相容可并的，所以只要对关系 T 和 Q 进行并运算就得到最终结果关系了。

答案：根据上述分析得关系代数表达式为

$$T = \prod_{\text{sname, dname, addr}} (\sigma_{\text{dno}="02"} (\text{dept} \bowtie \text{students}))$$

$$Q = \prod_{\text{sname, dname, addr}} (\sigma_{\text{dno}="05"} (\text{dept} \bowtie \text{students}))$$

$$T \cup Q$$

因为纸面的狭窄的原因，写成了 3 个表达式。只要把 T 和 Q 代入第 3 式，就可以得到一个完整的表达式。

读者也许已经发现，不必如此烦琐。其实，只要把例 4-1 答案中的选择条件改成"dno＝'02' ∨ dno＝'05'"就行。即

$$\prod_{\text{sname, dname, addr}} (\sigma_{\text{dno}="02" \vee \text{dno}="05"} (\text{dept} \bowtie \text{students}))$$

可见，同一个问题的解可以有不同的方案，应灵活运用。

例 4-3　查询学号为"01010702"学生已修课程的成绩情况，要求输出学生姓名、课程名称和分数。

分析：因为要求的结果关系的属性分布在不同的 3 个关系中，姓名在学生关系中、课程名称在课程关系中、分数在成绩关系中。求解问题的过程可以分解为 3 步。

(1) 为了把它们集中到一个关系中就要用连接运算，先连接学生和成绩两关系得中间结果关系 T，再用 T 与课程关系连接得中间结果关系 Q。如此，Q 中包含了目标关系要求的 3 个属性。

(2) 用选择运算根据学号值筛选出关于学号属性值为"01010702"的所有元组，得中间结果关系 R。

(3) 对 R 用投影运算在属性列表"$sname, ctitle, score$"上提取出 3 列，得最后结果。

答案：根据上述分析得关系代数表达式为

$$\prod_{\text{sname, ctitle, score}} (\sigma_{\text{sno}="01010702"} (\text{students} \bowtie \text{grade} \bowtie \text{courses}))$$

这个表达式是直观的，但不是最优的。因为连接运算产生的中间结果很大，占用过多的存储空间；连接过程的时间开销也比较长。由 3.6.4 给出的实例数据库数据可以推出，3 个表连接的结果表是一个 240 个记录，14 个字段，数据量为 19 440 个字节的表。因此，数据库系统提供有优化方法对表达式进行优化，以得到效率比较高的表达式。如果用下面的表达式，则效率比较高。

$$\prod_{\text{sname, ctitle, score}} (\text{students} \bowtie \sigma_{\text{sno}="01010702"} (\text{grade}) \bowtie \text{courses})$$

因为是先对 grade 进行选择，结果只有 4 个记录。因而，再与 students 和 courses 连接得到的结果表是一个 4 个记录，14 个字段，数据量为 324 个字节的表。显然，存储空间和连接时间都减少了 98％。

4.2.4　关系代数的意义

关系代数是关系模型的数学基础，具有操作完备性性质。因此关系代数是数据库操纵语言设计的基础和指导，也是关系数据库系统研究、开发和技术发展的基础。关系代

数不宜直接作为一种数据库语言流行应用。因为数学元素和表达形式不易普及,所以都根据关系代数的原理设计和实现一种形式语言加以推广,如典型的 SQL 语言、VFP 的命令语言皆属此列。

关系代数的本质是一种非过程化语言。所谓非过程化是指只定义结果而不描述过程。关系代数还有过程化的因素,或要描述简单的过程,如关系代数的复合表达式还保留着过程的影子。每一个关系代数运算本身有一个复杂的执行过程,这个过程被透明化了。所以关系代数的本质性质是非过程化的。

关系代数的特点还体现在"一次一个集合"上。相对地,过程化语言的操作是"一次一个记录"。这为数据库的操作提供了极大的便利。

4.3　VFP 数据库操作

VFP 数据库操作通过 VFP 数据库语言实现。VFP 数据库语言内容丰富、功能强大、操纵面广、形式多样、环境友好。据不完全统计,操作命令多达 400 余条;内建函数有 200 个左右;操作方式有命令、菜单、按钮、向导等;可以单条命令使用,可以编程使用;功能包括数据定义、数据操纵、数据控制、流程控制等语言成分。本书仅做简单介绍,举例示意。

4.3.1　VFP 数据库存储概念

了解数据库及其数据库表之间的存储关系、数据表的存储控制设施等知识,对理解数据表的操作是必要的。

1. 数据库与数据库表的关系

数据库类似于一个容器,数据表类似容纳于容器内的物品,两者之间必须建立容纳和被容纳的关系。实现这种关系的方法是在数据库文件中为每一个数据表设置一个链,链向数据表,称为前链。同时在每一个数据表文件上也设置一个链,链向数据库,称为后链(见图 4-7)。正因为建立了如此的关系,所以对数据表处置必须谨慎。数据表进出数据库必须按正常操作进行,否则会造成数据表不能操作。数据库除容纳数据表外还容纳其他元素。

2. 数据表文件的结构布局

从操作的角度出发,数据表文件有如图 4-8 所示的结构布局。其中,记录指针指出记录的当前位置,称为当前记录。BOF 和 EOF 是特殊标记,标记文件的头部和尾部。记录的物理位置号始终是从 1 开始的自然数顺序,无论记录位置如何变动,对数据表的操作就是对文件的操作,而最本质的是对记录的操作。

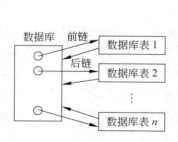

图 4-7 数据库与数据库表的连接

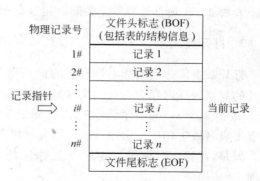

图 4-8 数据库表文件的结构布局

4.3.2 打开和关闭操作

操作一个数据库通常要先打开数据库及其数据表,然后才能对数据库和数据表进行各种必要的数据操纵操作,操作结束离开时最好逐一关闭数据库和数据表。

1. 打开数据库

有多种打开数据库的方法。

方法 1 用命令打开。在 VFP 命令窗口上输入命令

```
OPEN DATABASE <数据库名>
```

打开数据库名标识的数据库,并显示在 VFP 主窗口工具栏上的下拉列表中。如命令

```
OPEN DATABASE jxgldb
```

打开数据库 jxgldb,在图 4-9 中可见其显示。

图 4-9 显示打开数据库的下拉列表

方法 2 用菜单打开。经过如下步骤:

(1) 选择"文件"→"打开",显示"打开"对话框。

(2) 在对话框上选择"文件类型"为数据库,"文件名"选择如 jxgldb。

(3) 按"确定"按钮执行打开。

方法 3 工具按钮打开。在工具栏上按"打开"按钮,此后的操作同方法 2。

方法 4 在项目管理器上打开。这是本书推荐的方法。当打开项目管理器时自动打开相关的数据库,无须专门的操作。若数据库关闭着,则只要在项目管理器上用鼠标单击数据库名,该数据库就立即被打开。

2. 关闭数据库

方法 1 用命令关闭。

```
CLOSE DATABASE
```

方法 2 在项目管理器上关闭。用鼠标选择数据库名,按"关闭"按钮即被关闭。

3. 打开数据表

打开数据库并不意味着打开了它的数据表,因此在操作数据表之前必须先行打开。打开的数据表在内存中占有一块区域,称为工作区;用于实施操作期间对数据表的管理。VFP 按 1、2、3……的次序编号工作区,超过 3000。当数据表打开并占有工作区后就可以用数据表名或工作区号引用该表。因此可以同时打开多个数据表,各自占有自己的工作区。但是,在特定时刻只能有一个工作区处于直接工作状态,称为当前工作区或当前文件。

打开数据表的方法有很多。

方法 1 在"项目管理器"里打开。在项目管理器内选择一个表,如 dept,按"浏览"或"修改"按钮,则执行按钮功能并打开数据表。

方法 2 在"数据工作期"上打开。步骤是:

(1) 选择菜单"窗口"→"数据工作期",显示"数据工作期"对话框,如图 4-10 所示。

(2) 在"数据工作期"对话框上按"打开"按钮,显示"打开"对话框,如图 4-11 所示。

图 4-10 "数据工作期"对话框

图 4-11 "打开"对话框

(3) 在"打开"对话框上选择文件,如 course,按"确定"按钮,回到"数据工作期"对话框;显示打开的文件名、占用的工作区号和当前的记录个数。

方法 3 用命令打开。在命令窗口上输入数据表的打开命令,并按回车键结束,即打开文件。命令为

```
USE  <数据表名>[ IN <工作区号>]
```

格式中,中括号([ ])表示该短语在命令中可用可不用。如果工作区号不给出,则直接打开在当前工作区上;否则,打开在指定的工作区上。如命令

```
USE students IN 3
```

把数据表文件 students 打开在 3 号工作区,并成为当前工作区。

4. 关闭数据表

关闭数据表的方法有：

方法 1 在"数据工作期"里关闭。步骤是：

（1）在"数据工作期"对话框的"别名"列表中选择一个文件名，见图 4-10。

（2）按"关闭"按钮，立即关闭该数据表。

方法 2 用命令关闭。有 3 种命令可用。

（1）用 USE 命令关闭。命令格式为：

```
USE [IN <工作区号或数据表名>]
```

如果不指明工作区号或数据表名则关闭当前工作区的数据表，否则关闭指定的数据表。如命令" USE IN 3 "或"USE IN students"关闭数据表 students。

（2）用 CLOSE TABLES 命令关闭。命令格式为：

```
CLOSE TABLES
```

关闭所有打开的数据表。

（3）用 CLOSE ALL 命令关闭。命令格式为：

```
CLOSE ALL
```

关闭所有打开的数据表和其他文件。

方法 3 退出 VFP 系统关闭。当退出 VFP 系统时，将关闭所有文件；但这不是推荐的方法。

4.3.3 记录操作

记录操作是对某一个数据表的操作，有显示、插入、删除和更新等。

1. 列表显示操作

命令格式：

```
LIST FIELDS <字段名表> FOR <条件> OFF TO PRINT
```

<字段名表> 列出要显示哪些字段，多个字段名时用逗号隔开。<条件> 给出对记录的选择要求。OFF 表示不显示记录号，TO PRINT 表示显示结果送打印机打印输出。

例 4-4 显示数据表 teachers 的全部数据。

命令

```
USE teachers        (打开成为当前表)
LIST
```

显示结果：

记录号	TNO	TNAME	SEX	CITY	TITLE	BIRDAY	JOBDAY	DNO
1	0101	吴海军	男	南京	教授	09/13/54	08/16/78	01
2	0102	程东萍	男	上海	讲师	10/09/77	09/15/99	01
3	0203	成功庆	男	北京	副教授	03/19/80	09/10/01	02
4	0204	陈倩倩	女	无锡	副教授	12/12/80	07/12/01	02
5	0305	罗天成	男	长沙	副教授	07/14/66	07/15/88	03
6	0306	汪林红	女	南昌	助教	09/23/85	07/10/07	03
7	0407	刘长余	男	南京	教授	09/13/70	09/13/95	04
8	0408	方媛	女	合肥	副教授	03/13/78	09/13/78	04
9	0509	王明亮	男	上海	教授	09/13/78	09/13/78	05
10	0510	边晓丽	女	哈尔滨	讲师	09/13/83	09/13/04	05

例 4-5 （继例 4-4 后）显示数据表 teachers 的全部数据,不包括记录号。

命令:

```
LIST OFF
```

显示结果:

TNO	TNAME	SEX	CITY	TITLE	BIRDAY	JOBDAY	DNO
0101	吴海军	男	南京	教授	09/13/54	08/16/78	01
0102	程东萍	男	上海	讲师	10/09/77	09/15/99	01
0203	成功庆	男	北京	副教授	03/19/80	09/10/01	02
0204	陈倩倩	女	无锡	副教授	12/12/80	07/12/01	02
0305	罗天成	男	长沙	副教授	07/14/66	07/15/88	03
0306	汪林红	女	南昌	助教	09/23/85	07/10/07	03
0407	刘长余	男	南京	教授	09/13/70	09/13/95	04
0408	方媛	女	合肥	副教授	03/13/78	09/13/78	04
0509	王明亮	男	上海	教授	09/13/78	09/13/78	05
0510	边晓丽	女	哈尔滨	讲师	09/13/83	09/13/04	05

例 4-6 （继例 4-4 后）显示数据表 teachers 的女性教师姓名和职称数据,不包括记录号。

命令:

```
LIST FIELDS tname,title FOR sex="女"OFF
```

显示结果:

TNAME	TITLE
陈倩倩	副教授
汪林红	助教
方媛	副教授
边晓丽	讲师

LIST 也是一种查询命令,但是一种简单的查询命令,如今已不常用。参数 FIELDS 给出横向查询要求,FOR 给出纵向查询要求,OFF 和 TO PRINT 给出结果显示方式。从上面的例子还可以看出,LIST 命令是关系代数的实现。参数 FIELDS 表示的是投影运算,FOR 表示的是选择运算。因此,LIST 是关系代数的一个复合运算表达式的命令形式。

2. 删除和恢复操作

在 VFP 中,记录删除有两个不同概念,即逻辑删除和物理删除。所谓逻辑删除是只对被删除的记录打上一个"删除标志",记录仍继续保存在数据表中;而物理删除则把被删除的记录从表中清理出去,不继续保留在表中。因此,逻辑删除的记录可以再被恢复成为正常的记录;物理删除的记录则不可。

命令格式:

逻辑删除	DELETE ALL FOR <条件>
恢复	RECALL ALL FOR <条件>
物理删除	PACK

全部物理删除　　　ZAP

对 DELETE 和 RECALL 若不给出任何参数,则只对当前记录操作;ALL 表示在全表范围内操作;<条件>指出记录选择。PACK 命令物理删除所有打上删除标志的记录;ZAP 把一个表的全部记录一次性地物理删除,应当慎用。

例 4-7　逻辑删除数据表 dept 的第 3 号记录。

命令:

```
USE dept IN 1       (打开文件,当前记录为 1 号记录)
GO 3                (移动记录指针指向第 3 号记录)
DELETE              (逻辑删除当前记录)
```

显示结果:

系科代号	系科名称	系主任	地址
03	经济系	罗天成	西南楼204
01	计算机系	吴海军	信息楼101
02	会计系	成功庆	西南楼501
04	信息管理系	刘长余	信息楼401
05	电子商务系	王明亮	商业楼403

左边的黑色方块就是删除标志,意味着记录已被逻辑删除。

例 4-8　逻辑删除数据表 grade 中学号"01010702"学生的数据。

命令:

```
USE grade                        (打开文件,当前记录为 1 号记录)
DELETE FOR sno="01010702"        (逻辑删除)
```

显示结果:

学号	课程代号	学期	分数
01010701	1001	1	90
01010701	1002	2	99
01010701	3001	1	96
01010701	3002	2	73
01010702	1001	1	77
01010702	1002	2	80
01010702	3001	1	97
01010702	3002	2	74
01010703	1001	1	90

例 4-9　恢复例 4-8 中逻辑删除了的记录。

命令:

```
RECALL FOR sno="01010702"
```

例 4-10　物理删除数据表 dept 中所有逻辑删除了的记录。

命令:

```
PACK
```

例 4-11　物理删除数据表 grade 中所有记录。

命令:

```
USE grade        (打开为当前表)
ZAP
```

ZAP 删除的结果使表 grade 成为一个只有结构没有任何记录的空表,此后仍可对其进行操作。

3. 修改操作

修改操作也可以看成是编辑操作,以字段为单位进行;即把某一个或一些字段值修改为新值继续存储。有两种命令可用,即 EDIT 和 REPLACE。

命令格式:

```
EDIT FIELDS <字段名表> FOR <条件>
REPLACE <字段名 1> WITH <表达式 1>
        [,<字段名 1> WITH <表达式 1>]…
        FOR <条件>
```

例 4-12　把表 dept(在当前工作区)中的系科办公地址中的“信息楼”改为“东南楼”。

命令:

```
EDIT FIELDS addr
```

显示结果:

显然,提供了一个编辑窗口,可以任意编辑显示的字段值。无须修改的字段未列在命令中,修改完成后关闭该窗口。操作与数据表初始输入完全类似,即把第 1 和第 4 号记录的“信息”二字改为“东南”。

例 4-13　在表 dept(当前工作区)中,把地址从信息楼改为东南楼,房间号码不变。

命令:

```
REPLACE ALL addr WITH "东南楼"+SUBS(addr,7,4)
        FOR SUBS(addr,1,6)="信息楼"
```

用 REPLACE 实现修改要比用 EDIT 简单得多,一次完成所有的修改,不管有多少记录,无须一个一个字段的编辑。条件是,修改必须有一定规律性。因为问题规定房间号码不变,只改变楼的名称。所以命令中用表达式“东南楼”+ SUBS(addr,7,4)进行统一数据编辑和修改。SUBS(addr,7,4)是 VFP 的一个函数,意思是取出 addr 字段中第 7个字符开始的 4 个字符,正好是房间号。“+ SUBS(addr,7,4)”表示拼在字符串“东南楼"的后面,形成一个新地址。WITH 表示替换 addr 字段原来的值,修改针对每一个记录进行。ALL 表示表的全部记录范围,FOR SUBS(addr,1,6)="信息楼"表示只对原地址为信息楼的记录修改。因为是用替换字段值的方式修改,所以称为替换字段修改。

4.3.4　浏览

浏览操作是 VFP 提供的一种功能很强、界面直观、集多种操作于一身的综合性记录操作工具。浏览操作在浏览窗口上进行。

1. 打开浏览窗口

有多种打开浏览窗口的方法。

方法 1　在项目管理器上打开,这是推荐的方法。步骤是:

(1) 在项目管理器上选择浏览的数据表;

(2) 按"浏览"按钮,立即打开浏览窗口(见图 4-12)。

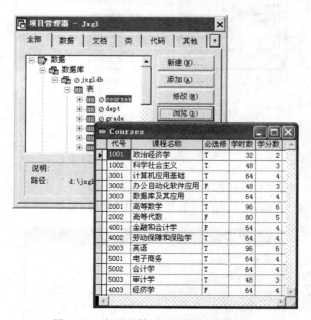

图 4-12　在项目管理器上打开浏览窗口

方法 2　用菜单打开。步骤是:

(1) 置数据表为当前表(如现场用 USE 命令或其他方法打开表);

(2) 执行菜单"显示"→"浏览",立即打开浏览窗口。

方法 3　在数据工作期上打开。步骤是:

(1) 执行菜单"窗口"→"数据工作期",打开"数据工作期"窗口;

(2) 在"数据工作期"窗口上选择一个数据表,或现场打开一个数据表;

(3) 按"浏览"按钮,立即打开浏览窗口。

方法 4　用"浏览"命令打开。在命令窗口上输入命令 BROWSE,并按"回车"键结

束,立即打开浏览窗口。

2. 配置浏览窗口

配置浏览窗口的目的是为适应当前操作的需要。配置的内容主要有字段配置(浏览窗口显示哪些字段)、记录配置(浏览窗口显示哪些记录)、顺序配置(记录在浏览窗口中的显示顺序)等。其他还有诸如字体格式、可修改字段、字段顺序等配置。配置的方法有几种。下面只择其一介绍。

浏览窗口打开后,VFP主窗口就出现菜单"表"(见图4-13),利用菜单"表"中的菜单项就可以完成对表的绝大部分操作。

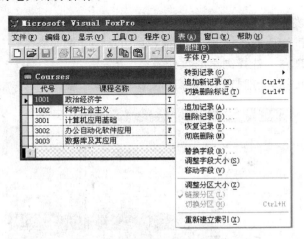

图4-13 浏览窗口的"表"菜单

(1) 字段配置。利用菜单配置。步骤是:

① 执行菜单"表"→"属性",打开"工作区属性"窗口(见图4-14)。

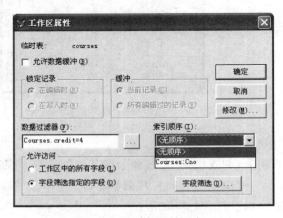

图4-14 "工作区属性"窗口

② 在"允许访问"栏中选择"字段筛选指定的字段"单选按钮;按"字段筛选"按钮,显示"字段选择器"(见图4-15)。

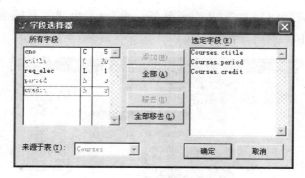

图 4-15　"字段选择器"窗口

③ 从"所有字段"栏中选择字段进入"选定字段"栏,按"确定"按钮回到工作区属性窗口,再按"确定"按钮回到浏览窗口,完成配置,重新打开浏览窗口(见图 4-16)。

(2) 记录配置。利用菜单配置。步骤是:

① 执行菜单"表"→"属性",打开"工作区属性"窗口(见图 4-14)。

② 按"数据过滤器"右端的按钮,显示"表达式生成器"(见图 4-17)。

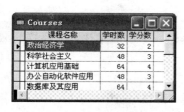

图 4-16　字段配置后的浏览窗口

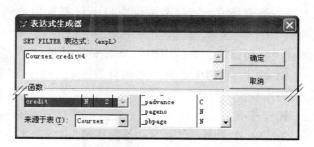

图 4-17　"表达式生成器"窗口

③ 在"SET FILTER 表达式"栏中输入一个条件。按"确定"按钮回到"工作区属性"窗口,再按"确定"按钮回到浏览窗口,完成配置。图 4-18 是在图 4-16 基础上施加过滤条件后的显示内容。

(3) 顺序配置。顺序配置是决定记录在浏览窗口中显示次序的配置。有两种顺序,自然顺序,即表存储的物理顺序;索引顺序,有索引控制的顺序。

① 执行菜单"表"→"属性",打开"工作区属性"窗口(见图 4-14)。

② 在"索引顺序"下拉列表框中选择"无顺序"或某索引名,按"确定"按钮回到浏览窗口,完成配置。

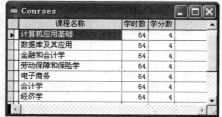

图 4-18　设置过滤条件后的浏览窗口

3. 浏览窗口上的操作

在浏览窗口上可以实现对数据表的各种操作,包括浏览、查询、插入、删除、修改等。

(1) 浏览:在浏览窗口上可以用鼠标上下左右移动记录和字段,观察数据表的所有记录和字段细节。还可以用菜单"表"→"转到记录"显示级联的下级菜单(见图 4-19),以决定把记录位置转移到何位置继续浏览。

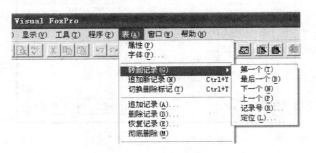

图 4-19　记录指针移动菜单

(2) 查询:前面讲到的字段配置和记录配置其实就是在浏览窗口上的查询操作。字段配置是横向查询,即关系代数中的"投影"运算。记录配置是纵向查询,即关系代数中的"选择"运算。两者或两者的集合都是为查询并显示符合某条件的记录和元组。

(3) 修改:修改操作有两种。它们是:

① 编辑修改。直接在浏览窗口上任意编辑在线字段的数据,达到修改字段数据的目的。

② 替换修改。类似 REPLACE 命令功能。

例 4-14　当前浏览窗口正浏览数据表 dept。现要求把地址从信息楼改为东南楼,房间号码不变。

操作步骤:

第 1 步,执行菜单"表"→"替换字段",打开"替换字段"窗口(见图 4-20)。

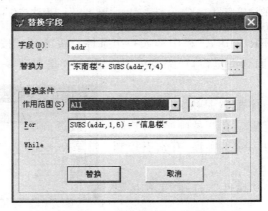

图 4-20　"替换字段"窗口

第 2 步,在"字段"下拉列表框中选择要修改字段名,如 addr。

第 3 步,在"替换为"文本框中输入替换值表达式,如"东南楼"+ SUBS(addr,7,4)。

第 4 步,在"作用范围"下拉列表框中选择替换的范围,如 All。

第 5 步,在"For"文本框中输入选择记录的条件,如 SUBS(addr,1,6)="信息楼"。

第 6 步,按"替换"按钮执行替换修改,完成。

读者不难看出,这个操作的结果与 REPLACE 命令完全相同。

(4) 追加记录:插入是向数据表添加新记录的操作,在浏览窗口上可以实现 3.7 节的所有数据装入操作。有如下插入记录的方法。

① 追加新记录。是用单个记录编辑的方式向数据表内添加一个新记录。操作方法比较简单,先用菜单"表"→"追加新记录"设置浏览窗口为可追加记录状态,同时在数据表尾部添加一个"空白"记录,并把鼠标光标移至该空白记录上。这时就可以不断添加和编辑新记录了。

② 追加记录。是把一个电子版的数据库文件或文本文件或 Excel 工作表文件装入到当前数据表中的操作。

例 4-15 当前浏览窗口正浏览数据表 courses,现有表 kc.dbf 结构与 courses 完全一致。要求把 kc.dbf 的全部记录追加到 courses 中。

操作步骤:

第 1 步,执行菜单"表"→"追加记录",打开"追加来源"窗口(见图 4-21)。

第 2 步,在追加来源窗口的"类型"下拉列表框中选择追加文件类型,如 Table(DBF)(见图 4-21)。

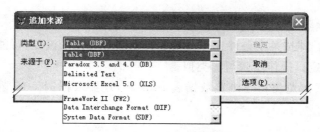

图 4-21 "追加来源"窗口

第 3 步,在追加来源窗口的"来源于"文本框中直接输入一个文件名,如 kc.dbf 。也可以按文本框右端的按钮,打开文件打开选择表,从中选择一个合适的文件输入其中(见图 4-22)。

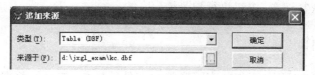

图 4-22 输入"来源于"文件名

第 4 步,按追加来源窗口上的"确定"命令按钮,系统执行记录追加;操作完成。

(5) 删除和恢复记录:有 4 种相关的操作。

① 个别记录删除。直接在浏览窗口上用鼠标"点黑"记录的删除标志。

② 个别记录恢复。直接在浏览窗口上用鼠标"点白"记录的删除标志。

③ 物理删除。执行菜单"表"→"彻底删除"。执行时系统会显示一个提示"从…中移去已删除记录?"。回答"是"就执行彻底删除;回答"否"就不执行彻底删除,保持不变。

④ 条件删除。即按某个条件选择一批记录删除,可能是 1 个,或多个,或 0 个,视条

件确定。

例 4-16　当前浏览窗口正浏览数据表 courses,现要求逻辑删除学分数为 4 的所有记录。

执行步骤：

第 1 步,执行菜单"表"→"删除记录",打开"删除"窗口(见图 4-23)。

第 2 步,在"作用范围"下拉列表框中选择删除操作的作用范围,如 All(整个数据表的范围内寻找)(见图 4-24)。

第 3 步,在"For"文本框中输入选择条件,如"courses. credit＝4"(见图 4-23)。

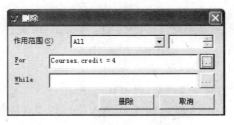
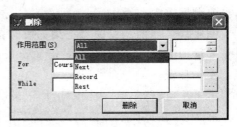

图 4-23　"删除"窗口　　　　　　　　　　图 4-24　选择"作用范围"

第 4 步,按"删除"按钮执行记录(逻辑)删除。

⑤ 条件恢复。即按某个条件选择一批逻辑删除了的记录恢复;可能是 1 个,或多个,或 0 个,视条件确定。操作步骤与④类似。

例 4-17　当前浏览窗口正浏览数据表 courses,现要求把例 4-16 逻辑删除的所有记录恢复。

执行步骤：

第 1 步,执行菜单"表"→"恢复记录",打开"恢复记录"窗口。

第 2 步,在"作用范围"下拉列表框中选择删除操作的作用范围,如 All(整个数据表的范围内寻找)。

第 3 步,在"For"文本框中输入选择条件,如"courses. credit＝4"。

第 4 步,按"恢复记录"按钮执行记录恢复。

4.3.5　文件操作

有时候也需要在 VFP 工作状态下实施对文件的操作,如显示数据表文件目录、复制文件等。这些操作都是在命令窗口上输入命令执行。

1. 显示数据表文件目录

主要是显示.dbf 文件。

命令格式：

```
DIR [<路径>][<文件说明>]
```

其中,<路径>用于指明文件所在的目录,若省略则表示当前目录。<文件说明>指定显示哪些文件,可以是准确的文件名,只显示一个文件;可以是含通配符("＊"和"?")的文件名框架,显示文件有某种特征的一批文件。如果文件名省略则显示所有.dbf文件。

例 4-18 显示当前目录中所有.dbf文件。

命令:

```
DIR
```

显示结果见图 4-25。

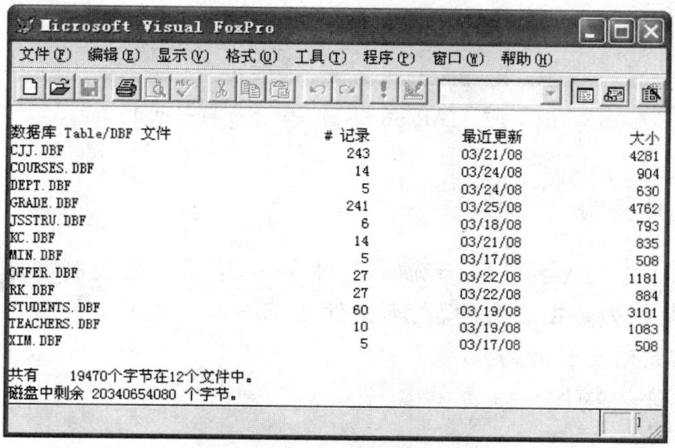

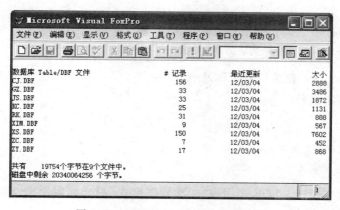

图 4-25　DIR 命令显示结果

例 4-19 显示目录 D 盘上 dbf_jxgl 目录中所有.dbf文件。

命令:

```
DIR d:\dbf_jxgl
```

显示结果见图 4-26。

图 4-26　DIR dbf_jxgl 命令显示结果

例 4-20 显示目录 D 盘上 dbf_jxgl 目录中形如 x＊文件名框架的文件。

命令:

```
DIR d: \dbf_jxgl\x *
```

显示结果见图 4-27。

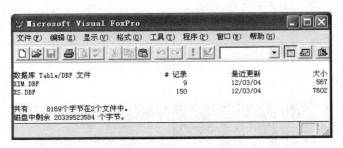

图 4-27　DIR dbf_jxgl\x * 命令显示结果

2. 数据表文件复制

因为如复制、备份、安全、处理、传输等多种原因，常常需要复制数据表文件成另一个文件。常用的是复制为数据表文件、文本文件或 Excel 工作表文件。后两种文件的备份也体现了 VFP 的数据交换能力。

1）复制为数据表文件

命令格式：

```
[USE <数据表文件名 1>]
COPY TO <数据表文件名 2>
```

其中，USE 命令表示使数据表文件名 1 为当前文件，如果该文件已经是当前文件则无须执行 USE 命令；数据表文件名 2 指出复制副本存储的文件名。

例 4-21　复制 students. dbf 文件并存储为 xs. dbf 文件。

命令：

```
USE students      (打开当前目录中的 students.dbf 文件)
COPY TO xs        (复制当前文件为 xs.dbf)
```

命令结果：xs. dbf 登录在当前目录中。

2）复制为文本文件

命令格式：

```
[USE <数据表文件名>]
COPY TO <文本文件名>    SDF
```

格式与 1）基本相同。SDF 表示按"标准数据格式"把当前数据表文件复制为文本文件，并存储为文本文件名。

例 4-22　复制 dept. dbf 为文本文件，并存储为 dept. txt 文件。

命令：

```
USE dept
```

```
COPY TO dept SDF
```

显示结果见图 4-28。

3）复制为 Excel 工作表

命令格式：

```
[USE <数据表文件名>]
COPY TO <Excel 文件名>    XLS
```

格式与 2）基本相同。XLS 表示把当前数据表文件复制为 Excel 工作表，并存储为 Excel
文件名。

例 4-23　复制 dept. dbf 为 Excel 工作表，并存储为 dept. xls 文件。

命令：

```
USE dept
COPY TO dept XLS
```

显示结果见图 4-29。

图 4-28　复制为文本文件

图 4-29　复制为 Excel 工作表

3. 向数据表文件追加数据

3.6.2 节介绍了使用 VFP 界面操作的方法向数据表批量装入数据。此外，VFP 还提供
了相应的命令方式，把数据表文件或 Excel 文件或文本文件的数据追加到数据表文件中。

1）从数据表文件追加

命令格式：

```
[USE <数据表文件名 1>]
APPEND FROM <数据表文件名 2>
```

其中，USE 命令表示使数据表文件名 1 为当前文件，如果该文件已经是当前文件则无须
执行 USE 命令；数据表文件名 2 指出被追加的文件。

例 4-24　把 xim. dbf 文件追加到 dept. dbf 文件。

命令：

```
USE dept            (打开当前目录中的 dept.dbf 文件)
APPEND FROM xim     (从 xim.dbf 文件追加)
```

命令结果：参见图 3-32(b)和(c)。

2) 从 Excel 文件追加

命令格式：

```
[USE <数据表文件名>]
APPEND  FROM <文件名>  XLS
```

其中,USE 命令表示使数据表文件名为当前文件,如果该文件已经是当前文件则无须执行 USE 命令;文件名指出被追加的文件;XLS 表示追加的是 Excel 文件。

例 4-25　把 jsexcel. xls 文件追加到 teachers. dbf 文件。

命令：

```
USE teachers               && (打开 teachers.dbf 文件
APPEND FROM jsexcel XLS     && 从 jsexcel.xls 文件追加
```

命令结果：参见图 3-34。

3) 从文本文件追加

命令格式：

```
[USE <数据表文件名>]
APPEND  FROM <文件名>   DELIMITED WITH BLANK
```

其中,USE 命令表示使数据表文件名为当前文件;如果该文件已经是当前文件则无须执行 USE 命令;文件名指出被追加的文件;DELIMITED WITH BLANK 表示追加的是文本文件,分隔符是空格。

例 4-26　把 dept. txt 文件追加到 dept. dbf 文件。

命令：

```
USE dept
APPEND FROM dept DELIMITED WITH BLANK
```

命令结果：参见图 3-35(a)和(c)。

习 题 4

一、名词解释题

1. 试解释下列名词的含义。

原子操作、物理记录号、逻辑记录号、当前表(或当前文件)、当前记录指针、当前记录、前链、后链。

2. 写出下列英文缩写名词对应的中文名词。

EOF、BOF。

二、单项选择题

1. 数据库操作的操作方式和操作语言与_____有关。

A. 操作系统　　　B. DBMS　　　C. 应用系统模型　　　D. 数据库数据内容

2. 关系代数是_____语言。

A. 数据定义　　　　B. 数据操纵　　　C. 数据控制　　　　　　D. 数据处理

3. 下列关于关系代数的说法中,错误的是_____。

A. 关系代数的操作具有"一次运算一个集合"的特点

B. "选择"运算必须满足"相容可并"条件

C. 关系代数运算的复合表达式可以完成对数据库的综合性操作

D. "自然连接"是一种特殊的连接操作

三、填空题

1. 数据库操作主要有 4 种不同类型,即数据查询、数据插入、数据删除和_____等。

2. 当某数据库操作涉及两个或以上的相关表时,一个比较有效的方法是先执行基本操作_____。

3. 关系代数的运算符包括传统的_____运算和扩充的_____运算。

4. 在 VFP 浏览窗口上可以实现对数据表的各种操作,包括浏览、查询、_____、删除、_____等。

5. VFP 操作命令 LIST FIELDS tname,title FOR sex="女"等价的关系代数表达式是_____。

四、问答题

1. 数据库的数据操作与数据处理有什么本质的不同?

2. 属性定位和元组定位有什么不同? 各根据什么定位?

3. 总结一下,VFP 提供了哪几种形式的数据库操作?

五、思考题

1. 为什么说数据查询操作是数据库操作的基础?

2. 数据库操作的"一次一个集合"方式与"一次一个记录"方式有什么不同?

3. 对数据库操作时,为什么要执行打开和关闭操作? 有什么具体意义?

4. 数据库的删除操作通常提供逻辑删除和物理删除两种方式,为什么?

六、综合/设计题

找一本关于 VFP 的参考书,学习一些数据库操作命令、菜单。试对教学管理数据库进行操作,并在 VFP 系统上完成以下操作要求的操作。

(1) 统计并显示学号为 03030704 学生第一学年的总成绩和平均成绩。

　　(提示:可用 SUM、AVERAGE 命令)

(2) 把所有课程代号为 4001 课程的分数提高 10%。

　　(提示:可用 REPLACE 命令)

(3) 查找星期三下午第 1、第 2 节上课的教师代号、课程代号和教室。

　　(提示:可用 DISPLAY 或 LIST 命令)

(4) 把 2 学分的必修课改为 3 学分,48 学时。

　　(提示:可用 BROWSE 或 REPLACE 命令)

(5) 向表 dept 增加两条记录。

　　(07,人文系,成 功,文科楼 501),(08,电子工程系,季纯青,信息楼 412)

　　(提示:用 BROWSE 命令)

第 5 章

查询、SQL 与视图

查询、SQL 和视图相互关联，SQL 是查询和视图的基础。本章将通过大量示例介绍这 3 个内容，并着重解决如下几个问题。

(1) 什么是查询？查询设计包括哪些内容？这些内容的意义是什么？

(2) 如何在 VFP 系统上设计和运行查询？

(3) SQL 语言有哪些特点？有哪些功能？每种功能的操作意义是什么？

(4) 如何使用 SQL 语句实现对数据库的查询操作？

(5) 什么是视图？有什么特点？视图在数据库中有什么重要意义？

(6) 如何定义视图？对视图的操作与对基本数据表的操作有什么不同？如何实现视图操作？

5.1 查　　询

查询(query)是最频繁使用的数据库操作。数据库查询是一个专有名词，不同于一般数据查询。它是一个十分重要的数据库查询工具，实现对数据库综合查询操作。

5.1.1 查询的概念

查询是一种综合性的检索操作。许多时候，用户需要根据多层次、多方位条件和方式从数据库中检索和显示数据，包括结果表的属性组成、记录筛选条件、资源数据表的选择和连接、数据统计依据和目的、记录显示顺序、结果提供方式等。早期的关系数据库管理系统实现一个称为 QBE(query by example)的语言实现查询功能，意为"示例查询"。由于当时软硬件技术和显示技术环境的限制，QBE 只能用表格形式设计和输入查询要求。到 20 世纪 90 年代以后，先进而又功能强大的计算机图形技术、窗口技术以及显示技术为新方式和新格局的查询语言开发提供了强有力的支持。因此，现代的查询语言是一个可视、直观、灵活、自由、便利的操作工具。为准确有效利用数据库数据，一般从以下 8 个方面提出查询设计要求。

(1) 数据表要求。选择数据库中一个或几个数据表作为查询数据资源，这些表是产生查询结果的原始数据来源。

（2）结果表字段要求。定义结果数据表的字段组成，可以从数据表中选择已有字段，也可以根据查询要求定义新字段。

（3）多表连接要求。如果数据源是多个数据表，则必须建立这些数据表之间的连接关系，使构成一个整体，即给出多个数据表之间的连接条件。

（4）记录筛选要求。定义一个条件，选择参与查询的记录，也称筛选条件。

（5）结果表排序要求。从已定义的结果表字段中选择其一个或几个字段作为记录排序依据。

（6）统计分组要求。如果结果表中定义有统计数据的字段，则必须指明用于分组依据字段，一个或几个字段的有序排列。

（7）结果表记录筛选要求。定义出现在结果表中记录应满足的条件。可以定义一个筛选条件施加于输出前的结果表，使最后输出的结果表的记录满足这个条件。也可以指明一个整数或百分比，选择输出前端部分记录。

（8）结果表输出方式要求。指明结果表的去处，如输出为浏览窗口（退出该窗口时消失）、临时表（退出 FVP 系统时消失）、永久数据表（长期保存）、报表（作为报表的数据源），等等。浏览窗口是默认输出方式。

根据对查询结果的期望，运用全部或部分要求。但数据表要求、结果表字段要求和结果表输出要求等 3 项是必不可少的。查询设计要求无须一次设计到位，也没有固定的设计次序，可以随时随意添加、更改、删除，反复试运行，直到结果满意为止，设计结果保存为查询文件，可在任何时候运行。

在 VFP 系统中，查询是一个可执行程序。设计完成的查询存储在文件中，称为查询文件（. qpr）。可以现场运行，也可延迟运行。运行查询可以用系统主窗口上的"运行"按钮（！号表示之）；或菜单"查询"→"运行查询"；或在命令窗口上输入 DO 命令。因为查询结果来自数据表的当前状态；所以同一查询的不同执行可能得到不同结果数据表；随相关数据表的变化而变化。

例 5-1　设计一个查询，显示学生的学号及其已修课程的总分，且总分大于等于 350以上，并按总分由大到小排列。

设计：根据题意必须提供如下要求的设计信息：

（1）数据表要求，选择数据表"grade. dbf"。

（2）结果表字段要求，设计字段名"学号"和"总分"。

（3）统计分组要求，按 grade 表的"学号"字段分组。

（4）结果表记录筛选要求，总分大于等于 350。

（5）结果表排序要求，按总分递减排序。

（6）结果表输出要求，用"浏览"窗口显示结果表。

运行结果：单击"运行"按钮，结果参见图 5-1，共 5 条记录。

图 5-1　总分统计

5.1.2　单表查询设计

单表查询是只对一张数据表进行的查询，除了多表连接条件外所有其他设计要求都有可能需要。

例 5-1 是在一个数据表上执行查询的结果,所以称为单表查询。除"多数据表连接要求"外,所有其他要求都可能在设计要求之列。VFP 提供"查询设计器"(见图 5-2)进行查询设计,即通过"查询设计器"向系统提出各种查询要求。

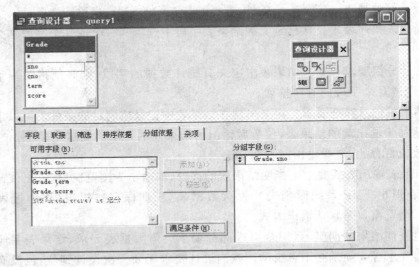

图 5-2　查询设计器

查询设计器由"数据表显示区"、"选项卡区"和"查询设计工具条"组成。"数据表显示区"存放查询源数据表。"选项卡区"有 6 张卡片,每一卡片上有一个或几个查询设计要求提示并要求选择或输入查询信息。"查询设计工具条"有 6 个命令按钮供设计时使用。下面以例 5-1 为例介绍查询设计器窗口的启动和查询设计过程。

1．"查询设计器"窗口启动

启动"查询设计器"有许多方法。这里只推荐在"项目管理器"上启动。方法是:

(1) 在"项目管理器"上展开"数据"项目选择"查询"。

(2) 按"项目管理器"上的"新建"按钮,显示"新建查询"按钮组。

(3) 按"新建查询"按钮,显示"查询设计器"(见图 5-3),同时出现的有"添加表或视图"窗口。

2．查询设计

如上一节所述,查询设计有 8 个方面的设计要求,必须根据题意分别独立设计,但不规定固定次序。

1) "数据表显示区"和数据表的选择

选择数据表在"添加表或视图"窗口上完成。该窗口上有个"数据库"下拉列表框,在其上选择数据库;也可以按"其他…"按钮显示其他数据表。当前数据库中的数据库表或其他数据表名单显示在"数据库中的表"列表框上,供选择。其步骤是:

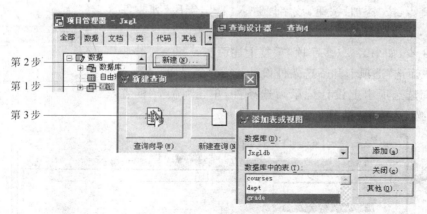

图 5-3　查询设计器的启动

第 1 步，在"数据库中的表"列表框上用鼠标选择一个数据库表名。

第 2 步，按"添加"按钮，在数据表显示区显示相应数据表的窗口，如图 5-2 中显示了数据表 grade。这是例 5-1 的第 1 个设计要求。

第 3 步，如果必要(多表的情形)，继续前两步的操作，直到选择了所有需要的表。

说明：在设计过程中允许随时更改数据表的选择，这时可以用工具条上的按钮"添加"或菜单"查询"→"添加表"重新启动"添加表或视图"窗口。

2)"字段"选项卡和结果表字段要求设计

字段卡用于结果表字段要求设计。有 3 种设计形式，一种是直接把数据表的字段原样复制到结果表，如 grade. sno。另一种是原样复制但要换名，如 grade. sno as 学号。第三种是表达式或函数，如 SUM(grade. score)、SUM(grade. score) as 总分、"必修课"、credit ∗ 2，等等。单击"字段"标签，显示"字段"选项卡(见图 5-4)。

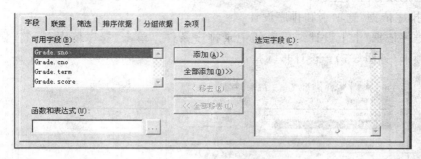

图 5-4　"字段"选项卡

(1) 第一种设计的操作步骤是：

第 1 步，在"可用字段"列表框中选择一个字段。

第 2 步，按"添加"按钮，该字段进入"选定字段"列表框。

(2) 第二种或第三种设计的操作步骤是：

第 1 步，在"函数和表达式"文本框中输入字段设计，如输入"sno as 学号"，或输入"sum(grade. score) as 总分"。对此可以用右端的按钮打开"表达式生成器"设计。

第 2 步，按"添加"按钮，该字段进入"选定字段"列表框。

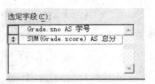

对例 5-1，字段设计的结果如图 5-5 所示。

第 3 步，如果必要（多字段）重复上述两步。

图 5-5　例 5-1 的选定字段

3）"筛选"选项卡和筛选条件设计

在筛选选项卡上设计记录筛选条件，单击"筛选"标签，显示"筛选"选项卡（见图 5-6）。

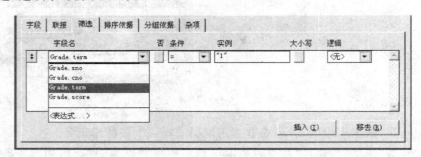

图 5-6　"筛选"选项卡

筛选条件可以是关系条件，也可以是逻辑条件。设计步骤是：

第 1 步，在"字段名"下拉列表框中选择一个字段名，如 Grade.term。在"条件"下拉列表框中选择一个关系运算符，如"＝"。在"实例"文本框中输入比较值，如"1"，表示是第 1 学期。

第 2 步，如果再有关系条件，继续按第 1 步的方法输入。但必须在"逻辑"下拉列表框中选择一个逻辑运算符，与前面的关系条件连接成一个逻辑条件。

第 3 步，如果有必要则重复第 2 步操作，直到完整条件输入完成。例 5-1 的题意是无筛选条件，则条件应为空。

4）"排序依据"选项卡和排序设计

在"排序依据"卡上设计结果表的记录排序条件。单击"排序依据"标签，显示"排序依据"选项卡（见图 5-7）。设计步骤是：

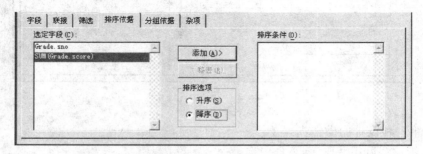

图 5-7　"排序依据"选项卡

第 1 步，在"选定字段"下拉列表框中选择字段名，如例 5-1 中选择 SUM(Grade.score)。

第 2 步，按"添加"按钮，该字段进入"排序条件"列表框。

第 3 步，在"排序选项"按钮组上选择"升序"或"降序"单选按钮，如例 5-1 中选择"降序"单选按钮。

第4步,如果必要,重复上述3步。

说明:可以选择多个字段,排序选项也可以不同;但字段的先后次序对排序的重要程度不同,排在前面的字段对实际排序有较重要的作用。

5)"分组依据"选项卡和分组设计

对于统计性质的查询必须设计分组依据,按组分别生成统计性数据。分组依据在"分组依据"选项卡上设计。单击"分组依据"标签,显示"分组依据"选项卡(见图5-8)。设计步骤是:

第1步,在"可用字段"下拉列表中选择字段名,如选择 grade.sno(见图5-8)。

第2步,按"添加"按钮,该字段进入"分组字段"列表框。

第3步,如果必要,重复上述2步。

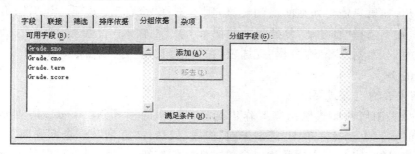

图5-8 "分组依据"选项卡

说明:可以选择多个字段,但字段的先后次序对分组的重要程度不同,排在前面的字段对实际分组有较重要的作用。

6)结果表记录筛选要求

有时需要在输出查询结果前对记录进行必要的筛选。筛选即设计筛选条件,按"分组依据"选项卡上的"满足条件…"按钮进入"满足条件"设计窗口(见图5-9)。条件设计方法同筛选条件设计。

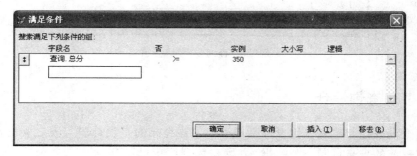

图5-9 "满足条件"设计窗口

7)"杂项"选项卡和其他要求设计

其他要求的设计包括是否允许结果表含重复记录,仅输出前端若干记录的数量等。单击"杂项"标签,显示"杂项"选项卡(见图5-10)。设计步骤是:

图 5-10　"杂项"选项卡

第 1 步，如果不允许结果表有重复记录，则选择"无重复记录"复选项。

第 2 步，如果输出全部记录，则选择"全部"复选项。

第 3 步，如果只输出列在前面的记录，则不选择"全部"复选项。如果输出前面的若干个记录，则不选择"百分比"复选项，在"记录个数"框输入一个整数，如 12。如果输出前面某比例的记录，则选择"百分比"复选项，在"百分比"框输入一个整数，如 10，表示全部记录个数的 10%。

8）结果表输出方式要求

查询结果用何种形式输出需要作出选择。默认的形式是"浏览"，其他形式必须在"查询去向"窗口上选择。单击"查询去向"按钮，或选择"查询"→"查询去向"，显示"查询去向"窗口（见图 5-11）。方法是用鼠标单击选择的按钮；不过，对浏览以外的选择还要输入其他必要的信息。

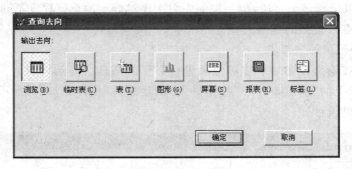

图 5-11　"查询去向"选择窗口

5.1.3　多表查询设计

多表查询设计与单表查询设计基本一致。要补充的是设计表与表之间的连接条件。如果参与查询的表来自同一个数据库，且在数据库中已经建立了永久关联；则在添加表到数据表显示区的同时也把"关联"一起复制过来，无须特别再设计。反之，则需要在"连接"选项卡上设计连接，如表 students 和 grade 如果要建立连接，则先把它们添加到数据表显示区，再单击"连接"选项卡（见图 5-12）。操作步骤是：

第 1 步，在"类型"下拉列表框中选择连接类型，如 Inner Joi。

第 2 步,在"字段名"下拉列表框中选择表和字段名,如 Students. sno。

第 3 步,在"条件"下拉列表框中选择连接条件符号,如＝。

第 4 步,在"值"下拉列表中选择另一个表和字段名,如 Grade. sno。

第 5 步,如果需要,重复上述 4 步设计另一个连接条件,但必须在"逻辑"下拉列表中为两条件选择逻辑运算符。

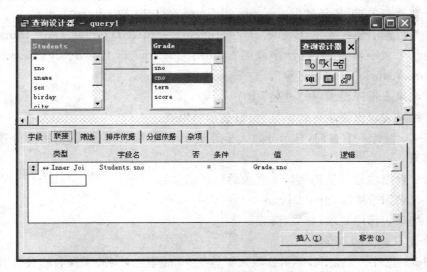

图 5-12　"联接"选项卡

需要注意的是,连接双方必须有外关键词的关系。

例 5-2　设计一个查询,显示学生姓名及其已修课程的总分,且总分大于等于 350 以上,并按总分由大到小排列。

设计:根据题意必须提供如下要求的设计信息。

(1) 数据表要求,选择数据表 grade. dbf 和 students. dbf。

(2) 多数据表连接要求,Grade. sno＝students. sno 。

(3) 结果表字段要求,设计字段名"students. sname as 姓名"和字段名"sum(grade. score) as 总分"。

(4) 统计分组要求,Grade. sno。

(5) 结果表记录筛选要求,总分＞＝350。

(7) 结果表排序要求,按总分递减排序。

(8) 结果表输出要求,用"浏览"窗口显示结果表。

存储:查询文件命名为"例 5-2"。

现场运行:方法 1,单击"运行"按钮,显示结果(见图 5-13,共 5 条记录)。

方法 2,选择"查询"→"运行查询",显示结果。

以后运行:方法 1,在命令窗口中输入"do 例 5-2. qpr",回车,显示结果。

图 5-13　例 5-2 结果表

方法 2,在项目管理器上选择查询文件名"例 5-2",按"运行"按钮,显示结果。

方法 3,在主窗口选择菜单"程序"→"运行",再在"运行"窗口的文件清单中选择文件名例 5-2. qpr,按"运行"按钮,显示结果。

例 5-3 设计一个查询,显示所有的学生姓名、课程名称及分数,并按姓名排序。

设计:根据题意必须提供如下要求的设计信息:

(1) 数据表要求,选择数据表 grade. dbf、courses. dbf 和 students. dbf。

(2) 多数据表连接要求,Grade. sno＝students. sno AND Grade. cno＝courses. sno。

(3) 结果表字段要求,设计字段名"students. sname as 姓名"、"grade. score as 分数"、"courses. stitle as 课程名称"。

(4) 结果表排序要求,按"姓名"排序。

(5) 结果表输出要求,用"浏览"窗口显示结果表。

例 5-4 设计一个查询,显示分数大于等于 90 的学生姓名、课程名称及分数,并按分数递减排序。

设计:根据题意必须提供如下要求的设计信息:

(1) 记录筛选要求,grade. score＞＝90。

(2) 结果表排序要求,分数、降序。

其余要求设计同例 5-3。

例 5-5 设计一个查询,显示分数大于等于 90 的学生姓名、课程名称及分数,并按分数递减排序,结果只保留前 10％的记录。

设计:根据题意必须提供如下要求的设计信息:

结果表记录筛选要求,前 10％。

其余要求设计同例 5-4。

例 5-6 设计一个查询,显示分数小于 60 的学生姓名、课程名称及分数。

设计:根据题意必须提供如下要求的设计信息:

(1) 记录筛选要求,grade. score＜90。

(2) 结果表排序要求,无。

其余要求设计同例 5-3。

5.2 SQL 语言

读者也许在进行查询设计时未曾注意到,它的工具条中有一个 SQL 按钮。这个按钮的作用是查看查询程序用的。实际上,查询设计的结果就是一个 SQL 语句,如图 5-14 所示的是例 5-5 的 SQL 语句。存储在文件中的也是一个 SQL 语句,执行查询程序就是执行这个 SQL 语句。因此本节介绍 SQL 语言的主要内容。

5.2.1 SQL 语言简介

SQL 是 structured query language 的缩写,中文翻译是结构化查询语言。SQL 是关

图 5-14 对应查询例 5-5 的 SQL 语句

系数据库系统通用语言,已有三十余年的发展历史。最早是由美国 Boyce 和 Chamberlin 于 1974 年设计并在 IBM 关系数据库系统 System R 上实现。经过十余年的使用、检验、发展和竞争脱颖而出,成为唯一被推荐的数据库语言,并于 1986 年被美国国家标准化学会(ANSI)批准公布为美国国家标准;1987 年被国际标准化组织(ISO)批准公布为国际标准。第一个标准化版本名为 SQL'89,此后陆续公布了 SQL'92、SQL'93、SQL'03 版本。到目前为止,所有关系数据库系统无一不采用和实现 SQL 语言;特别是商品化的数据库管理系统软件尤其如此,成为风靡世界的数据库语言。

SQL 语言有诸多特点。

(1)非过程性特性。SQL 是一个真正非过程化的语言,是第一个能称之为第四代语言的语言。它面向问题的解,而不面向问题的求解过程。

(2)统一性特性。SQL 把数据库系统的 DDL 语言、DML 语言、DCL 语言等统一在一个语言中,以统一的格式表示;改变了几种语言分治的现象。

(3)理论性特性。SQL 语言以关系代数和关系演算为基础开发,获得了强有力的理论支持,保证了语言功能的完备性;也为 SQL 的进一步研究、扩充和发展提供了坚实基础。

(4)通用性特性。SQL 的每个语句不仅可以独立作为一条命令使用,也可以作为编程代码使用。一个数据库系统的 SQL 程序可以在任何另一个数据库系统上运行。

SQL 包括数据库系统的许多功能,并不断得到功能扩展,主要是数据定义、数据操纵、数据控制和数据交换等功能。以下将主要介绍 SQL 的数据定义语言和数据操纵语言部分,并结合 VFP 的 SQL 进行实例演示。VFP 的 SQL 是标准 SQL 的一个具体实现,因此在语句表示形式和功能上与标准 SQL 会有不同,但不妨碍对 SQL 的学习和理解。

5.2.2 SQL 数据查询语句

SQL 数据操纵功能主要体现在数据查询、数据删除、数据更新和数据插入等 4 个方面的功能。其中,数据查询是功能最重要、使用最频繁、内容最丰富的数据操纵,也是本节的重点内容。

SQL 数据查询语句称为 SELECT-SQL 或 SELECT 语句,其基本格式为

```
SELECT   <字段名 1>[,<字段名 2>]…
FROM   <数据表名 1>[,<数据表名 2>]…
WHERE   <条件 1>
GROUP BY   <字段名 3>[,<字段名 4>]…
HAVING   <条件 2>
ORDER BY   <字段名 5>[ASC|DESC][,<字段名 6>[ASC|DESC]]…
```

格式中的每一行独立称为一个子句,表示一个查询要求。

SELECT 子句定义结果表的字段名、组成和构造。对应于查询的"字段"卡功能,同样有 3 种不同形式,多个字段名之间用逗号分隔。如

```
SELECT sname as 姓名,SUM(grade.score) as 总分
```

FROM 子句列出参与查询的数据表名,即查询数据源。对应于查询的"数据表显示区",多个数据表名之间用逗号分隔。如

```
FRPM grade,students
```

WHERE 子句给出查询条件,包括表间连接条件和记录筛选条件,对应于查询的"连接"选项卡和"筛选"选项卡。如

```
WHERE grade.sno=students.sno
```

GROUP BY 子句列出分组统计时的分组依据字段,当 SELECT 部分有统计性字段出现时就必须使用。对应于查询的"分组依据"选项卡,列出的字段都是数据源表中的字段。如

```
GROUP BY grade.sno
```

HAVING 子句列出对结果表中记录的筛选条件,一般与 GROUP BY 联用。如

```
HAVING 总分>=350
```

ORDER BY 子句列出结果表中记录排序依据字段和排序方向。对应于查询的"排序依据"选项卡,列出的字段都是 SELECT 中的字段。如

```
ORDER BY 总分 DESC
```

例如,下面是一个完整的 SELECT 语句,或称命令;与例 5-2 的查询要求一致。

```
SELECT sname AS 姓名, SUM(score) AS 总分;
FROM grade ,students;
WHERE grade.sno=students.sno;
GROUP BY grade.sno;
HAVING 总分>=350;
ORDER BY 总分 DESC
```

该命令可以在 VFP 命令窗口输入执行。但要注意一点,这是一条完整的命令,逻辑上应理解为"一行"。有时候,由于命令过长,一行不利使用和阅读,故常常分多行输入。

为此系统规定用分号(;)结束一个分行,并表示命令未曾结束,有续行。输入完最后一行用回车键结束,执行该命令,命令中字母的大小写无关紧要。这里使用大写和小写的目的是企图明显区分出语言的固有词汇(称保留词)和用户自定义词汇。

下面以若干实例,由易到难讲解 SELECT 语句的设计和执行。这些实例都可以在 VFP 上执行得到结果。

1. 单表查询

单表查询一般实现对一个数据表的全表查询、列(部分字段)查询、行(部分记录)查询、行列查询和简单的统计查询。

例 5-7　(全表查询)查询并显示系科表的全部数据。

语句:

```
SELECT dno,dname,dhead,addr FROM dept
```

因为是单个表且选择了表的全部字段,所以命令可以更简单地设计为:

```
SELECT * FROM dept
```

其中, * 表示确定表的全部字段。

例 5-8　(列查询)查询并显示系科表的系科名称和系主任姓名。

语句:

```
SELECT dname,dhead FROM dept
```

如果希望用中文字段名,则可以进行换名。命令设计为

```
SELECT dname AS 系科名称,dhead AS 系主任 FROM dept
```

例 5-9　(行查询)查询并显示学号为 01010701 学生的所有成绩数据。

语句:

```
SELECT * FROM grade WHERE sno="01010701"
```

例 5-10　(行列查询)查询并显示周一第 1.2 节上课的课程代号和教室。

语句:

```
SELECT cno,classroom FROM offer WHERE classtime="周一/1-2"
```

例 5-11　(统计查询)查询并显示学生的学号和已修课程的门数,并按学号递增排序。

语句:

```
SELECT sno,COUNT( * ) FROM grade GROUP BY sno ORDER BY sno
```

命令中的 COUNT( )是统计函数;此外,常用的还有如 SUM(求和)、AVG(求平均值)、MAX(求最大值)、MIN(求最小值)等。为使结果表显示更清楚,命令可以修饰为

```
SELECT sno AS 学号,COUNT( * ) AS 已修课门数;
    FROM grade;
```

```
GROUP BY sno;
ORDER BY sno
```

例 5-12 （统计查询）查询并显示学生的学号和已修课程的总分,并按总分递减排序。
语句:

```
SELECT sno,SUM(score);
FROM grade ;
GROUP BY sno;
ORDER BY 2 DESC
```

命令中,子句 ORDER BY 2 表示按结果表的第 2 个字段排序。因为命令中未为求和字段专门命名,也不能把函数 SUM(score)作为字段名用;所以 SQL 提供了按字段序号(这里是 2)引用字段的方式。

例 5-13 （行列查询）查询并显示地址在"信息楼"的系科名称和具体地址。
语句:

```
SELECT dname,addr FROM dept WHERE addr="信息楼"
```

其中,条件 addr="信息楼"是左对齐比较,只要 addr 的头 6 个字符是"信息楼",则比较成功。

2. 多表查询

与查询类似,多表查询时一般先选接成一个"大"表作为中间结果,然后在大表上进行行、列查询。

例 5-14 查询并显示学号为 01010702 学生的姓名、课程代号和分数。
语句:

```
SELECT sname,cno,score;
FROM grade,students;
WHERE grade.sno= students.sno AND grade.sno="01010702"
```

其中,grade. sno＝students. sno 是连接条件,grade. sno＝"01010702"是记录筛选条件。两条件必须同时成立,用逻辑运算符 AND 连接两条件构成一个完整的逻辑条件。比较例 4-3 可以发现,两例是同一个问题。例 4-3 的关系代数表达式与本例的 SQL 语句是等价的。可见关系代数为 SQL 语言的基础支持关系。读者可以试试,写出以下 SQL 语句等价的关系代数表达式。

例 5-15 查询并显示学号为 01010701 和 03030701 学生的姓名、课程代号和分数。
语句:

```
SELECT sname,cno,score;
FROM grade,students;
WHERE grade.sno=students.sno AND (grade.sno="01010701";
    OR grade.sno="03030701")
```

例 5-16 查询并显示学号为 01010701 和 03030701 学生的姓名、课程名称和分数。
语句：

```
SELECT sname,ctitle,score;
FROM grade,students,courses;
WHERE grade.sno=students.sno AND grade.cno=courses.cno;
    AND (grade.sno="01010701" OR grade.sno="03030701")
```

3. 嵌套查询

嵌套查询又称分层查询，是较复杂的语句；是在 WHERE 子句中嵌套一个 SELECT 语句的情形。嵌套的 SELECT 语句实质是一个表，以这个表作为条件的构成部分。

例 5-17 查询并显示至少已担任一门课程教学的教师姓名。
语句：

```
SELECT tname;
FROM teachers;
WHERE tno IN (SELECT tno from offer)
```

语句 SELECT tno from offer 是嵌套的语句，称为子查询。它生成一个所有已担任课程的教师的代号表。tno IN 表示检测一个 tno 值是否在这个表中，若在表中则外层的条件为真；否则为假。

例 5-18 查询并显示这样一些教师的姓名，他至少已担任了代号 0101 教师所担任课程中的一门课程。
语句：

```
SELECT tname;
FROM offer,teachers;
WHERE offer.tno=teachers.tno AND offer.tno!="0101";
    AND cno IN (SELECT cno from offer where tno="0101")
```

这个问题稍复杂一些。题意是，代号 0101 教师担任了若干门课程的教学，必有一个课程代号清单。SELECT cno FROM offer WHERE tno="0101" 产生出这个清单。其他教师如果担任的课程代号在这个清单中，则该教师的姓名就应在查询结果中。因此，offer.tno＝teachers.tno 是 offer 表和 teachers 表的连接条件。offer.tno！＝"0101"是记录筛选条件，作用是排除 0101 号教师。cno IN 也是记录筛选条件，看课程代号是否在清单中。

例 5-19 查询并显示这样一些教师的姓名，他至少有一门担任的课程不在代号 0101 教师所担任课程中。
语句：

```
SELECT tname;
FROM offer,teachers;
WHERE offer.tno=teachers.tno AND offer.tno !="0101";
```

```
                AND cno NOT IN (SELECT cno FROM offer WHERE tno="0101")
```

本例正好与例 5-18 相反。题意是,代号 0101 教师担任了若干门课程的教学,必有一个课程代号清单。其他教师如果担任的课程代号有不在这个清单中,则该教师的姓名就应在查询结果中。因此,cno NOT IN 条件是测试课程代号是否不在清单中。

例 5-20 查询并显示出至少选修了教师 0509 担任课程中一门课程的学生姓名。

语句:

```
    SELECT sname;
    FROM students;
    WHERE sno IN (SELECT sno;
              FROM grade;
              WHERE cno IN (SELECT cno;
                       FROM offer;
                       WHERE tno="0509"))
```

例 5-21 查询并显示出至少有一门课程与学号为"01010701"的学生所修课程相同的学生学号。

语句:

```
SELECT sno;
FROM grade;
WHERE cno IN (SELECT cno;
          FROM grade;
          WHERE sno= "01010701")
```

这是单数据表的嵌套查询,查询和子查询的数据源是同一个数据表。子查询的结果表是"01010701"学生选修的课程代号。

4. 组合查询

有时需要把不同查询语句的结果合并成一个表显示或存储。这常常是查询对象不同、查询条件不同的情形。换句话说,要在不同查询之间进行集合运算。

例 5-22 查询并显示南京籍学生和至少有一门课程的成绩为 100 分学生的姓名。

语句:

```
    SELECT sname;
    FROM students;
    WHERE city="南京";
    UNION;
    SELECT sname;
    FROM students,grade;
    WHERE students.sno=grade.sno AND score=100
```

这是两个不同查询结果表的并运算,它们满足相容可并条件,UNION 连接两个查询语句。

5. 限制查询结果

限制查询结果的目的是使结果表更具实用。主要是记录唯一性限制和前端记录限制。唯一性限制是指结果表中不能有完全相同的记录出现。前端记录限制是指按一个绝对数或百分比输出结果表的前端部分记录。格式是：

```
SELECT [ ALL|DISTINCT ] [ TOP <整数表达式> [ PERCENT ]]
```

其中，ALL 表示全部记录，包括相同的，可以缺省；DISTINCT 表示限制相同的记录出现；TOP ＜整数表达式＞ 表示前端整数条记录，TOP ＜整数表达式＞ PERCENT 表示前端百分之整数条记录。

例 5-23　查询并显示这样一些教师的姓名，他至少有一门担任的课程不在代号 0101 教师所担任课程中，姓名不可重复。

语句：

```
SELECT DISTINCT tname;
FROM offer,teachers;
WHERE offer.tno=teachers.tno AND offer.tno !="0101";
AND cno NOT IN (SELECT cno from offer where tno="0101")
```

例 5-24　查询并显示学生的学号和已修课程的总分，并按总分递减排序，只显示前端 6 个记录。

语句：

```
SELECT TOP 6 sno,SUM(score);
FROM grade ;
GROUP BY sno;
ORDER BY 2 DESC
```

例 5-25　查询并显示学生的学号和已修课程的总分，并按总分递减排序，只显示前端 20％的记录。

语句：

```
SELECT TOP 20 PERCENT sno,SUM(score);
FROM grade ;
GROUP BY sno;
ORDER BY 2 DESC
```

6. 保存查询结果

前面所有例题的结果表都是以"浏览"窗口显示，只能浏览记录，浏览窗口一旦关闭结果表就不复存在。许多时候需要暂时或永久保存结果表，以便此后的进一步操作和处理。就 VFP 系统而言，提供了多种保存结果表的选择，如临时表、DBF 表、数组、文本文件、打印机，等等。这里说明前两种保存方法，也是最为重要和频繁使用的方法。

　　例 5-26　查询学生的学号和已修课程的平均分,并按平均分递减排序,结果表保存为临时表,表名为 temp_grade。

　　语句:

```
SELECT sno AS 学号,AVG(score) AS 平均分;
FROM grade;
GROUP BY sno;
ORDER BY 2 DESC;
INTO CURSOR temp_grade
```

　　INTO CURSOR 子句指明把结果表作为临时表保存,名为 temp_grade。命令执行成功后,temp_grade 处于打开状态;一旦关闭,表就不再存在。

　　例 5-27　查询所有学生的学号、姓名、课程名称和分数,结果保存为永久表,名为 grade_2007. dbf。

　　语句:

```
SELECT students.sno,sname,ctitle,score;
FROM grade,students,courses;
WHERE grade.sno=students.sno AND grade.cno=courses.cno;
INTO DBF grade_2007
```

　　INTO DBF 子句可以写为 INTO TABLE,指明把结果表作为永久表保存,名为 grade_2007。命令执行成功后,grade_2007 表不仅处于打开状态,可以使用,而且与建立的数据表效果一样,保存在外存上;当前目录上登记为 grade_2007. dbf;可以与其他数据表一样被使用(见例 5-28)。但是,如果不对该表作及时更新操作,则该表始终保持保存时的那个数据状态,称为"快照"。

　　例 5-28　查询并显示学号为 01010701 和 03030701 学生的姓名、课程名称和分数。

　　语句:

```
SELECT sname,ctitle,score;
FROM grade_2007;
WHERE sno="01010701" OR sno="03030701"
```

　　本例实际上就是例 5-16;但这里的操作比例 5-16 简单得多。因为数据表 grade_2007 是例 5-27 的操作结果,即连接 grade、students、courses 生成的数据表。因此本例直接利用,只需筛选。

5.2.3　SQL 数据修改语句

　　数据修改包括删除、插入和更新 3 种操作,SQL 提供了相关语句。

1. 删除操作

　　删除只对单表进行操作,删除以记录为单位。语句格式为:

```
DELETE
```

```
FROM <数据表名>
WHERE <条件>
```

其中,FROM 子句和 WHERE 子句与 SELECT 语句相同。语句的功能是,从数据表名标识的表中删除去符合条件的记录。如果无 WHERE 子句则删除表的全部记录。但是,在 VFP 系统中,这种删除称为逻辑删除;即只为删除的记录打上"删除"标志。有关概念请回顾 4.3.3 节。

例 5-29 删除表 grade_2007 的全部记录。
语句:

```
DELETE FROM grade_2007
```

例 5-30 从表 grade_2007 中删除学号为 01010701 和 03030701 学生的相关记录。
语句:

```
DELETE FROM grade_2007 WHERE sno="01010701" OR sno="03030701"
```

2. 插入操作

插入是向数据表添加记录的操作。格式为:

```
INSERT;
INTO <数据表名>[(<字段名 1>[,<字段名 2>]…)];
VALUES (<表达式 1>[,<表达式 2>]…)
```

例 5-31 向数据表 dept 中插入一个记录。系科代号"06",系科名称为"机械系",系主任为"何和协",地址为"工程楼 412"。
语句:

```
INSERT INTO dept VALUES ("06","机械系","何和协","工程楼 412")
```

该语句插入一个完整的记录。

例 5-32 向数据表 dept 中插入一个记录。系科代号"07",系科名称为"人文系",系主任暂缺,地址待定。
语句:

```
INSERT INTO dept(dno,dname) VALUES ("07","人文系")
```

该语句插入一个完整的记录,但只对部分字段赋值。此后可以用更新语句对其他字段赋值。

3. 更新操作

更新是对字段值进行修改的操作。格式为:

```
UPDATE <数据表名> ;
SET 字段名 1=<表达式 1>[,字段名 2=<表达式 2>]…;
WHERE <条件>
```

例 5-33 把 students 表中学号为 05050712 的学生的籍贯改为杭州。

语句：

```
UPDATE students SET city="杭州" WHERE sno="05050712"
```

只更新了一条记录的一个字段。

例 5-34 把 grade 表中小于 60 分的分数全部增加原分数的 10%。

语句：

```
UPDATE grade;
SET score=score+ score * 0.1;
WHERE score< 60
```

更新的记录可能有若干条，也许一个记录也没有更新。

例 5-35 把 offer 表中教师代号为 0305，课程代号为 2001 的记录的课程代号改为 2002，上课时间改为周三 1、2 节，教室改为 C304。

语句：

```
UPDATE offer;
SET cno ="2002",classtime="周三/1-2",classroom="C304";
WHERE tno="0305" AND cno="2001"
```

该语句更新的记录只有 1 条，更新的字段有 3 个。

5.2.4　SQL 数据定义语句

数据定义语句的作用是在系统上实际定义数据库模型。语言成分包括数据类型、数据库模式定义、基本数据表定义、视图定义以及索引定义等。基本数据表、视图、索引定义在数据库模式中，所以又称它们为模式元素。

1. SQL 的基本数据类型

数据类型用来定义字段特性，描述字段的数据种类和长度。不同版本数据库管理系统规定的数据类型未必一样，描述数据的能力也有较大的差别。为本书叙述便利，给出标准 SQL 主要基本数据类型，以及与 VFP 数据类型对照关系，如表 5-1 所示。

表 5-1　标准 SQL 与 VFP SQL 数据类型对照表

数据类型	标准 SQL		VFP SQL	
	符 号 表 示	长 度 意 义	符 号 表 示	长 度 意 义
整数型	INT	4 字节	I	4 字节
短整数型	SMALLINT	2 字节		
十进制数型	DEC(m,n)	m 整数位数，n 小数位数	N(m,n)	m 总长度，n 小数位数

续表

数据类型	标准 SQL		VFP SQL	
	符 号 表 示	长 度 意 义	符 号 表 示	长 度 意 义
浮点数型	FLOAT	8 字节	F	8 字节
字符型	CHAR(n)	n 字符个数	C(n)	n 字符个数
变长字符型	VARCHAR(n)	n 最大字符个数	M(备注型)	任意
位串型	BIT(n)	n 位数	C(二进制)	
变长位串型	BITVARYING(n)	N 最大位数	M(二进制)	
日期型	DATE		D	
时间型	TIME		T	
逻辑型			L	
通用型			G	

2. SQL 数据库模式定义语句

一个数据库应用系统可以包含多个数据库,每一个数据库都必须有数据库模式定义。SQL 数据库模式定义由模式定义语句 CREATE SCHEMA 完成。格式为:

```
CREATE SCHEMA <数据库模式名>;
AUTHORIZATION <数据库用户名>
```

如下面的语句定义了一个"教学管理"数据库 jxgl。

```
CREATE SCHEMA jxgl;
AUTHORIZATION jishi
```

如果要删除一个数据库模式,用 DROP SCHEMA 语句。格式为:

```
DROP SCHEMA <数据库模式名>[ CASCADE|RESTRICT ]
```

其中,CASCADE 和 RESTRICT 是两种删除方式。CASCADE 表示在删除数据库模式的同时,连锁地删除属于它的所有模式元素;RESTRICT 表示只当数据库模式不包含任何模式元素时才能删除这个数据库模式。如

```
DROP SCHEMA jxgl CASCADE
```

3. SQL 基本数据表定义语句

基本数据表的定义是在系统中创建基本数据表的结构,创建完成后还只是一个空数据表。创建语句的 SQL 格式是:

```
CREATE TABLE <基本数据表名>(<字段定义 1>
[,<字段定义 2>]…)
```

其中,字段定义的格式为:

```
<字段名>(<数据类型>[,[ NOT ] NULL ])
```

例 5-36 根据表 3-4 关于课程目录表结构的设计要求,用 SQL 数据定义语句创建该基本数据表。

(1) 标准 SQL 语句:

```
CREATE TABLE courses(cno(CHAR(5),NOT NULL),
               ctitle(CHAR(20)),
               req_elec(BIT(1)),
               period(SMALLINT),
               credit(SMALLINT))
```

(2) VFP SQL 语句:

```
CREATE TABLE courses(cno C(5) NOT NULL,
               ctitle C(20),
               req_elec L,
               period N(2,0),
               credit N(2,0) )
```

4. SQL 基本数据表修改语句

对数据表结构的修改是常有的事。增加或删除字段、重命名字段名、修改字段的数据类型,等等。

(1) 增加一个字段的语句。格式是:

```
ALTER TABLE <基本数据表名>ADD <字段定义>
```

如语句 ALTER TABLE courses ADD ptitle(CHAR(20))为 courses 表增加一个预修课程名称的新字段。

(2) 删除一个字段的语句。格式是:

```
ALTER TABLE <基本数据表名>DROP <字段名>
```

如语句 ALTER TABLE courses DROP ptitle 删除 courses 表的 ptitle 字段。

(3) 重命名一个字段的语句。格式是:

```
ALTER TABLE <基本数据表名>RENAME <字段名 1>TO <字段名 2>
```

如语句 ALTER TABLE courses RENAME ptitle TO prior 把 courses 表的字段名 ptitle 改为名 prior。

5. SQL 基本数据表删除语句

删除一个基本数据表的语句格式是:

```
DROP TABLE <基本数据表名>
```

如语句 DROP TABLE courses 删除基本数据表 courses。

5.3　视　　图

视图是关系数据库的一个重要概念和重要数据操纵工具,视图对提高数据库的数据独立性具有重要意义。

5.3.1　视图的概念

在例 5-27 中,因为利用了例 5-26 保存的结果数据表,使操作变得十分简单。不像例 5-16 那样需要多表的连接。但是,这种方法有一个严重的缺陷,即当生成数据表 grade_2007 的 3 个数据表 students、courses、grade 发生变化时,不能在 grade_2007 上得到相应的反映,因而失去存在和操作的价值,出现“过时”现象。采用视图技术正好能避免这样的问题。

所谓视图,是对基本数据表进行综合和提炼,导出另一个数据表的数据库设施。“综合和提炼”具体表现在对基本数据表的连接、投影、筛选、统计和计算等方面。视图只在被操作时才生成,随相关基本数据表变动而动,反映数据库的现场数据状态。所以,视图是数据表;但是一种“虚”表。也可以把视图理解为是基本数据表与操作之间的一种“过滤-构造”器。对视图所做的任何操作,其操作的数据仍然来自相关基本数据表,但要经过视图过滤和重新构造。因此,视图的基础是 SELECT-SQL。如果例 5-26 的结果不是保存为一个结果数据表(快照),而是保存产生结果数据表的 SELECT-SQL 语句,并理解该语句就是表“grade_2007”。当需要对 grade_2007 操作时,立即执行相应 SELECT-SQL 语句,现场导出 grade_2007 表提供操作,这就不会出现数据“过时”现象了。

5.3.2　视图的定义

视图定义在标准 SQL 上和在 VFP 系统上略有不同,下面分别介绍。

1. 标准 SQL 上的视图定义

1) 定义视图

在标准 SQL 中,视图设计语句属数据定义语句范围。视图定义语句的格式是:

```
CREATE VIEW <视图名> (<字段名 1> [,<字段名 2>] …);
        AS <SELECT-SQL 语句>
```

其中,<字段名 1>[,<字段名 2>]…是视图的字段,SELECT-SQL 语句是任何合法的语句。

例 5-37　定义一个“经济系”学生名单视图 econ_dept,包含学号和姓名字段。

语句:

```
CREATE VIEW econ_students(sno,sname);
        AS SELECT * ;
```

```
FROM students;
WHERE dno= "03"
```

例 5-38　定义一个包含学号、姓名、课程名称和分数的学生成绩视图 grade_1。

语句：

```
CREATE VIEW grade_1(sno,sname,ctitle,score);
    AS SELECT student.sno,sname,ctitle,score;
        FROM students,grade,courses;
        WHERE grade.sno= students.sno AND grade.cno= courses.cno
```

该例是在 3 个基本数据表上定义视图，与例 5-27 内容相同；但本例保存的是（动态的）视图，而例 5-27 保存的是（静态的）数据表。

例 5-39　定义一个包含学号、姓名、课程名称和分数，且分数在 90 分以上的学生成绩视图 grade_2。

语句：

```
CREATE VIEW grade_2(sno,sname,ctitle,score);
        AS SELECT student.sno,sname,ctitle,score;
            FROM grade_1;
            WHERE score>=90
```

该例是在视图 grade_1 上定义的视图。也就是说，可以从视图导出一个视图。

例 5-40　定义一个包含学号、姓名和平均分数的学生成绩视图 grade_3，并按平均分递减排序。

语句：

```
CREATE VIEW grade_3(sno,sname,average);
            AS SELECT student.sno,sname,AVG(score);
            FROM students,grade;
            WHERE grade.sno=students.sno;
            GROUP BY grade.sno;
            ORDER BY 3 DESC
```

在前面定义视图的几例中，视图的记录与基本数据表的记录之间都有一一对应关系。而本例则不同，因为统计字段（AVG(score)）是从多个记录产生，所以视图 grade_3 的一条记录将对应基本数据表 grade 的多条记录。

2）删除视图

在标准 SQL 中，删除视图语句的格式是：

```
DROP VIEW <视图名>
```

删除视图语句比较简单，如语句 DROP VIEW grade_1 删除视图 grade_1。因为视图是基于基本数据表和/或其他视图导出的，所以当视图基于的基本数据表或视图被删除时，同时被删除。

2. VFP 上的视图定义

VFP 上的视图定义有两种方法，VFP SQL 视图定义语句和视图设计器。前者为命令方式，后者为可视化界面方式。VFP 视图只能保存在数据库中，无相应的存储文件存在。换句话说，VFP 视图必须属于一个数据库。

1）VFP SQL 视图定义语句

VFP SQL 视图定义语句与标准 SQL 视图定义语句基本相同，格式略有差别。VFP SQL 视图定义语句格式为：

```
CREATE SQL VIEW <视图名>  AS <VFP SELECT-SQL 语句>
```

从语句格式可以看出，生成的视图就是 SELECT-SQL 语句结果数据表，如例 5-37 的 VFP SQL 视图定义语句是：

```
CREATE SQL VIEW econ_ students;
              AS SELECT sno,sname;
              FROM students;
              WHERE dno="03"
```

最大的差别是无须在视图名后标明视图的字段列表，相应例 5-38 的 VFP SQL 视图定义语句是：

```
CREATE SQL VIEW grade_1;
       AS SELECT students.sno,sname,ctitle,score;
          FROM students,grade,courses;
          WHERE grade.sno=students.sno AND grade.cno=courses.cno
```

相应例 5-39 的 VFP SQL 视图定义语句是：

```
CREATE SQL VIEW grade_2;
       AS SELECT students.sno,sname,ctitle,score;
          FROM grade_1;
          WHERE score>=90
```

相应例 5-40 的 VFP SQL 视图定义语句是：

```
CREATE SQL VIEW grade_3;
              AS SELECT student.sno,sname,AVG(score) as avg_score;
              FROM students,grade;
              WHERE grade.sno= students.sno;
              GROUP BY grade.sno;
              ORDER BY 3 DESC
```

2）VFP 视图设计器

VFP 视图设计器与 VFP 查询设计器的操作完全相同，不同的只是保存位置不同。其操作过程是：

（1）启动视图设计器（在项目管理器上操作）。

第 1 步，在项目管理器上展开"数据"项且选择"本地视图"。

第 2 步，按项目管理器上的"新建"按钮，显示"新建本地视图"按钮组。

第 3 步，按"新建视图"按钮，显示视图设计器，同时出现"添加表或视图"。

（2）添加表或视图（在"数据库中的表"窗口上操作）。

第 1 步，在"数据库中的表"列表框上用鼠标选择一个数据库表名或视图名。

第 2 步，按"添加"按钮，在数据表显示区显示相应数据表或视图的窗口。

第 3 步，如果必要（多表的情形），继续前两步的操作。

（3）选择视图字段（在"字段"选项卡上操作）。

第 1 步，在"可用字段"列表框中选择一个字段，或在"函数和表达式"框中
输入字段设计。

第 2 步，按"添加"按钮，该字段进入"选定字段"列表框。

第 3 步，如果必要（多字段）重复上述两步。

（4）设计连接条件（在"连接"选项卡上操作）。

根据在相应栏目选项下拉列表框中选择或在输入框中输入信息设计连接条件。

（5）设计筛选条件（在"筛选"选项卡上操作）。

根据在相应栏目下拉列表框中选择或在输入框中输入信息设计记录筛选条件。

（6）设计排序依据（在"排序依据"选项卡上操作）。

第 1 步，在"选定字段"下拉列表框中选择字段名。

第 2 步，按"添加"按钮，该字段进入"排序条件"列表框。

第 3 步，在"排序选项"按钮组上选择"升序"或"降序"单选按钮。

第 4 步，如果必要，重复上述 3 步。

（7）设计分组依据（在"分组依据"选项卡上操作）。

第 1 步，在"可用字段"下拉列表框中选择字段名。

第 2 步，按"添加"按钮，该字段进入"分组字段"列表框。

第 3 步，如果必要，重复上述两步。

（8）设计结果表的输出（在"杂项"选项卡上操作）。

第 1 步，选或不选"无重复记录"复选项。

第 2 步，选或不选"全部"（记录）复选项。

第 3 步，若不选择"全部"复选框时，选或不选"百分比"复选项。

第 4 步，若不选"百分比"复选项，则在"记录个数"中输入一个正整数。

第 5 步，若选"百分比"复选项，则在"百分比"输入框中输入一个正整数。

（9）设计更新条件（在"更新条件"选项卡上操作）。

第 1 步，在"表"下拉列表框中选择更新的表名或全部表。

第 2 步，选或不选"发送 SQL 更新"复选项。

第 3 步，在"关键词、更新、字段名"中指定更新表的关键词，可更新字段。

第 4 步，选择 SQL WHERE 子句中是否包括第 3 步中的字段。

第 5 步，选择记录更新时的 SQL 方式。

（10）存储（在"保存"窗口上操作）。

第 1 步，选择主窗口菜单"文件"→"保存"，显示"保存"窗口。

第 2 步，在"保存"窗口上输入视图名，按"确定"按钮。

在设计一个视图时，上述内容未必都需要，可择其部分设计。

例 5-37 的 VFP 视图设计为

① 添加表：students. dbf。

② 选择字段：sno，sname。

③ 筛选条件：dno＝"03"。

④ 视图名：econ_ students。

例 5-38 的 VFP 视图设计为

① 添加表：students. dbf，grade. dbf，courses. dbf。

② 选择字段：students. sno，sname，ctitle，score。

③ 连接条件：grade. sno＝students. sno AND grade. cno＝courses. cno。

④ 视图名：grade_1。

例 5-39 的 VFP 视图设计为

① 添加表：grade_1（是视图）。

② 选择字段：students. sno，sname，ctitle，score。

③ 筛选条件：score＞＝90。

④ 视图名：grade_2。

例 5-40 的 VFP 视图设计为

① 添加表：students，grade。

② 选择字段：students. sno，sname，AVG(score) as avg_score。

③ 连接条件：grade. sno＝students. sno。

④ 分组依据：grade. sno。

⑤ 排序依据：avg_score DESC。

⑥ 视图名：grade_3。

5.3.3　视图的操作

视图是数据表，具有与基本数据表同等的效力。因此，所有能对基本数据表执行的操作几乎也都可以对视图执行。视图名可以出现在 SELECT-SQL 语句的 FROM 子句中、VFP 的数据表名的命令中，如 USE 命令等。

1. 对视图的查询操作

对视图的查询仍然是主要的操作。

例 5-41　用 SQL 语句查询并显示平均分数在 90 分以上学生的学号、姓名和平均分数，按平均分递减排序，字段名用中文。

语句：

```
SELECT sno AS 学号,sname AS 姓名,avg_score AS 平均分;
FROM grade_3;
WHERE avg_score>=90
```

因为视图 grade_3 的数据基本符合题意的要求,而且已经是按平均分数递减排序的;所以只要进行一次记录筛选就够了。

如果使用 VFP LIST 命令,则有

```
USE grade_3
LIST FOR avg_score>=90
```

结果数据表在 VFP 主屏幕上显示。

如果使用 VFP BROWSE 命令会有与 SQL 语句同样效果。命令为

```
USE grade_3
BROWSE FOR avg_score>=90
```

结果数据表显示在 VFP 浏览窗口上。

2. 对视图的修改操作

对视图的修改操作未必永远能进行,视视图记录与基本数据表的关系而论。一般地,执行修改操作的视图必须满足如下条件:

(1) 视图的一个记录必须与相关基本数据表的一个记录对应,且是关键词可标识的。

(2) 视图的一个字段必须与相关基本数据表的一个字段对应。

反而言之,如果视图的一个记录对应与相关基本数据表的一组记录,或一个字段不与任何基本数据表的字段对应,则不可修改。一个最显著的特征是看视图定义语句中是否出现了 GROUP BY 子句,或有新字段的定义。

所以有这样的条件限制,是因为对视图的修改操作必须反应到相关基本数据表才有实际意义,即通过对视图的修改而修改基本数据表。例如,视图 grade_3 与相关基本数据表 students 满足上述两条件,而与 grade 则不满足上述两条件。因此,可以修改与 students 相关的字段 sno 和 sname,而且修改会在 students 表中得到反应。而对字段 avg_score 不可作修改,修改了也不能在 grade 表中得到反应。

对视图的修改操作同样包括插入、删除和更新。

例 5-42　在视图 grade_3 中插入一条学生记录,学号为"03040805",姓名为"曹丕丕"。

语句:

```
INSERT INTO grade_3 (sno,sname);
        VALUES ("03040805","曹丕丕")
```

语句执行后在 students 表中增加一条记录,sno 字段值为"03040805",sname 字段值为"曹丕丕";其余字段值为空值。显然,如果要插入字段值 avg_score 是毫无意义的。道理很简单,因为 avg_score 是一个统计性数据,根据若干分量能获得统计性数据;但根据统计性数据无法分解出参与统计的各分量。

例 5-43　在视图 grade_3 中删除一条学生记录,学号为"04040702"。

语句：

```
DELETE FROM grade_3 WHERE sno= "04040702"
```

语句执行后从 students 表中删除一条记录,其 sno 字段值为"04040702"。如果 students 表和 grade 表之间的参照完整性规则是"级联",则将同时删除 grade 表中属于"04040702"的所有记录,也即参与平均分统计的记录。

例 5-44　在视图 grade_3 中,把学号为"03040805"的学生姓名改为"曹丕臣"。

语句：

```
UPDATE grade_3 SET sname="曹丕臣" WHERE sno="03040805"
```

以上 3 例都是用 SQL 语句操作的,读者也可以试试用 VFP 命令,如"浏览"完成。

5.3.4　视图合成

前面一直认为,对视图的操作就如同对数据表的操作一样。实际上,对视图的操作最终要落实到对导出视图的相关基本数据表的操作,这通过视图合成实现。所谓视图合成是指把对视图的操作和导出视图的操作叠加在一起,形成直接对基本数据表的操作过程。以例 5-40 为例,语句(设为语句_1)

```
SELECT sno AS 学号,sname AS 姓名,avg_score AS 平均分;
FROM grade_3;
WHERE avg_score>=90
```

对视图 grade_3 进行操作。而语句(设为语句_2)

```
SELECT student.sno,sname,AVG(score) as avg_score;
FROM students,grade;
WHERE grade.sno=students.sno;
GROUP BY grade.sno;
```

导出视图 grade_3 。两者叠加,应有语句(设为语句_3)

```
SELECT student.sno AS 学号,sname AS 姓名,AVG(score) AS 平均分;
FROM students,grade;
WHERE grade.sno=students.sno;
GROUP BY grade.sno;
HAVING 3>=90
```

语句_3 是语句_1 的视图合成,执行语句_1 的实质是执行语句_3。因为执行语句_1 必须先执行语句_2,语句_2 实际是语句_3 的中间结果,WHERE avg_score>=90 是语句_1 的关键,等价与语句_3 的 HAVING 3>=90。

5.3.5　视图的性质

视图具有如下性质：

（1）视图是数据表，但并不物理存储，不占有外存存储空间，故称为"虚"数据表或虚表。

（2）视图可以从基本数据表，或其他视图，或两者导出。

（3）视图依赖于相关基本数据表的存在而存在，当任何一个相关基本数据表被删除，视图也一并被自动删除。

（4）对视图执行操作时，立即由相关基本数据表导出，故视图是基本数据表的动态映像。

（5）视图与基本数据表具有同等使用效力，凡对基本数据表能执行的操作几乎都能对视图执行。

5.3.6　视图与数据独立性

在第 1 章已经介绍过数据独立性问题，这里介绍视图对数据独立性的贡献。众所周知，数据库模型不是一成不变的，随着数据库应用环境的变化、进步和发展，常常要求对数据库作出调整和改变，如添加表的字段、添加数据表、拆分数据表，甚至改变数据库模型结构，对数据库进行重构或重组织。这将直接影响到应用程序的执行。为了保证应用程序对数据库的这种变化"免疫"，在关系数据库系统中需要有高度数据逻辑独立性保障。视图是提高数据逻辑独立性的手段之一，下面举例说明。

假设 app_students 是对数据表 students 进行某种处理应用程序。因为形势的需要重新创建两个数据表 stud_1 和 stud_2，替代原来的 students 表。stud_1 和 stud_2 的结构分别为：

```
stud_1(sno,sname,sex,birday,city,photo)
stud_2(sno,dno,speciality,class)
```

其中，speciality 为学生所在专业，class 为学生所在班级，显然与 students 表不同了。为保证应用程序 app_students 能在不做任何修改的情况下继续正常执行，定义一个视图 students 替代原来的 students 表。

```
CREATE SQL VIEW students;
        AS SELECT sno,sname,sex,birday,city,photo,dno;
            FROM stud_1, stud_2;
            WHERE stud_1.sno=stud_2.sno
```

就应用程序 app_students 而言，唯一的变化是 students 从一个基本数据表变成了一个视图；而这个变化无须对 app_students 进行任何修改，保证了数据逻辑独立性的实现。

5.4　关系数据库系统体系结构

关系数据库系统的体系结构与经典的体系结构基本一致，但有自己的特点。在关系数据库系统中，以关系，即基本数据表为中心，处于概念层。存储文件是基本数据表的物理存储,处于内层,或称物理层。视图是基本数据表的导出表,处于外层。特别地,用户可以对视图和/或基本数据表进行存取(见图 5-15)。

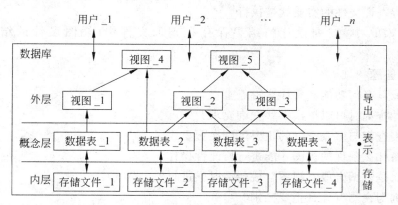

图 5-15 关系数据库系统体系结构示意图

习 题 5

一、单项选择题

1. 查询实现对数据库的数据_____。

A. 修改   B. 插入   C. 删除   D. 检索

2. 下列关于 SQL 语言的论述中,错误的是_____。

A. SQL 是一个非过程化的语言

B. SQL 语句可以单使用,也可以作为编程代码使用

C. SQL 称为结构化查询语言,所以只能执行数据库查询操作

D. SQL 语言以关系代数和关系演算为基础

3. 视图是一种虚表,它基于_____被定义。

A. 基本表   B. 视图   C. 视图和基本表   D. 查询

4. 查询结果的默认去向是_____。

A. 临时表   B. 永久表   C. 报表   D. 浏览窗口

5. 在_____情况下,无须设计连接条件。

A. 多表   B. 单表   C. 视图   D. 无表或视图

6. 若数据表中的字段名 CITY 在查询中要显示为"城市",则应表达为_____。

A. CITY is 城市   B. CITY is "城市"

C. CITY as 城市   D. CITY as "城市"

二、填空题

1. SQL 的功能包括了 DDL 语言、DML 语言和_____语言等功能。

2. 查询的数据源可以是_____、_____和自由表。

3. 如果查询结果表中定义有统计性字段,就必须指明_____字段。

4. 设计多表查询时,如果在数据库中已经存在_____,则连接条件将被自动复制,无须对其特别设计。

5. 执行查询文件的实质就是执行_____。

6. 在 VFP 中,查询设计的结果保存在查询文件中;视图设计的结果保存在_____中。

三、问答题

1. 查询具有何功能? 有什么特点?

2. 设计查询时可以提出哪些查询要求?

3. 单表查询与多表查询的主要区别在哪里?

4. 具备什么条件的视图才能进行修改性操作?

5. 什么是视图合成? 视图合成什么时候进行?

6. 查询与视图有什么主要区别?

四、思考题

1. 对视图的修改性操作为什么不能永远进行?

2. 为什么说视图是提高数据逻辑独立性的重要手段?

3. 为什么说视图定义的表是动态的? 动态为何意?

4. 根据关系数据库系统的体系结构,如何向应用用户提供外模式?

五、综合/设计题

1. 根据教学管理数据库,设计查询。

(1) 显示课程名称、上课时间、上课教室和任课教师姓名,并按上课时间递增排序。

(2) 分必/选修课,分别统计学生成绩;并显示学生姓名、"必修课"/"选修课"、总分、平均分。

(3) 显示系科名称、各系教师总人数、各系学生总人数。

2. 根据教学管理数据库,设计视图。

(1) 课表(课程名称,上课时间,上课教室)。

(2) 学分(学号,姓名,总学分数)。

(3) 课程成绩分析(课程代号,名称,最高分,最低分,平均分)。

3. 根据教学管理数据库和下列要求,写出 SQL 查询语句。

(1) 查询每门课程的代号、名称和选修学生人数。

(2) 查询教师工作量,包括教师代号、姓名、上课总时数。

(3) 查询在星期三下午上课教师的名单。

4. 运用 SQL 数据定义语句建立教学管理中的 6 个关系(表)。

5. 运用 SQL 数据定义语句修改 teachers 表,使增加一个简历字段(符号名自定)。

(注,建立和修改后删除掉,无须保留)

第6章

数据库编程

数据库编程是面向数据库的程序设计。对一个数据库应用系统,仅了解和熟悉此前各章所述数据库操作是远远不够的。一个数据库应用系统开发,核心是应用程序规划、设计、编程、测试、集成和运行。只有配备了完善的应用程序之后,数据库才能发挥作用。本章主要讨论这方面的内容、技术和方法。具体要解决的问题是:

(1) 什么是程序、程序设计语言、程序设计技术和程序设计方法?

(2) 结构程序设计方法有什么特点?对程序设计语言有什么要求?

(3) 什么是面向对象设计方法?什么是对象?有些什么特征?

(4) 什么是类?类和对象有什么不同?两者有什么关系?

(5) 类有哪些特性?如何运用类?如何设计用户自定义类?

(6) 类在面向对象程序设计中的意义是什么?

(7) 在 VFP 中,什么是基类?什么容器类?什么是控件类?

(8) 面向对象程序设计的实践和设计过程。

6.1 程序和程序设计

在正式编程之前有许多工作要做。拿起笔来就写程序不是良好的习惯,也是不能成功的。

6.1.1 什么是程序

也许读者已经很熟悉这个名词了。一般而言,程序(program)是指"能在计算机上求解一个问题的一系列命令的有序集合"。程序是计算机科学和技术的专有名词,有它鲜明的性质。首先是能在计算机上执行获得结果;再是必须能进行问题求解获得特定问题结果;三是用一系列命令的有序集合表达求解过程和步骤求得结果。所以程序本质上是对一个计算机执行过程的表述。

计算机是执行程序的机器,程序是计算机的灵魂。当有了程序计算机才有了生命和生命的价值。计算机执行程序的实质是按程序规定的规则实行对数据处理或运算。因此,程序包括数据和命令两大密切相关部分,不可分割。数据是被处理或运算的对象,命令是处理数据的活动或动作。

程序可大可小,小程序可能只有几条或几十条命令,大程序可能由数万条或数十万条命令组成。程序的功能可大可小,小程序可能只完成一个简单的运算或处理,如求解二次方程根的程序;大程序可能要完成比较复杂的综合性处理任务,如文本处理软件Word。程序大到一定程度,且很成熟,并附加以相关元素就称为软件了。

数据库编程是编写以数据库数据为处理对象的程序。

6.1.2　程序设计语言

如第1章所述,数据库系统提供程序设计语言作为编程工具。这种语言必须包括变量定义、数据定义、数据操纵、数据处理或运算、流程控制等语言成分。因为数据库与应用程序是相互独立的,因此数据库程序设计语言还要解决3个关键性问题。

(1) 如何在应用程序中识别和执行 DDL、DML、DCL 和 SQL 命令?

(2) 如何区分和引用程序变量和数据库变量(如字段变量)?

(3) 程序设计语言一般是一次一个记录方式,关系数据操纵语言是一次一个集合的方式,如何协调这两种方式?

早期的宿主语言方式为解决这些问题伤透脑筋。现代关系数据库系统基本都提供独立设计和开发的自含式语言,从语言内部解决问题,把 DDL、DML、DCL 和 SQL,以及流程控制语句自然地囊括在一个语言中。因此,数据库语言成为一个统称。除流程控制语句外,所有语句既是命令,可以在交互方式下独立应用,同时又是语句,在程序中应用。数据库语言的 DDL、DML 和 SQL 已在前面各章作过介绍,下面将对以外的几个方面进行简要讨论,并以 VFP 为蓝本。

6.1.3　程序设计技术

程序设计技术(programming technology)也称程序设计方法(programming method)是设计和构造程序使用的技术和方法,如结构化程序设计、面向对象程序设计等。不同程序设计方法需要相应的理论基础、技术指导和语言支持。因为这不是本书的主题,所以不作过多研究。以下将以 VFP 为例系统介绍面向对象的程序设计。

6.1.4　开始编程

为尽早进入编程状态,先用结构化程序设计方法编写一个简单的小程序。

1. 打开程序编辑窗口

VFP 程序编辑窗口是用于编写和输入程序的地方,是一个程序编辑器。打开的方法是:

(1) 用命令打开。在 VFP 命令窗口输入命令 MODIFY COMMAND。

(2) 用菜单打开。选择"程序",按"新建文件"按钮。

(3) 用工具打开。按"新建"按钮,选择"程序",按"新建文件"按钮。

（4）用项目管理器打开。在项目管理器上展开"代码"项，选择"程序"，按"新建"按钮，这是推荐的方式。

2. 输入程序

在程序编辑窗口上输入程序代码，如图 6-1 左部所示。

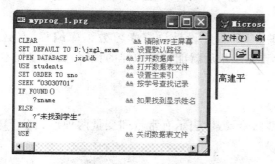

图 6-1　程序编辑器窗口及输入的程序和程序执行结果

程序中大部分语句已经是熟悉的，语句在程序中的作用由注解说明。凡"&&"开头的语句称为注解语句，接在任何一个语句的后面，说明加注语句将做什么；也可以用"＊"开头，把注解语句独立成行。SEEK 是索引查找语句，所以在它之前要用 SET OEDER TO 语句设置主索引。FOUND()是 VFP 的内建函数，测试 SEEK 语句是否找到了记录，如果找到，则返回"真"；否则返回"假"。IF-ELSE-ENDIF 是流程控制语句中的分支语句。本例的意思是，如果 FOUND()值为"真"，则执行语句"? sname"；否则执行语句"?"未找到学生""。

3. 保存程序

输入完程序后，按 Ctrl＋W 键，将程序保存到程序文件中。在如图 6-2 所示窗口的"保存文档为"文本框中输入文件名，按"保存"按钮；可以按 Esc 键放弃。

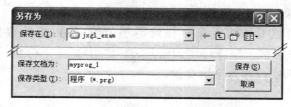

图 6-2　保存程序文件窗口

如果是编辑、修改程序，则可以用 Ctrl＋W 键保存修改结果，或用 Ctrl＋Q 键放弃。

4. 运行程序

如果在程序编辑窗口上运行，可以按"!"（运行）按钮。

如果从程序文件运行，可以在命令窗口输入运行程序命令 DO ＜程序文件名＞，如 DO myprog_1；也可以选择菜单"程序"→"运行"，在运行文件名列表中选择程序文件名，再按"运行"按钮。

如果在项目管理器上运行，展开"代码"→"程序"项，选择程序文件名，按"运行"按钮，这是推荐的方式。

图 6-1 右部的显示是左部程序执行的输出。

6.2　VFP 程序设计语言

为了使读者能借助 VFP 程序设计语言学习数据库编程，有必要对其作简单介绍。当然，也不能要求读者看完这章后就能写出像样的程序，因为编程不是一蹴而就的事。

6.2.1　VFP 数据

数据有表示和类型两个要素，表示有常量和变量两种形式，VFP 数据类型见表 5-1。

1. 常量

VFP 常量有：

(1) 数值常量，如 12.5，−108.9。

(2) 字符常量，如"student"，"南京大学"，"1234567890"。

(3) 日期常量，如{^04/05/2008}，{}（日期为空）。

(4) 逻辑常量，如.T.（真），.F.（假）。

2. 变量

因为 VFP 变量的存储空间都是在内存中，所以又称内存变量。

(1) 简单变量。如 stud_number＝"01010701"。stud_number 为变量名；赋值为"01010701"，是字符型变量。如 title＝256。title 为变量名；赋值为 256，是数值型变量。如 birthday＝{^1985/12/30}。birthday 为变量名；赋值为 1985 年 12 月 30 日，是日期型变量。如 truth＝.t.。truth 为变量名；赋值为真，是逻辑型变量。

(2) 数组变量。如 DIMENSION grade_array(30)。grade_array 是数组名，一维，数组元素值都为.F.，可以对数组元素赋任何类型的值，使数组元素具有那个类型。如 grade_array(5)＝128 为数值型，grade_array(20)＝"南京"为字符型，等等。

此外，把数据表的字段称为字段变量。

6.2.2　VFP 运算

运算是数据处理或计算的表达方法，有函数和表达式两种方法。

1. 函数

VFP 有数百个自带的内建函数，内容丰富，处理能力强。利用这些函数可以执行适当的数据处理。可以在交互命令里引用；也可以在程序中引用。可以单独引用；也可以在表达式里引用。如? DATE()显示计算机当前日期。cdate＝DATE()把计算机当前日期赋值给变量 cdate。具体函数不一一列举，用到时再作说明。

2. 表达式

表达式是用运算符连接运算分量构成的式子,如代数表达式等。运算分量可以是常量、变量、或字段。表达式是处理数据的一种表达形式。VFP 有 5 种运算符,数值运算符、日期运算符、字符串运算符、逻辑运算符和关系运算符。

（1）数值运算符（见表 6-1）。

表 6-1　数值运算符

运　算　符	名　　称	例	结　　果
＋	加	10＋8	18
－	减	10－8	2
＊	乘	10＊8	80
/	除	10/8	1.25
％	取余数	10％8	2
＊＊	乘方	10＊＊8	100000000

（2）日期运算符（见表 6-2）。

表 6-2　日期运算符

运　算　符	名　　称	例	结　　果
＋	加天数	{^2008/04/05}＋14	2008/04/19
－	减天数	{^2008/04/05}－14	2008/03/22

（3）字符串运算符（见表 6-3）。

表 6-3　字符串运算符

运　算　符	名　　称	例	结　　果
＋	串完全连接	"abc "＋"123abc"	"abc 123abc"
－	串去空连接	"abc "－"123abc"	"abc123abc"
$	求子茶	"abc "－"123abc"	.t.

（4）逻辑运算符（见表 6-4）。

表 6-4　逻辑运算符

运　算　符	名　　称	例	结　　果
AND	与	p AND q	当 p、q 皆为真时结果为真,否则为假
OR	或	p OR q	当 p、q 皆为假时结果为假,否则为真
NOT	非	HOT p	当 p 为真时结果为假,否则为真

(5) 关系运算符(见表 6-5)。

表 6-5 关系运算符

运　算　符	名　称	例	结　果
=	相等	a=10	若 a 值为 10 结果为真
>	大于	a > 10	若 a 值大于 10 结果为真
<	小于	A < 10	若 a 值小于 10 结果为真
!=	不等	a != 10	若 a 值不为 10 结果为真
>=	大于等于	a >=10	若 a 值大于或等于 10 结果为真
<=	小于等于	a <=10	若 a 值小于或等于 10 结果为真
==	精确等	a ==10	若 a 值为 10 结果为真

6.2.3 常用 VFP 命令语句

所有能在命令窗口输入和执行的命令都能用在程序中作为语句。如下列举几个最常用的语句。其他语句在用到时随时说明。

1. 变量赋值语句

赋值语句有两个,等号赋值语句和存储赋值语句。

(1) 等号赋值语句的格式为:

```
<变量名>=<表达式>
```

变量名可以是简单变量、或数组元素。表达式可以是任何表达式。语句功能是计算出表达式的值,并存储到变量中。如:

```
nResult=1024              cString="南京今天是阴天。"
lClass=.T.               dToday=DATE()
nAdd=(nResult+100) * 5
```

(2) 存储赋值语句的格式为:

```
STORE <表达式>TO <变量名_1>[,<变量名_2>]…
```

语句功能是计算出表达式的值,并存储到所有变量中。如:

```
STORE  3.15  TO x,y,z
```

2. 屏幕显示语句

这里介绍的是最简单的显示语句。格式为:

```
?<表达式>     或    ??<表达式>
```

语句功能是计算出表达式的值,并显示结果在主屏幕上。例如:

```
?3.15          ?"距奥运会还有 125 天"
?"今天是"      ?? DATE()
```

? 表示在屏幕新一行上显示,?? 表示在当前光标位置上显示。

3. 键盘输入语句

VFP 有几个不同功能的输入语句。这里只介绍 INPUT 语句,其格式为:

```
INPUT   [<提示字符串>] TO <变量名>
```

语句功能是从键盘上输入一个数据,并存储到变量中去。例如:

```
INPUT "输入 a" TO  a
```

若键盘输入为 1234,则 a 存储有数值数据 1234。若键盘输入为 abcd,则 a 存储有字符串数据 abcd。

4. 屏幕清除语句

语句格式为:

```
CLEAR
```

语句功能是清除 VFP 主窗口显示区。

6.2.4　VFP 流程控制语句

VFP 语言有很丰富的语句。前面各章学习过的命令,包括 VFP SQL 语句都可以在程序中运用。这里补充介绍几个流程控制语句。

1. 程序流程

程序是语句的有序序列,意思是当执行完一个语句后,下面该执行哪一条语句呢?也许是排列在前一语句下面的语句,也许不是。如果不是,该是哪条呢?根据程序流程的一般规律,把程序看成是几种基本结构的集成。他们是顺序结构、分支结构和重复结构。

(1)顺序结构。即按语句或语句组在程序中出现的先后次序执行程序片段。如果语句_1 和语句_2 是顺序的,则在执行完成语句_1 之后必执行语句_2,如图 6-3(a)所示。

(2)分支结构。即两组语句中择其一执行之。选择依据是条件运算结果。若结果是真则执行语句组_1 而不执行语句组_2,否则执行语句组_2 而不执行语句组_1,如图 6-3(b)所示。

(3)重复结构。又称循环结构,即重复循环地执行一个语句组若干次。每次对条件求值,当条件为真时就执行语句组一次,当条件为假时结束循环,往下执行,如图 6-3(c)所示。

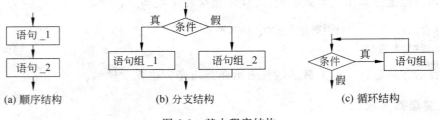

图 6-3　基本程序结构

2. 流程控制语句

程序流程用流程控制语句控制。VFP 主要有 IF 语句、DO CASE 语句、FOR 语句、DO WHILE 语句和 SCAN 语句。

（1）IF 语句：可称为两分支控制语句。格式为：

```
IF <条件>
    语句组_1
[ ELSE
    语句组_2 ]
ENDIF
```

语句功能是当条件为真时执行语句组_1，称为真值分支；否则执行语句组_2，称为假值分支。

例 6-1　设变量 x 为数值型，测试 x 值。若 x 大于等于 0 则令 y 有 +1；否则令 y 有 -1，并显示 y 值。

```
IF x>=0
    Y=+1
ELSE
    Y=-1
ENDIF
?y
```

例 6-2　设变量 x 为数值型，求 x 的绝对值，并显示结果。

```
IF x<0
    x=-x
ENDIF
?x
```

这是无假值分支的情况。

例 6-3　设变量 x 为数值型，测试 x 值。若 x 大于 0 则令 y 有 +1；小于 0 则令 y 有 -1，等于 0 则令 y 为 0，并显示 y 值。

```
IF x>0
    y=+1
```

```
    ELSE
        IF x< 0
            y=-1
        ELSE
            y= 0
        ENDIF
    ENDIF
    ? y
```

这是 IF 语句嵌套的情况。问题有 3 个处理分支。

(2) DO CASE 语句：即多分支控制语句。格式为：

```
DO CASE
    CASE<条件_1>
        <语句组_1>
    CASE<条件_2>
        <语句组_2>
    ⋮
    CASE<条件_n>
        <语句组_n>
   [ OTHERWISE
        <语句组_m>]
ENDCASE
```

语句功能是，从上向下计算条件的值；当遇到一个条件为真时，执行它的语句组，并结束语句。

例 6-4　设变量 score 是分数，若分数值大于等于 90 则定等级为 A，大于等于 80 为 B，大于等于 70 为 C，大于等于 60 为 D，小于 60 为 E。等级存储于变量 mark，并显示。

```
DO CASE
    CASE    score< 60
        Mark= "E"
    CASE    score< 70
        Mark= "D"
    CASE    score < 80
        Mark= "C"
    CASE    score < 90
        Mark= "B"
    OTHERWISE
        Mark= "A"
ENDCASE
? mark
```

这是有多个分支的情况。可以用 IF 的嵌套实现；但不如 DO CASE 语句清楚。

（3）FOR 语句：是计数式循环控制语句。格式为：

```
FOR  <控制变量>=<起始值>TO <终止值>  STEP  <增量值>
    <语句组>
EDNFOR
```

语句功能是，控制语句组重复执行若干次。FOR… 称为循环控制；语句组称为循环体。执行过程是：

① 令<控制变量>＝<起始值>。

② 若<控制变量> 超过 <终止值>，则循环结束。

③ 否则，执行<语句组>一次。

④ <控制变量>＝<控制变量>＋<增量值>。回到②继续执行。

例 6-5　求 10!，并把结果存储于变量 N 中，显示结果。

```
N=1
FOR  i=1 TO 10 STEP 1
    N=N * i
ENDFOR
?N                      && 显示结果 N 值为 3628800
```

（4）DO WHILE 语句：是条件式循环控制语句。格式为：

```
DO WHILE  <条件>
    <语句组>
ENDDO
```

语句功能是控制语句组重复执行若干次。DO WHILE… 称为循环控制，语句组称为循环体。执行过程是：

① 若条件为假，循环结束。

② 否则，执行<语句组>一次。

③ 回到①继续执行。

例 6-6　输入一个任意正整数 n，计算并显示表达式 $1/(n+i) ** 2$ 的值，$i=0,1,2,\cdots$。当 $1/(n+i) ** 2 < 0.001$ 时停止。

```
INPUT "输入一个正整数：" TO n
DO WHILE  1/n ** 2>=0.001
    ?n
    ??1/n ** 2
    n=n+1
ENDDO
```

（5）SCAN 语句：是数据表扫描式控制语句。格式为：

```
SCAN  [FOR <条件>]
    <语句组>
ENDSCAN
```

SCAN 语句又称数据表扫描语句,专门用于扫描和处理数据表的记录。语句功能是从当前数据表的第 1 条记录开始逐个记录查看。如果条件缺省,则对每一个记录执行语句组;如果条件出现,则对每一个满足条件记录执行语句组。

例 6-7　扫描并显示 dept 表的每一个系的名称。

```
CLEAR
OPEN DATABASE jxgldb
USE dept
SCAN
    ? dname
ENDSCAN
```

例 6-8　扫描并显示 dept 表中办公地址在"信息楼"的系名称。

```
CLEAR
OPEN DATABASE jxgldb
USE dept
SCAN FOR addr="信息楼"
    ? dname
ENDSCAN
```

6.3　VFP 结构程序设计

VFP 程序设计语言是一种结构化语言。用基本程序结构构造程序的方法称为结构化程序设计技术。对任何一个程序设计问题,首先分析问题求解过程;然后选择合适基本程序结构架构,最后精确化为程序。

例 6-9　编写一个求解二次方程实数根的程序。

问题分析:程序执行的粗略步骤是:

第 1 步,从键盘上输入二次方程的 3 个系数 a、b、c。

第 2 步,判别 a、b、c 是否合理。当 a 为 0 时不是二次方程,无解。

第 3 步,利用二次方程判别表达式判别是否有实数解。无实数解 7 时,无解。

第 4 步,用二次方程公式解法计算出 2 个根,并显示。

流程设计:

```
输入系数 a,b,c;
若 a=0,
    则输出"不是二次方程",结束程序;
    否则计算判别式 d=b*b- 4*a*c;
        若 d<0,
            则输出"无实数解",结束程序;
            否则计算方程的根
                x1=(-b+sqrt(d))/(2*a*c),
```

x2= (-b- sqrt(d))/(2 * a * c),
输出结果 x1、x2,结束程序。

一种更清晰的方法是用程序流程图表示,如图 6-4 所示,至此已经不难写出相应的 VFP 程序了。

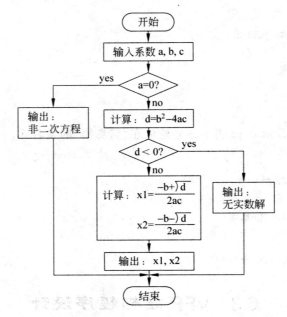

图 6-4　解"二次方程"流程图

VFP 程序:

```
INPUT "输入系数 a:" to a
INPUT "输入系数 b:" to b
INPUT "输入系数 c:" to c
IF a= 0
    ?"非二次方程 "
ELSE
    d= b * b- 4 * a * c
    IF d < 0
        ?" 无实数解 "
    ELSE
        x1= (-b+ sqrt(d) ) /(2 * a * c)
        x2= (-b- sqrt(d)) /(2 * a * c)
        ? "x1=",x1,"x2=",x2
    ENDIF
ENDIF
```

补充说明:程序中用到的 sqrt(d)是一个数值函数,求 d 的平方根。

例 6-10　根据一张学生课程成绩登记表（见图 6-5）向数据库人工输入数据。

问题分析：在 jxgldb 数据库中，表 grade 是存储学生学习成绩的。问题就是要把登记表上数据输入到 grade 中。程序执行的粗略步骤是：

第 1 步，输入课程代号 3003，并通过数据表 courses 核对课程名称是否是数据库基础及应用。

第 2 步，输入学期号 4。

第 3 步，输入一个学生的学号和分数，并查是否重复了。

第 4 步，把学号、课程代号、学期号和分数构成一个记录插入到表 grade 中。

第 5 步，重复第 3、第 4 步直到所有成绩输入完毕结束程序。

这里还有两个问题要考虑：第一，何时结束程序？第二，在第 3 步发现了重复怎么办？

流程设计：本题换一个方法设计流程。

学号	姓名	分数
02020701	高新辛	93
02020702	陆海涛	87
02020703	任国民	100
02020704	林一凤	75
02020705	崔小悦	83
02020706	孙芝枫	81
02020707	叶应超	94
02020708	朱美媛	86
02020709	侯珍真	45
02020710	周秀萍	75
02020711	朱妍莉	86
02020712	陈卫华	97
02020702	陆海涛	92
02020703	任国民	90
02020704	林一凤	73
02020705	崔小悦	76
02020706	孙芝枫	54
02020707	叶应超	78

课程代号：3003　课程名称：数据库基础及应用　开课学期：4

图 6-5　学生成绩登记表

```
OPEN DATABASE 数据库 jxgldb
USE 表 courses 和 grade
DO WHILE myes !="y"
    INPUT 课程代号 TO mCno
    SEEK mCno
    IF 找到
        显示课程名称
        WAIT TO myes
    ELSE
        Myes="n"
    ENDIF
ENDDO
INPUT 学期代号 TO mTerm
DO WHILE  mSno !="***"
    INPUT 学号 TO mSno
    INPUT 分数 TO mScore
    SEEK mSno+mTerm+ mCno
    IF 找到
        显示"已输入"
        LOOP
    ENDIF
    INSERT INTO grade 记录 (mSno,mCno,mTerm,mScore)
ENDDO
```

如此表示的程序流程与 VFP 程序基本类似,称它为类 VFP 语言吧。不合乎 VFP 语法,也不精确。但在肯定了流程正确的前提下,很快就可以把它雕琢成一个可执行的程序了。

VFP 程序:

```
CLOSE ALL                                           && 关闭所有文件
OPEN DATABASE jxgldb                                && 打开数据库
SELECT 1                                            && 打开数据表
USE courses
SET ORDER TO cno                                    && 设置主索引
SELECT 2
USE grade
SET ORDER TO stc
myes= "n"
DO WHILE lower(myes) != "y"
    CLEAR
    ACCEPT "输入课程代号:" TO  mCno                  && 输入课程代号
    SELECT courses
    SEEK mCno
    IF FOUND()                                      && 查找课程名称
        ? ctitle
        WAIT "课程正确否? (y/n)" TO  myes
    ELSE
        Myes="n"
    ENDIF
ENDDO
mCtitle=ctitle
ACCEPT "输入学期代号:" TO mTerm                      && 输入学期代号
mSno= "99999999"
DO WHILE  mSno != "***"
    CLEAR
    ? "    课程代号:"+mCno
    ?? "   课程名称:"+mCtitle
    ?? " 第 "+mTerm+" 学期"
    ACCEPT "输入学号(输入 *** 时结束):" TO mSno      && 输入学号
    IF mSno="***"
        LOOP
    ENDIF
    INPUT "输入分数:" TO mScore                      && 输入分数
    SELECT grade
    SEEK mSno+mTerm+mCno                             && 查重
    IF FOUND()
        =MESSAGEBOX( mSno+" 已输入      ",48,"提示")
```

```
        ELSE
            INSERT INTO grade VALUES(mSno,mCno,mTerm,mScore)        && 插入
        ENDIF
    ENDDO
```

补充说明：程序中出现了几个新语句。

```
SELECT <整数>|<数据表名>   && 选择数据表打开的工作区
SET ORDER TO <索引名>   && 设置当前主索引名
ACCEPT <提示字符串>TO   <内存变量名>   && 键盘输入字符串语句
MESSAGEBOX(<提示字符串>,<图标、按钮设置>,<标题>)   && 显示提示信息框函数
```

6.4　VFP 面向对象程序设计

　　结构程序设计方法是较"古典"的方法。编程比较费脑、费时、费力、低效率；效果不理想，操作不方便；界面简单、死板、不友好、不灵活。但是，程序设计思想还应该掌握。因为结构化程序设计方法是一切其他程序设计方法的基础和根本；任何数据处理任务的执行都是过程的。本节介绍的面向对象程序设计方法与之大不一样。面向对象程序设计方法（Object Oriented Programming，OOP）是现代程序设计技术的主流，是计算机软件开发的一次大革命，也是 VFP 最大的进步之一。

　　需要说明的是，在程序设计中，结构程序设计方法和面向对象程序设计方法几乎是并存使用的，不可偏废。

6.4.1　什么是面向对象程序设计方法

　　在操作 Windows 应用程序时，如 Word、Excel 等，会碰到如窗口、菜单、按钮、文本框、选项钮、列表框、下拉列表、… 等程序元素。这些元素就是对象。选择其中部分对象就可以构成一个完整的程序。下面先从一个小程序的设计开始，体会面向对象程序设计方法的优越性。

　　例 6-11　设计一个窗口对象。窗口内含有两个"标签"对象、两个文本框对象和两个命令按钮对象。一个文本框为输入框，另一个为文本显示框。一个命令按钮执行功能是把输入文本框的内容发送到显示文本框内，另一个是退出窗口。程序外貌如图 6-6 所示。

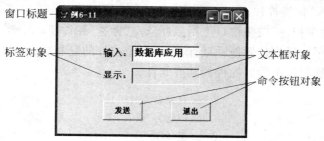

图 6-6　例 6-11 运行时窗口

1）表单设计

根据题意，设计一个表单（VFP 称窗口为表单）对象和 6 个控件对象。设计过程推荐在 VFP 表单设计器上进行，并从项目管理器进入。

（1）进入表单设计器，并设计表单对象。

第 1 步，展开项目管理器的"文档"项，选择"表单"，按"新建"按钮，再按"新建表单"按钮，显示"表单设计器"（见图 6-7）。它主要有 3 个相关窗口，"表单设计"窗口、"表单控件"按钮窗口和"属性"窗口。

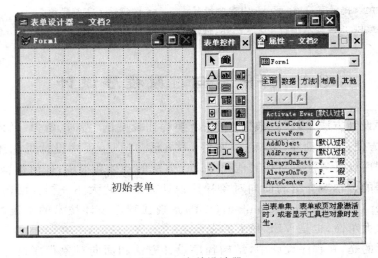

初始表单

图 6-7　表单设计器

第 2 步，在属性窗口上设置表单属性。

```
Name="frmEx"              && 设置表单名为 frmEx
Caption="例 6-11"         && 设置表单标题栏显示标题为"程序例子"
Left=80                   && 表单左上角到屏幕左边位置
Top=60                    && 表单左上角到屏幕顶边位置
Height=200                && 表单高度
Width=330                 && 表单宽度
```

后 4 个属性可以用鼠标拖动初始表单到适当位置，并调整适当大小。属性窗口的相关属性会同时自动改变，并最终自动记录这些信息。

（2）添加"输入"标签控件。

第 1 步，在"表单控件"按钮窗口上用鼠标选点"标签"控件钮。

第 2 步，在表单内适当位置拖动鼠标，出现那个控件的复制品。

第 3 步，在属性窗口上设置控件的某些属性。

```
Name="lblIn"              && 对象名为"LblIn"
Caption="输入："          && 标题为"输入："
FontBold=.t.              && 粗体字
```

```
FontName="宋体"              && 宋体字
FontSize=12                 && 字号为 12
ForeColor="rgb(0,0,255)"    && 字的颜色为蓝色
Left=80                     && 标签左上角到屏幕左边位置
Top=45                      && 标签左上角到屏幕顶边位置
Height=16                   && 标签高度
Width=50                    && 标签宽度
```

同样可以用鼠标拖动到合适位置,调整适当大小。

（3）添加"显示"标签控件,方法类似（2）。

```
Name="lblOut"               && 对象名为"LblOut"
Caption="显示："            && 标题为"显示："
FontBold=.t.                && 粗体字
FontName="宋体"             && 宋体字
FontSize=12                 && 字号为 12
ForeColor="rgb(0,0,255)"    && 字的颜色为蓝色
Left=80                     && 标签左上角到屏幕左边位置
Top=85                      && 标签左上角到屏幕顶边位置
Height=16                   && 标签高度
Width=50                    && 标签宽度
```

（4）添加"输入"文本框控件。

第 1 步,在"表单控件"按钮窗口上用鼠标选点"文本框"控件钮。

第 2 步,在输入标签对象右边适当位置拖动鼠标,出现那个控件的复制品。

第 3 步,在属性窗口上设置控件的某些属性。

```
Name="txtIn"               && 对象名为"txtIn"
FontBold=.t.               && 粗体字
FontName="宋体"            && 宋体字
FontSize=12                && 字号为 12
ForeColor="rgb(0,0,0)"     && 字的颜色为黑色
Left=130                   && 文本框左上角到屏幕左边位置
Top=40                     && 文本框左上角到屏幕顶边位置
Heitht=30                  && 文本框高度
Width=120                  && 文本框宽度
```

（5）添加"显示"标签控件。方法类似（4）。属性设置如下：

```
Name="txtOut"              && 对象名为"txtOut"
FontBold=.t.               && 粗体字
FontName="宋体"            && 宋体字
FontSize=12                && 字号为 12
ForeColor="rgb(0,0,0)"     && 字的颜色为黑色
```

```
Left=130                 && 文本框左上角到屏幕左边位置
Top=80                   && 文本框左上角到屏幕顶边位置
Height=30                && 文本框高度
Width=120                && 文本框宽度
ReadOnly=.t.             && 只读(或不可输入)
```

（6）添加发送按钮控件。

第1步，在"表单控件"按钮窗口上用鼠标选点"命令按钮"控件钮。

第2步，在表单内适当位置拖动鼠标，出现那个控件的复制品。

第3步，在属性窗口上设置控件的某些属性。

```
Name="cmdMove"          && 对象名为"cmdMove"
Caption="发送"          && 标题为"发送"
FontBold=.t.            && 粗体字
FontName="宋体"         && 宋体字
FontSize=12             && 字号为12
ForeColor="rgb(0,0,0)"  && 字的颜色为黑色
Left=80                 && 按钮左上角到屏幕左边位置
Top=140                 && 按钮左上角到屏幕顶边位置
Height=35               && 按钮高度
Width=70                && 按钮宽度
```

第4步，为该按钮编写Click事件程序，即在程序运行期间鼠标单击按钮时执行的程序。方法是用鼠标双击该按钮，弹出"程序编辑窗口"；并在该窗口内输入和编辑程序（见图6-8）。程序代码如下：

```
ThisForm.TxtOut.value=ThisForm.TxtIn.value
```

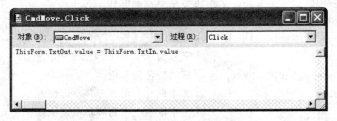

图6-8 事件程序输入/编辑窗口

这个事件程序只有一个语句。该语句表示，把 ThisForm. TxtIn. value 中的数据内容赋值给 ThisForm. TxtOut. value。注意，ThisForm. TxtIn 、ThisForm. TxtOut 标识文本框对象。注意当中的小圆点儿（"."），表示对象的包容关系。如包容在 ThisForm 中的 TxtIn 和包容在 ThisForm 中的 TxtOut。value 是文本框的一个属性，其内容就是显现在文本框中的数据。以后将不断遇到这样的表示。

（7）添加退出按钮控件。方法类似（6）。属性设置如下：

```
Name="cmdExit"          && 对象名为"cmdExit"
```

```
Caption= "退出"              && 标题为"退出"
FontBold= .t.               && 粗体字
FontName= "宋体"            && 宋体字
FontSize= 12                && 字号为 12
ForeColor= "rgb(255,255,255)"&& 字的颜色为黑色
Left= 200                   && 按钮左上角到屏幕左边位置
Top= 140                    && 按钮左上角到屏幕顶边位置
Height= 35                  && 按钮高度
Width= 70                   && 按钮宽度
```

为该按钮编写 Click 事件程序。程序代码为：

```
ThisForm.Release
```

以上许多设置属性的操作都可以直接用鼠标操作，如对象大小、位置、颜色、字体字号等。

2) 保存表单

表单设计完成后，无论是否试运行，都将先保存为表单文件（.scx 和.sct）。选择菜单"文件"→"保存"，或按运行按钮，或关闭表单设计器，将显示"另存为类"对话框，在文件名文本框内输入文件名，如本例输入为 Ex6－11，再按"确定"按钮保存之。文件名就是程序名。

3) 运行表单

有几种运行表单的方法。

表单设计器期间运行。用工具按钮"运行"（标"!"的按钮），或菜单"表单"→"运行"。

保存文件期间运行。在项目管理器上选择一个表单文件名，按"运行"按钮。或在命令窗口上输入命令 DO FORM　＜表单文件名＞，如本例为 DO FORM FrmEx 。或菜单"程序"→"运行"弹出运行文件名窗口，选择要运行的表单文件名，按"运行"按钮。

程序运行时，在输入文本框上键盘输入任何字符串，如输入"数据库应用"；按发送按钮，在显示文本框上就会显示与输入文本框相同的字符串，如显示"数据库应用"。可以反复操作。当按退出按钮，则结束程序运行，退出窗口。

不难看出，对例 6-11 进行程序设计的方法，就是运用各种对象表示程序局部功能，并建立对象之间的相互关系，形成一个完整的应用问题求解程序。对象的运用是独立的，无须固定次序。程序也无须一次完成，可以一边设计，一边检验，一边完善，一边修改，逐步求精，最后得到满意的程序。

6.4.2　对象和类

面向对象程序设计方法的核心是对象和类，即设计的焦点是设计对象（object）和类（class）。那么，什么是对象，什么是类呢？

1. 对象

在例 6-11 的程序中，表单是对象，标签、文本框、命令按钮也是对象。所以，程序 6-11

由 7 个对象构成。他们的名字分别是 frmEx、lblIn 、lblOut 、txtIn 、txtOut 、cmdMove 、cmdExit 。可见,对象是一个能独立存在,并具有完整意义的事物。"发送"命令按钮所以是一个对象,是因为它可以独立存在于程序中;也可以从程序中移去。移去只会使程序失去传送字符串的操作能力,而不影响其他。每一个对象实际上是程序在运行时刻的一个基本功能成分。对象有 3 个方面的特征,属性、方法和事件。

(1) 属性(property):是对象外部特征的描述。有对象标识属性,如对象名、标题等。有对象状态属性,如大小、位置、颜色、字体字号等。有对象数据属性,如数据源、数据格式、输入掩码、可读/写性等。属性是对象的静态特征,或描述对象的**数据**。

(2) 方法(method):是对象能执行的一组操作,表现为程序代码,称为**方法程序**。方法是对象的动态行为特征,即能执行的操作。例如:

Refresh	表单刷新
Release	释放表单
SetFocus	为控件设置焦点
Show	显示一个表单
Reset	重置时钟对象起始值为 0

(3) 事件(event):是对象能接收、识别和执行处理的外部动作。如鼠标在一个对象上移动、单击、双击、右击等是事件;如在键盘上按键等是事件;等等。事件可能由用户操作产生,如鼠标事件;或由系统产生,如计时器事件。程序设计时必须对用到的事件编程,称为事件程序。执行事件程序称为事件响应。如在例 6-11 中,只为两个命令按钮编写了鼠标单击(click)事件程序;未为其余事件编写事件程序。因为程序只要求响应这个事件,其余事件不于响应。

① 与"鼠标"有关的事件:

MouseMove	当鼠标在对象上移动时发生
Click	当在对象上单击鼠标时发生
RightClick	当在对象上右击鼠标时发生
DblClick	当在对象上双击鼠标时发生
MouseDown	当在对象上按下鼠标左键时发生
MouseUp	当在对象上按下鼠标左键后又放开时发生

② 与"键盘"有关的事件:

KeyPress	当操作人按键盘上某键时发生

③ 与"内容"有关的事件:

InteractiveChange	当用键盘或鼠标改变控件的"值"时发生
ProgrammaticChange	当用程序代码改变控件的"值"时发生

④ 与"焦点"(光标)有关的事件:

GotFocus	当控件得到焦点时发生
LostFocus	当控件失去焦点时发生
When	当控件得到焦点前发生

Valid 　　　　　　　　　　当控件失去焦点后发生

⑤ 与"表单"有关的事件：

Load 　　　　　　　　　　在创建对象前发生

Unload 　　　　　　　　　对象释放时发生

Activate 　　　　　　　　激活对象时发生

⑥ 与"数据环境"有关的事件：

AfterCloseTable 　　　　　在关闭和释放相关表之后发生

BeforeOpenTable 　　　　在打开相关表之前发生

⑦ 其他事件：

Timer 　　　　　　　　　当时钟间隔到达时发生

Init 　　　　　　　　　　创建对象时发生

Destroy 　　　　　　　　释放对象时发生

Error 　　　　　　　　　方法执行出现错误时发生

属性、方法和事件具体表示出一个对象，是区别对象的内容。因为不同对象的属性、方法和事件可能是不同的。

2. 类

如果把一间房子看成对象，则房子的设计图纸就是类。如果把一个茶杯看成对象，则生产这个茶杯的模具就是类。因此，类是具有相同特性（相同的结构、相同的操作、相同的规则）对象的集合，是定义对象的"蓝图"，是产生对象程序的"模板"。所有对象的属性、方法和事件都在类中加以定义。设计一个程序就是设计组成程序的所有关于对象的类。在对例 6-11 设计的每一个对象实际都是类；而整个程序也是一个类，是一个比较复杂的类而已。因此，程序员的主要目标是设计能准确表示程序目的的类。程序是一个或多个类的组合。

在面向对象程序设计中，通过类的应用使设计得以简化。原因是类具有继承性、封装性、多态性和抽象性的特点。

（1）继承性：设 A 为已存在的类，在 A 的基础上设计新类 B，使 B 具有类 A 的所有特性；并在此基础上修改和添加设计自己的特性；这时就说 B 继承了 A 。称 A 为父类，B 为子类。如表单设计器的"表单控件"按钮窗口上的每一个按钮都表示了一个已存在的类（少数除外），称为 VFP 基类。用鼠标选点一个按钮（如文本框）就是选定一个父类。在表单适当位置拖动鼠标出现的复制品就是子类（如文本框 txtIn）；txtIn 继承了文本框的所有特征。对复制品的某些属性进行修改设置、添加新属性、编写某些事件程序就是在继承的基础上进行新设计。任何时候，当父类特征发生改变时子类将及时继承新特征。因为类就是程序代码，继承就是复制代码，新设计是对复制代码进行修改和增加。所以，类的继承性就是代码的共享和重用。有力地提供了程序设计的效率，大大地保证了程序的正确性。

（2）封装性：是把对象的信息（内部数据结构，程序代码等）隐藏起来，使对象内部复杂性与应用程序的其他部分隔离，以提高对象的高度独立性和程序有很好的模块性。如，某标签对象的 Caption 为"输入："且程序运行时可见。但是标题字符串是如何存储和显示的呢，不用了解，只管用就是了。

（3）多态性：是指一些相关联的类包含了同名的方法程序，但方法程序的内容可以不相同。在程序运行时根据对象所属的类来决定执行哪个方法程序。如对稻子和苹果同样执行"收获"操作，但不同的产品收获的方法和使用的工具不同。VFP 系统本身就有许多多态性的表现。如在项目设计器上有个"新建"按钮。不管新建什么，如数据库、表、视图、表单、查询等都使用这个按钮进行设计；但运行的设计程序是不同的。因此，多态性使得相同的操作作用于不同的对象获得不同的效果，提高了程序的灵活性和可维护性。

（4）抽象性：提取一个类或对象的个别特性时，无须处理它的全部信息，使对象具有良好的自治性和独立性。

3. 类和对象的关系

类和对象密切相关，但又是两个不同的概念。类是对象的定义，对象是类的一个实例。类是在设计时产生，对象是在程序运行时创建。例如，设计例 6-11 的程序 Ex6-11 时，出现在表单设计器上的表单、标签、文本框和命令按钮是 7 个类，尽管口口声声地称呼对象。当运行程序 Ex6-11 时，系统根据类创建相应的 7 个对象，并处于可操作状态。图 6-6 显示了程序 Ex6-11 运行时的对象状态。同一个类可以创建多个对象。如果重复运行程序 Ex6-11 三次，则会在屏幕上出现三个如图 6-6 所示的窗口。因此，类是静态的概念，而对象是动态的概念。

4. VFP 基类

VFP 系统精心设计了 29 个内部定义的类，称为基类，作为程序设计的公共基础类。运用基类及其继承，可以导出各种各样的子类。从任何一个子类也可以导出它的子类、子子类……形成一个继承树（见图 6-9）。子类又称用户自定义类。实现了最终功能的类就是应用程序。通过继承几乎可以设计出绝大部分 VFP 面向对象的程序。但必须注意，基类不能直接运行，都只作为最高层父类。基类按其功能分为容器类和控件类两种。容器类是可以包容其他类的类。如表单类是容器类；因为在表单内可以包容如标签、文本框、命令按钮、表格……等其他类。表格类是容器类；因为它包容表的若干列。列也是容器类；因为它包容列的标题和若干文本框（也即单元格）。值得注意的是，有些容器类的包容关系是自集成的，不能任意包容对象。如表格、页框。控件类是不可以包容其他类的类，如文本框、标签、命令按钮等是控件类。常用的 VFP 基类如表 6-6 所示。

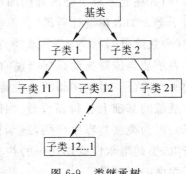

图 6-9　类继承树

表 6-6 VFP 常用基类

种　类	名　称	标　识　符	按钮图标	备　注
容器类	表单集	FormSet		在菜单中
	表单	Form		在表单设计器中
	表格	Grid		
	列	Column		集成在表格中
	页框	PageFrame		
	页面	Page		集成在页框中
	命令按钮组	CommandButtonGroup		
	容器	Container		
	选项按钮组	OptionGroup		
	工具栏	ToolBar		
控件类	标签	Label		
	文本框	TextBox		
	编辑框	EditBox		
	组合框	CombBox		
	列表框	ListBox		
	复选框	CheckBox		
	微调控件	Spinner		
	命令按钮	CommandButton		
	计时器	Timer		
	图像	Image		
	形状	Shape		
	直线	Line		
	OLE 控件	OleControl		

6.4.3 类的运用

　　VFP 面向对象程序设计过程就是类的运用过程;类运用的实质主要是继承。继承以基类为基础和源头。运用基类设计出用户自定义类。也可以运用已设计好并已存储的用户自定义类设计新的用户自定义类。后者比前者内容更丰富,更接近最终目标。因此,在 VFP 面向对象设计中,始终是运用已存在类(基类或用户自定义类)设计新用户自定义类,直至形成一个完整功能的应用程序为止。例 6-11 的设计过程是一个范例,是直接继承基类的设计。

　　但是，并非每一个用户自定义类都要从基类开始设计，这也不是一个好的设计思想。理想的方法是从最接近设计目标的用户自定义类开始，继承并进一步设计。例如在例 6-11 中，已设计好命令按钮"发送"后，再设计命令按钮"退出"时，发现除按钮的位置、Caption 属性和 click 事件程序与"发送"不同外，其余特性都相同。所以，只要把"发送"按钮复制（即是继承）粘贴并移置到合适位置，把 Caption 属性赋值为"退出"，重新设计 click 事件程序，就得到一个新按钮了。这也是 VFP 类继承的一种方法。

　　一个应用系统的功能结构都有层次性，整个系统被划分为若干子系统，每个子系统划分为若干功能组，每个功能组有若干程序。每个部分的设计都有其共同性。因此，类的设计也是从总体到个体，由粗到精。可以根据总体设计要求设计一个类，作为各子系统的类设计的父类，子系统的类提供功能组类设计继承的父类，功能组的类是功能类设计继承的父类，等等。这样，既实现代码的重用，又保证系统界面统一，减少开发工作量，提高开发效率。例如，jxgl 系统的所有程序都有一个窗口和一个"退出"命令按钮。为此设计一个类 jxgl_1（见图 6-10）。退出按钮的 click 事件程序如下：

```
Close all              && 关闭数据库
Thisform.release       && release 是当前表单的方法程序，表示退出运行，释放本表单
```

　　这个类将被继承导出系统的其他类，以保持系统风格的统一。再如，假设数据库维护子系统是第 5 个子系统，主要功能是各基本数据表的数据输入操作。相应程序必有保存操作。这时可以继承类 jxgl_1 设计一个新类 jxgl_15（见图 6-11），多了一个"保存"命令按钮。因为不同数据表的保存方法未必相同，所以事件程序不在这里提供。

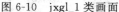

图 6-10　jxgl_1 类画面

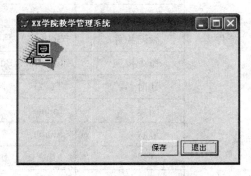

图 6-11　jxgl_15 类的画面

　　jxgl_score_in（见图 6-12）是继承类 jxgl_15，并进一步设计得到的，是一个最终程序"成绩录入"。这还是一个简单的例子，已经能看出类继承的意义了。

6.4.4　类的设计

　　用户自定义类设计主要有两种方法，表单设计器设计和类设计器设计。

1. 利用表单设计器设计

　　这种方法比较简单。设定在项目管理器上操作。

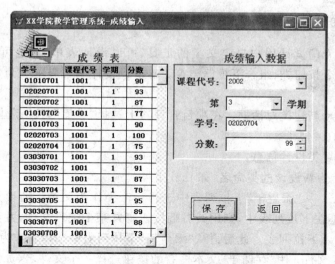

图 6-12 成绩信息录入程序运行时窗口

第 1 步,根据 6.4.1 节所述的方法,先用表单设计器设计一个表单,并在表单中添加其他对象。如设计成图 6-10 显示的表单。可以把整个表单保存为类,也可以选择其中部分控件保存为类。如果是后者,则先选择那些控件,做好准备。

第 2 步,用菜单"文件"→"另存为类"启动"另存为类"窗口(见图 6-13)。在窗口中作如下设置:

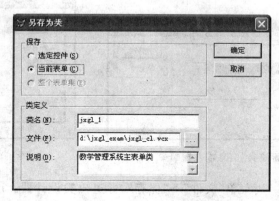

图 6-13 "另存为类"窗口

① 确定保存范围。选"选定控件"或"当前表单"或"当前表单集"。例如点选"当前表单"。

② 命名类。在"类名"文本框中输入类名,如 jxgl_1。

③ 输入类库文件。通过"文件"文本框右的按钮选择一个文件名(如果已有现存文件的话),如选择文件名 jxgl_cl.vcx 。如果没有现存文件,可以直接在文本框中输入一个文件名,系统将建立一个新文件。这个文件称为类库文件,存放一个或多个类。

④ 输入说明信息。在"说明"文本框中输入说明性文字,但不是必须的。

第 3 步,按"确定"按钮保存,已保存的类将出现在项目管理器"类库"的展开项中。

2. 利用类设计器设计

类设计器是专门设计用户自定义类的工具,可以设计表单类,也可以设计控件类。例如设计一个命令按钮类、组合下拉框类等。本节以设计一个表单类为例说明如何设计用户自定义类。

第1步　启动新建类对话框。在项目管理器上选择"类库",按"新建"按钮,显示"新建类"窗口(见图6-14)。

第2步　设置类设计信息。

① 命名类。为新设计的类命名,如 jxgl_1。

② 选择父类。从"派生于"下拉列表中选择一个类作为父类。若要选择的类是用户自定义类,且又不在下拉列表中,则用其右端按钮打开某个类库文件,并点选一个用户自定义类。它将进入下拉列表。此后再从"派生于"下拉列表中选择它作为父类。

③ 命名类库文件。用"存储于"文本框右的按钮选择一个文件名(如果已有类库文件存在的话),例如 jxgl_cl. vcx。如果没有现存的类库文件,可以直接在文本框中输入一个文件名,系统将建立一个新类库文件。设置结果如图6-14所示。

第3步　设计类。按新建类窗口的"确定"按钮,进入类设计器窗口(见图6-15)。在类设计器上设计一个表单类如同在表单设计器上设计一个表单一样操作。例如类 jxgl_1 的设计结果如图6-15所示。

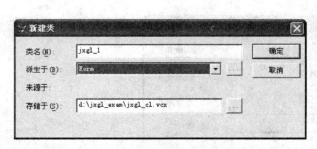

图6-14　"新建类"信息输入窗口

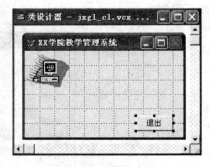

图6-15　类设计器

第4步　保存类。用菜单"文件"→"保存",并退出类设计器。已保存的类将在项目管理器"类库"的展开项中可见。

3. 用户自定义类的运用

在进行一个程序的表单设计时运用用户自定义类与运用基类稍有不同。基类可以直接通过表单控件窗口上的按钮运用,而用户自定义类运用有两种方法。

第一种方法是从项目管理器上拖动一个类到表单设计器上。在已打开了表单设计器的情况下:

第1步,选择类。展开项目管理器的"类库"后再展开某个类库文件(如 jxgl_cl. vcx),选择其下的某个类(如 jxgl_1)。

第 2 步,拖动类。用鼠标把选择的类拖动到表单设计器上表单的适当位置松开,形成一个新对象(见图 6-16)。

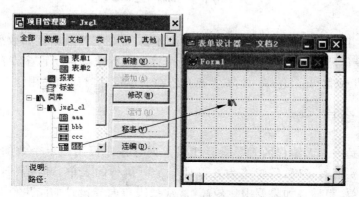

图 6-16　拖动类 ddd(组合下拉框)到表单中

第 3 步,设计对象。对该对象进行新设计,如形状、大小、位置、颜色、事件和事件程序等,使其适用于本表单,并对表单继续设计。

第二种方法是更新"表单控件"窗口,使包含用户自定义类。这时如运用基类方法一样运用用户自定义类。

第 1 步,选择表单控件窗口中的"查看类"按钮(图形符号为),显示如图 6-17 所示的菜单。

第 2 步,选择菜单"添加",显示打开类库文件窗口(如图 6-17 所示)。

第 3 步,选择需要的类库文件,如 jxgl_cl. vcx,按"打开"按钮,表单控件窗口立即更改为表示该类库文件中的类的按钮(如图 6-17 所示)。

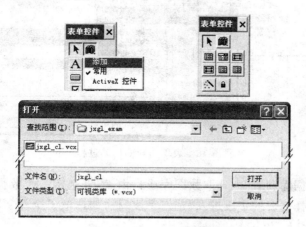

图 6-17　表单控件的切换

第 4 步,选择表单控件窗口中的类添加到设计的表单中,并对其继续设计。

如果仍然要使表单控件窗口回到基类按钮,则按上述相同的方法,在查看类菜单中选择"常用"即恢复原状。

6.5 VFP 编程工具

VFP 提供了许多工具,以改善设计和编程环境,提高工作效率。如数据库设计器、表设计器、查询设计器、视图设计器等。对于应用程序编程也提供了许多专门的工具,如向导(wizard)和生成器(builder)。本节主要介绍在表单设计时如何使用这两种工具。

6.5.1 表单向导

表单向导是一种无编程的表单设计工具。向导按序提出固定个数的问题由设计者一一回答。只要回答正确,系统将为之设计一个可执行的表单。但是,向导设计的表单一般都比较简单、粗糙。如果要求比较高,常常把表单向导设计的结果作为初稿,对其进行精细加工,得到满意的表单设计。

例 6-12 设计一个维护系科表(dept. dbf)数据的表单,要能对该数据表的记录进行浏览、查找、追加、修改、删除、打印等操作。

用表单向导设计的步骤:

第 1 步,选择项目管理器中的表单项,按新建按钮(见图 6-18)。显示"新建表单"窗口(见图 6-18),选择"表单向导"按钮。显示"向导选取"窗口(见图 6-18),选择"表单向导"项,按"确定"按钮。显示"表单向导"设计窗口,进入向导步骤 1(见图 6-19(a))。

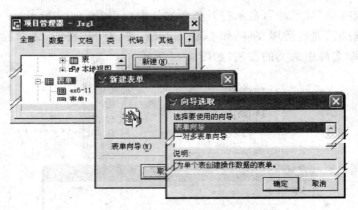

图 6-18　表单向导的启动过程

第 2 步,在"数据库和表"上选取数据库或自由表,并选定一个数据表,如 DEPT。在"可用字段"栏中选择需要的字段进入"选定字段"栏,如选取了全部字段。按"下一步"按钮,进入步骤 2(见图 6-19(b))。

第 3 步,在"样式"列表框中选取一种样式,可在左上角观察效果,如选择"浮雕式"。在"按钮类型"按钮组中选择一种按钮类型,如选择"文本按钮",即按钮标题是文字(选择"图片按钮"时按钮标题是小图形)。按"下一步"按钮,进入步骤 3(见图 6-19(c))。

第 4 步,在"可用的字段和索引标识"列表框中选择字段或索引标识进入"选定字段"列表框,如选择 dno;再选择"升序"或"降序",如升序。按"下一步"按钮,进入步骤 4(见

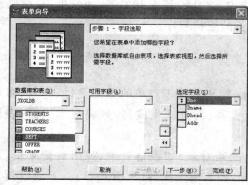

(a) 表单向导步骤 1

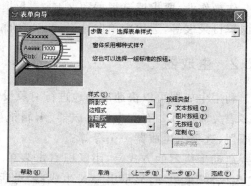

(b) 表单向导步骤 2

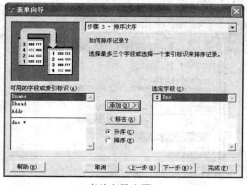

(c) 表单向导步骤 3

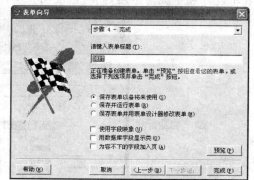

(d) 表单向导步骤 4

图 6-19　用表单向导

图 6-19(d))。

　　第 5 步，为新表单输入一个名字或留用数据表名，如留用 DEPT。选择选项按钮组中的一种结果处置方式，如选择第 1 个选项钮。按"预览"按钮可以观察向导的结果（见图 6-20）。如果要修改某一步骤的设计，可以用按钮"上一步"转到任何步骤修改或重新设计。最后按"完成"按钮保存结果。对已保存的表单可以在表单设计器中修改或调整。

图 6-20　表单向导设计结果表单预览

　　如果对向导自动生成的程序不满意，可以把它打开在表单设计器上进一步修改和再设计，直至满意为止。

作为作业,要求读者根据图 2-4,为"数据维护"部分的其他有关表,如学生表、教师表和课程目录表等,运用表单向导设计相应的精美的维护程序。

6.5.2 生成器

利用生成器可以快速准确地进行对象设计,特别是关于对象的数据设计、样式、布局和多表关联设计。有文本框生成器、编辑框生成器、组合框生成器、列表框生成器、表格生成器、选项组生成器……等等。

启动生成器的方式是,用鼠标右击表单上的某对象,如表格对象,弹出快捷菜单,选择"生成器"菜单项,显示出"XX 生成器"对话框,如表格生成器(见图 6-21)。下面以例说明表单设计和生成器运用,同时也说明一个相对复杂些的表单如何设计。

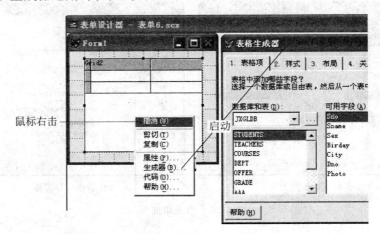

图 6-21　启动生成器

例 6-13　根据一张学生课程成绩登记表(如图 6-5 所示)向数据库输入学生成绩数据。要求设计一个表单完成输入操作。用表格展示学生成绩表的数据,分别用下拉列表方式选择课程代号、学期号和学号,用微调控件输入分数。当成绩数据正确后用命令按钮保存到成绩表中并在成绩表格上看到。保存时要保证成绩不能重复,运行时的表单显示如图 6-12 所示。

表单设计:显然,本例的功能要求与例 6-10 完全一致。在那里使用结构程序设计方法设计了一个程序,但已不能为现代人接收。采用面向对象程序设计可以得到如图 6-12 所示的用户界面。显然要精彩得多。

第 1 步,设计表单及其控件,并调整大小、位置、字体字号和色彩等属性。

① 继承类 jxgl_1 得到一个表单 jxgl_score_in 。

② 在表单上添加控件,标签 lbl1～lbl7,表格 grdGrade,组合框 cmbCno、cmbTerm 和 cmbSno,微调器 sprScore,命令按钮 cmdStore 和 cmdExit,见图 6-12。

第 2 步,运用生成器设计绑定数据、显示样式和布局等。

① 表格生成器。鼠标右击表格 grdGrade 控件,在快捷菜单上选择"生成器",启动表格生成器。

在第 1 页"表格项"(见图 6-22(a))上选定表格要显示的字段,如表 GRADE 的全部字段。

在第 2 页"样式"(见图 6-22(b))上选择表格形态,如选专业型。

在第 3 页"布局"(见图 6-22(c))上选择表格显示的格局,一般不作改动。

在第 4 页"关系"(见图 6-22(d))上设计多个表之间的连接字段。本例只一个表,无连接问题。

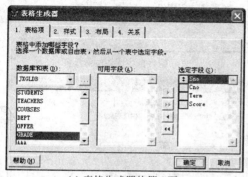

(a) 表格生成器的第 1 页

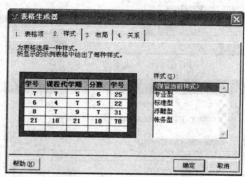

(b) 表格生成器的第 2 页

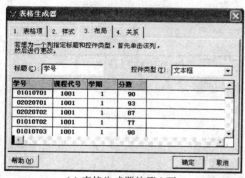

(c) 表格生成器的第 3 页

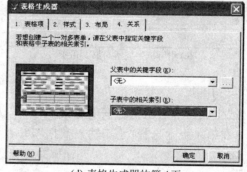

(d) 表格生成器的第 4 页

图 6-22　表格生成器

② 组合框生成器(课程代号组合框)。鼠标右击组合框 cmbCno 控件,在快捷菜单上选择"生成器",启动组合框生成器。

在第 1 页"列表项"(见图 6-23(a))上选定组合框要显示的字段,如表 courses 的 Cno 和 Ctitle 字段。

在第 2 页"样式"(见图 6-23(b))上选择组合框的显示形态,如选择三维,下拉组合框。

在第 3 页"布局"(见图 6-23(c))上选择组合下拉组合框的显示格局,一般不作改动。

在第 4 页"值"(见图 6-23(d))上确定取值字段,如 CNO。意义是在操作组合框时只能获得选择项的 CNO 的当前值。还可以在字段名下拉组合框中选择一个接收值的字段。本例不用。

关于"学号"组合框生成器的操作与②类似,不再赘述。

③ 组合框生成器(学期号组合框)。鼠标右击组合框 cmbTerm 控件,在快捷菜单上

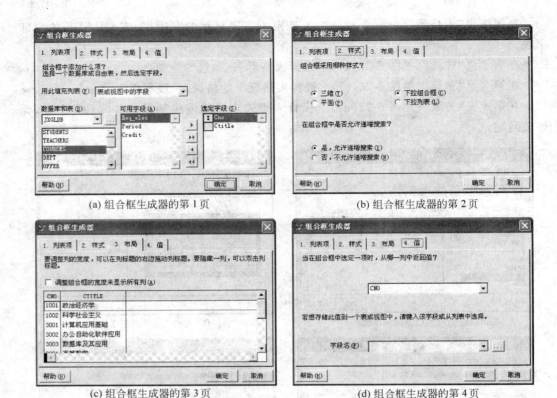

(a) 组合框生成器的第1页　　　　　　　　(b) 组合框生成器的第2页

(c) 组合框生成器的第3页　　　　　　　　(d) 组合框生成器的第4页

图 6-23　组合框生成器

选择"生成器",启动组合框生成器。

在第 1 页上选择"手工输入数据",并在列 1 下输入"1,2,3,…,8"。即 8 个学期(见图 6-24)。

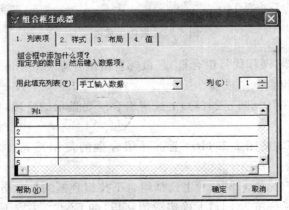

图 6-24　组合框生成器的第 1 页

其余页的设计与上雷同,不再赘述。

第 3 步,设计事件程序。本例有两个命令按钮需要为之设计事件程序。因为"退出"按钮是从类 jxgl_1 继承来的,已经具有事件程序,无须再设计,只要进行"保存"按钮的设计。事件程序如下：

```
mSno=thisform.cmbSno.value                    && 定义 4 个局部变量
mCno=thisform.cmbCno.value
mTerm=thisform.cmbTerm.value
mScore=thisform.sprScore.value
do case                                       && 前 3 个 case 检查输
    case len(alltrim(mSno))=0                 && 入数据是否完整
        =messagebox("学号未选择",64,"提示")
    case len(alltrim(mCno))=0
        =messagebox("课程代号未选择",64,"提示")
    case len(alltrim(mTerm))=0
        =messagebox("学期代号未选择",64,"提示")
    otherwise
        select grade                          && 查输入是否重复了
        set order to stc
        seek   mSno+mTerm+mCno
        if found()
            if messagebox("成绩已登录,是否保存新信息?",33,"提示")=1
                replace grade with mScore      && 修改分数的情况
            endif
        else
            insert into grade(sno,cno,term,score) && 保存新成绩的情况
                    values(mSno,mCno,Term,mScore)
        endif
    endcase
thisform.refresh()
```

　　说明：messagebox()是提示信息函数,执行时显示一个信息提示框(见图 6-25)。有
3 个参数。第 1 个参数是要显示的提示信息(如本例为"学号未选择",或"课程代号未选
择",或"学期代号未选择",或"成绩已登录,是否保存新信息?"等);第 2 个参数是设计提
示图片和命令按钮。如本例用 33 时显示效果如 图 6-25(a)所示;用 64 时显示效果如
图 6-25(b)所示。第 3 个参数是设计提示信息框的标题(如本例为"提示"二字)。因为在
操作程序时可能出现异常情况,如遗漏了数据、记录重复等,提示操作人员纠正或处理,
这对程序正确完成处理是有重要意义的。一般而言,要求程序的功能是"正确的必须去
做,不正确的必须拒绝"。

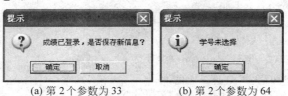

　　　　(a) 第 2 个参数为 33　　　　(b) 第 2 个参数为 64

图 6-25　messagebox()显示效果

6.5.3 再举一个表单设计例子

这个例子稍复杂一些;但设计的技术和方法仍然是前面所讲过的。

例 6-14 设计一个成绩统计分析表单,包括详细分数表、90 分以上分数表、不及格分数表、学生总分和平均分分数表等的浏览。如图 6-26、图 6-27(a)～(f)所示。要求用一个表格显示不同分数表。用命令按钮生成不同分数表。表格包括的字段是学号、姓名、学期号、课程名称、分数、课程门数、总分、平均分等的不同组合。

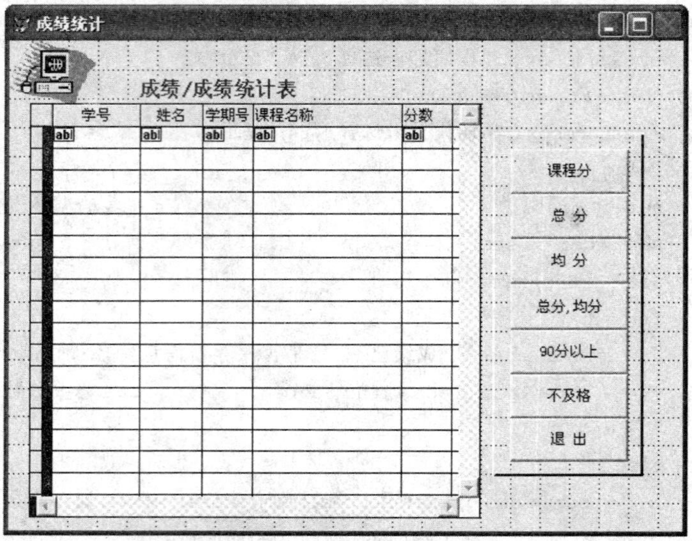

图 6-26 例 6-14 表单设计

表单设计:显然,表格显示的数据涉及学生表 students、课程目录表 courses 和成绩表 grade 等 3 个数据表;而且,对数据表的操作都是非修改性的。一个好的办法是以这 3 个数据表为基础表创建一个视图,如命名为 view_sgc。然后设计一个表单 tj,对视图 view_sgc 进行操作,完成题目的要求。图 6-26 显示了设计的表单外观。这个外观设计对读者而言已经不是困难的事;而设计的关键是 6 个执行统计操作命令按钮的 click 事件程序。因为退出按钮的从父类 jxgl_1 继承的,无须为其编写事件程序。下面给出提供 6 个命令按钮的事件程序(参见图 6-27(a)～6-27(f))。

(1)"课程分"按钮 click 事件程序:

```
select * from view_sgc into cursor zf
with thisform.grdgrade
    .columncount=5
    .recordsource="zf"
    .column1.header1.caption="学号"
    .column2.header1.caption="姓名"
    .column3.header1.caption="学期号"
    .column4.header1.caption="课程名称"
```

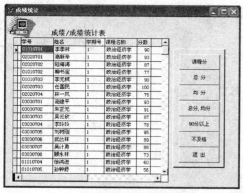

(a) 详细分数浏览　　　　　　　　　　(b) 总分浏览

(c) 平均分浏览　　　　　　　　　　(d) 总分和平均分浏览

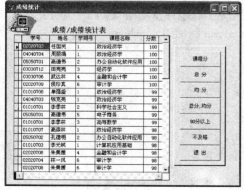

(e) 90 分以上成绩浏览　　　　　　　　(f) 不及格成绩浏览

图 6-27　6 个命令按钮

```
    .column5.header1.caption="分数"
endwith
thisform.refresh()
```

(2)"总分"按钮 click 事件程序：

```
select 姓名,count(*) as 课程门数,sum(分数) as 总分;
    from view_sgc into cursor zf group by 姓名 order by 3 desc
```

```
    go top
    with thisform.grdgrade
        .recordsource="zf"
        .columncount=3
        .column1.header1.caption="姓名"
        .column2.header1.caption="课程门数"
        .column3.header1.caption="总分"
    endwith
    thisform.refresh()
```

(3) "平均分"按钮 click 事件程序:

```
    select 姓名,count(*) as 课程门数,avg(分数) as 平均分;
        from view_sgc into cursor zf group by 姓名 order by 3 desc
    go top
    with thisform.grdgrade
        .recordsource="zf"
        .columncount=3
        .column1.header1.caption="姓名"
        .column2.header1.caption="课程门数"
        .column3.header1.caption="平均分"
    endwith
    thisform.refresh()
```

(4) "总分/平均分"按钮 click 事件程序:

```
    select 姓名,count(*) as 课程门数,sum(分数) as 总分,avg(分数) as 平均分;
        from view_sgc into cursor zf group by 姓名 order by 3 desc
    go top
    with thisform.grdgrade
        .recordsource="zf"
        .columncount=4
        .column1.header1.caption="姓名"
        .column2.header1.caption="课程门数"
        .column3.header1.caption="总分"
        .column4.header1.caption="平均分"
    endwith
    thisform.refresh()
```

(5) "90 分以上"按钮 click 事件程序:

```
    select 学号,姓名,学期号,课程名称,分数;
        from view_sgc into cursor zf   where 分数>=90 order by 分数 desc
    with thisform.grdgrade
        .recordsource="zf"
        .columncount=5
```

```
        .column1.header1.caption="学号"
        .column2.header1.caption="姓名"
        .column3.header1.caption="学期号"
        .column4.header1.caption="课程名称"
        .column5.header1.caption="分数"
    endwith
    go top
    thisform.refresh()
```

（6）"不及格"按钮 click 事件程序：

```
select 学号,姓名,学期号,课程名称,分数;
    from view_sgc into cursor zf   where 分数 <60 order by 分数
with thisform.grdgrade
    .recordsource="zf"
    .columncount=5
    .column1.header1.caption="学号"
    .column2.header1.caption="姓名"
    .column3.header1.caption="学期号"
    .column4.header1.caption="课程名称"
    .column5.header1.caption="分数"
endwith
go top
thisform.refresh()
```

这 6 个事件程序有一个共同特点，都由两部分构成。第一部分是一个 SQL-SELECT 语句。作用是生成一个临时表，名为"zf"。临时表的字段和记录正好是要得到的数据，可以直接在表格对象中显示。第二部分是修改表格对象的属性，使显示临时表的数据。以"总分"按钮 click 事件程序为例，with-endwith 是 VFP 提供的属性引用简便格式，with 表示它与 endwith 之间的每个属性引用行的前面都应加上 thisform. grdgrade。因此，程序段

```
with thisform.grdgrade
    .recordsource="zf"
    .columncount= 3
    .column1.header1.caption="姓名"
    .column2.header1.caption="课程门数"
    .column3.header1.caption="总分"
endwith
```

等价于程序段

```
thisform.grdgrade.recordsource="zf"
thisform.grdgrade.columncount=3
thisform.grdgrade.column1.header1.caption="姓名"
thisform.grdgrade.column2.header1.caption="课程门数"
```

thisform.grdgrade.column3.header1.caption="总分"

6.5.4 报表

报表是常用的数据输出形式,本节以"成绩报告单"为例说明如何在 VFP 环境下设计和运行报表。

1. 报表设计例

报表设计是一个细致的工作。在 VFP 中,可以先利用报表向导设计一个报表的雏形,再利用报表设计器仔细雕琢,得到满意的报表。

例 6-15 设计一个学生课程成绩登记表",如图 6-32 所示。

报表设计:根据题义可知,数据来源于数据表 students 的 sno 和 sname 字段。这是一个简单的单表报表。

第 1 步,利用报表向导先设计报表雏形。

① 启动报表向导。在项目管理器上选择"报表"项,按"新建"按钮,在显示的"新建报表"框上按"报表向导"按钮,在"向导选取"窗口上选择"报表向导"项,便进入报表向导。

② 在"数据库和表"上选取数据表 students,在"可用字段"栏中选取 sno 和 sname 字段进入"选定字段"栏(见图 6-28(a))。按"下一步"按钮,进入步骤 2(见图 6-28(b))。

③ 因为报表例是逐个记录打印,无须提供分组设计。按"下一步"按钮,进入步骤 3(见图 6-28(c))。

④ 选择报表样式。根据题义选择"账务式"。按"下一步"按钮,进入步骤 4(见图 6-28(d))。

⑤ 选择字段布局为列向排列,2 列,打印纸为竖向打印。按"下一步"按钮,进入步骤 5(见图 6-28(e))。

⑥ 选择按字段 sno 递增次序排序。按"下一步"按钮,进入步骤 6(见图 6-28(f))。

⑦ 可以按"预览"按钮看设计效果(见图 6-29)。并用"上一步"按钮回到任何步骤修改设计,尽可能在向导中得到接近最终要求的报表。输入保存报表文件的名,可以留用默认名,如这里的 students 作为报表文件名。按"完成"按钮结束向导。

至此,报表向导已经完成。但是生成的报表(见图 6-29)很不满足要求。

第 2 步,利用报表设计器进行修改。

① 启动报表设计器。在项目管理器中选择报表文件名 students,按"修改"按钮,启动报表设计器,如图 6-30 所示。设计器由若干报表区域(称为"带区")组成。常用于比较简单的报表的带区主要是标题、页头、细节和页注脚带区。带区是设计报表布局各部分的区域。如标题带区设计表头,包括报表标题、附加信息等。细节带区设计数据排列。如图 6-31 中头 3 行属标题带区,表尾部 1 行属页注脚带区,中间的数据列表部分属细节带区。设计器有一个"报表控件"按钮组,利用它设计和修改报表。

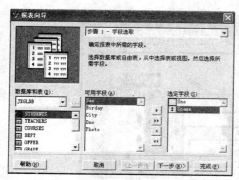

(a) 报表向导步聚 1

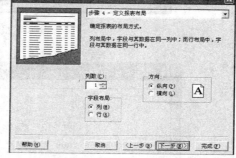

(b) 报表向导步聚 2

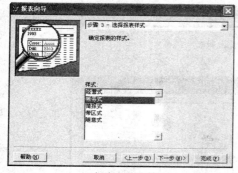

(c) 报表向导步聚 3

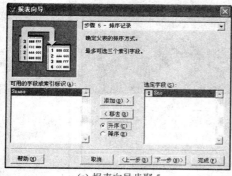

(d) 报表向导步聚 4

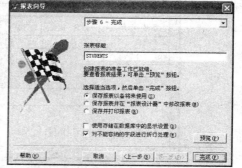

(e) 报表向导步聚 5

(f) 报表向导步聚 6

图 6-28　报表向导

STUDENTS

04/22/08

学号	姓名	学号	姓名
01010701	李季林	03040707	徐海冬
01010702	柳书宝	03040708	姜才敏
01010703	李元枫	03040709	宋子文
01010704	徐鸿进	03040710	王明礼
01010705	孙钟舒	04040701	聂壳堂
01010706	刘玉敏	04040702	金年年
01010707	高森林	04040703	钱兄炎

图 6-29　报表向导设计结果

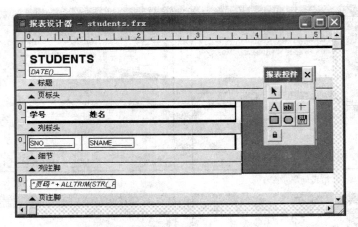

图 6-30　报表设计器

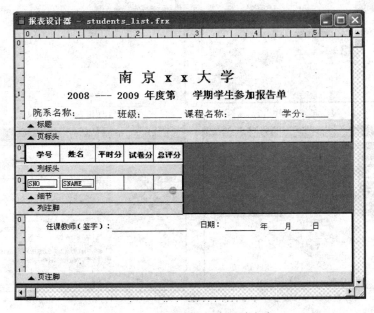

图 6-31　修改后的报表设计方案

② 修改标题。删去标题带区不需要的内容,再利用"报表控件"按钮进行修改。如删去 students,单击"报表控件"的标签按钮,在标题带区的适当位置拖动鼠标,输入文。如输入"南京 XX 大学",并调整字体、字号、颜色、位置等,直到满意为止,使表头部分与题目要求一致。

③ 修改页注脚。在页注脚带区中修改,方法同②。

④ 修改列标头。在列标头带区中修改,方法同②。

⑤ 修改细节。修改数据排布格局,增加表格线等。

图 6-31 是修改后的设计方案。在修改过程中可以随时进行预览,看报表的布局是否满意。然后进行再修改,直至符合要求、满意为止。预览的方法是,选择菜单"显示"→

"预览",或鼠标右击弹出快捷菜单,选择"预览"。

南 京 ×× 大 学

2008 —— 2009 年度第　学期学生成绩登记表

院系名称:＿＿＿＿　班级:＿＿＿＿　课程名称:＿＿＿＿　学分:＿＿＿＿

学号	姓名	平时分	试卷分	总评分	学号	姓名	平时分	试卷分	总评分
0101070	李季林				0202070	侯珍真			
0101070	柳书宝				0202071	周秀萍			
0101070	李元枫				0202071	朱妍莉			
0101070	徐鸿进				0202071	陈卫华			
0101070	孙钟舒				0303070	高建平			
0101070	刘玉敏				0303070	朱正元			
0101070	高森林				0303070	吴云欣			
0101070	单强盛				0303070	李玲玲			
0101070	严纪中				0303070	刘树刚			
0101071	潘虹艳				0303070	武达林			
0101071	戴宏斌				0303070	吴计勇			
0101071	王爱霞				0303070	顾永林			
0202070	高新辛				0303070	张国荣			
0202070	陆海涛				0303070	杨明柳			
0202070	任国民				0303070	恽自明			
0202070	林一风				0303071	田亮亮			
0202070	崔小悦				0304070	曹玉臣			
0202070	孙芝枫				0304070	陈东海			
0202070	叶应超				0304070	徐海冬			
0202070	朱美媛				0304070	姜才敏			

任课教师(签字):＿＿＿＿＿＿　日期:＿＿＿年＿＿月＿＿日

图 6-32　学生课程成绩登记表

6.6　应用系统集成和菜单设计

迄今,所有设计的程序都是各自独立的;但它们是在统一规划前提下逐个开发的。当完成所有规划的应用程序后,接着的任务是必须进行应用系统集成和发布。

6.6.1　应用系统集成

狭义地说,应用系统集成主要是应用程序的集成,包括数据库、查询、表单、程序、报表、图形图片等。最终目标是得到一个完整、可运行的应用系统。广义地说,还包括各种文档资料,如帮助文件、使用说明、开发测试文档等。

集成的第一个任务是收集和统一管理各种相关文件,包括数据库文件、数据表文件、查询文件、表单文件、报表文件和相关图形图片文件、文本文件等。在 VFP 环境下,项目管理器是一个很好的管理工具。因此,在系统开发过程中不断地把相关文件挂接在相应的管理项目下是一个好习惯。也可以在必要的时候使用"添加"操作把相关文件纳入项目管理器中。

第二个任务,也是最重要的任务是应用程序的集成。即使得所有可运行程序按功能规划设计集成为一个完整的运行系统。在 VFP 中可以用菜单集成、工具按钮集成、程序界面集成。

第三个任务是包装。就是把所有相关文件打包在一起,并提供一个可执行文件。这是系统发布所必需的。VFP 连编工具提供把程序连接、编译成一个应用文件(.app)或一个可执行程序文件(.exe)。前者可在 VFP 环境下运行,后者可直接在 Windows 环境下运行。

6.6.2　VFP 菜单设计

集成全部功能程序成为一个完善的系统有许多方法。为固定起见,以 VFP 菜单为例说明。每一个功能程序在系统中都处于某个确当的位置。如按图 2-4 的规划,成绩输入程序处于第 2 个子系统的第 1 个功能位置,成绩统计处于第 3 个位置。学生数据表维护处于第 5 个子系统的第 1 个功能位置,如此等等,常用的方法是使用菜单构筑系统框架。

1. 菜单结构

一般地,一个菜单结构有菜单栏、下拉菜单部分。菜单栏是最高层级,由若干菜单项组成,如图 6-33 中顶上的部分。操作菜单栏上的菜单项时可以拉下一个下拉菜单,如图 6-33 中底下的部分所示。操作下拉菜单上的菜单项时还可能拉出一个下拉菜单,称为级联菜单。因此,菜单结构是一个层次结构或树结构。最下层的菜单项是执行相应程序的命令。这种层次结构必须反应应用系统中功能程序的组成结构。如相应于图 2-4 的系统规划,菜单结构分为两层,如图 6-33 所示。菜单栏中的菜单项对应于各子系统,下拉菜单中的菜单项对应于子系统中的功能程序。

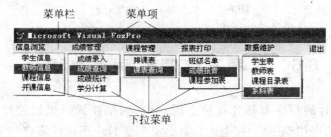

图 6-33　菜单系统的例

2. VFP 菜单设计

VFP 提供了菜单设计器帮助完成菜单的设计,下面以图 6-33 为例说明菜单的设计过程。

第 1 步,启动菜单设计器。

① 在项目管理器上选择"其他"中的"菜单"项,按"新建"按钮,显示"新建菜单"按钮组。

② 按"菜单"按钮,立即启动菜单设计器(见图 6-34),设计器上有:

- 菜单名称　输入菜单项标题,如"信息浏览"(标题要简捷明了)。
- 结果　指明该菜单项执行什么操作。主要有 3 个选择:

　　命令　直接在其右的文本框中输入一个 VFP 命令;

　　过程　按右端的"创建"按钮打开文本编辑框,编写一个程序;

　　子菜单　进入下一级菜单设计。

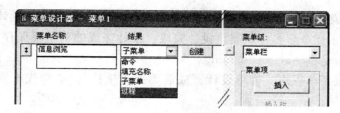

图 6-34　菜单设计器

第 2 步,菜单栏设计。

① 在菜单名称栏输入所有菜单项标题。除"退出"项外,"结果"都选择"子菜单"。

② 选择"退出"项结果为"命令",并输入命令 set sysmenu to default(执行该命令将立即返回 VFP 菜单栏),设计结果见图 6-35。

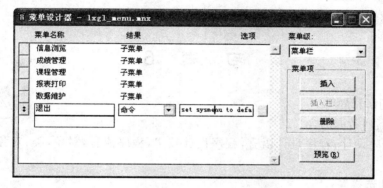

图 6-35　菜单栏的设计结果

第 3 步,子菜单设计。为避免重复叙述,以成绩管理为例。

① 在菜单栏上选择"成绩管理",结果为"子菜单",按右端的"编辑"按钮,进入子菜单的编辑窗口。注意右上角的"菜单级"显示"成绩管理",表示进入成绩管理的子菜单设计期。

② 在菜单名称栏输入所有菜单项标题。"结果"都选择"命令"。

③ 在"结果"右部的文本框中输入一条命令。因为都是执行相应的表单程序,所以命令为 do form <表单文件名>。如成绩输入菜单项的命令是 do form score_sr,将执行表单文件 score_sr,设计结果见图 6-36。

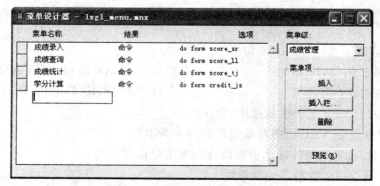

图 6-36　成绩管理的子菜单设计

④ 在"菜单级"下拉列表中选择"菜单栏",回到如图 6-35 所示的设计状态。再选择一个菜单项进行上述 3 步操作。直至设计完成。设计完成的菜单要保存在菜单文件中,如 jxgl_menu. mnx 和 jxgl_menu. mnt。

第 4 步,生成菜单程序。菜单设计完成后不能直接执行,必须先根据设计的菜单生成相应的菜单程序。

① 在设计状态下,用菜单"菜单"→"生成",在"输出文件"文本框中输入一个菜单程序文件名,按"生成"按钮执行生成。

第 5 步,运行菜单程序,可以在任何需要的时候运行。例如:

- 在项目管理器上选择菜单文件名 jxgl_menu,用"运行"按钮运行;
- 在命令窗口上输入命令 DO jxgl_menu. mpr 运行;
- 在主菜单上选择"程序"→"运行",并选择程序文件名 jxgl_menu. mpr,再按"运行"按钮运行。

习 题 6

一、名词解释题

试解释下列名词的含义。

程序,程序设计,程序设计语言,程序设计技术,程序流程,对象,类,对象的属性、方法、事件。

二、单项选择题

1. VFP 结构程序设计时,用于编程的窗口是_____。

A. 查询设计器　　　　B. 视图设计器　　　　C. 命令窗口　　　　D. 程序编辑器

2. 设 X=5,则下面的 VFP 语句执行结果是_____。

```
IF X>=0
     Y=X+1
ELSE
     Y=X-1
ENDIF
? Y
```

A. 3　　　　　　　　B. 4　　　　　　　　C. 5　　　　　　　　D. 6

3. 下列都属于流程控制的语句是_____。

A. STORE 语句,IF 语句　　　　　　　　B. CLEAR 语句,DO CASE 语句

C. ?? 语句,FOR 语句　　　　　　　　　D. DO WHILE 语句,SCAN 语句

4. 以下关于 VFP 基类的叙述中,错误的是_____。

A. VFP 基类是 VFP 面向对象编程的公共基础类

B. 通过对 VFP 基类的继承可以设计各种用户自定义类

C. VFP 基类可以继承其他类得到

D. VFP 基类不能直接运行

三、填空题

1. 类的继承性是指子类沿用父类的所有特性,也就是_____重用,提高了编程效率。

2. VFP 基类分为容器类和_____类两大组。容器类是可以_____的类。

3. 设计一个对象包括对象属性的设计和_____程序的设计。

4. 表单设计器是设计一个_____的设计工具。

四、问答题

1. 结构程序设计采用哪些基本程序结构?

2. 类和对象有什么联系?有什么区别?

3. 在 VFP 面向对象程序设计中,有哪些编程工具可用?试举 3 例。

五、思考题

1. 一般在正式编程前先进行流程设计,这有什么意义?常用流程设计的工具是什么?

2. 结构化程序设计技术有什么重要意义?有哪些主要缺陷?

3. 试说明,VFP 中面向对象程序设计技术与结构化程序设计技术有什么关系?分别在程序设计中的作用和分工?

六、综合/设计题

1. 利用表单向导分别设计学生信息、教师信息、课程信息维护程序(参见图 6-20)。

2. 例 6-13 有一个明显的缺点,输入成绩时要在全校学生中选择学号。克服这个缺点的方法是增加一个系编号复选框显示系科编号表,当选择一个系编号后,学号复选框就只显示这个系的学号,如图 6-37 所示。请在例 6-13 的基础上添加设计(添加复选框及其 InteractiveChange 事件程序)。

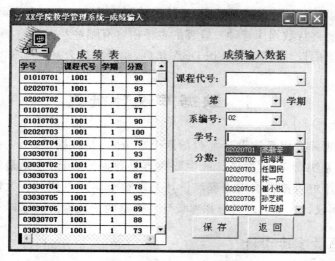

图 6-37 利用表单向导设计用图

第 7 章

数据库设计与数据库管理

数据库设计(database design)是数据库应用系统开发必须经过的历程。随着计算机软件技术的发展,数据库设计已纳入软件工程的范畴,成为软件工程(software engineering)的一个重要组成部分,并专称为数据库工程(database engineering)或数据工程(data engineering)。在本书的第 2、第 3 章中已经涉及数据库设计的某些片段。读者在学习本章时会有似曾相识之感觉。不同的是,本章将以专题形式比较系统地讲述数据库设计问题和过程;也是学习数据库基本内容之后一个很好的总结和贯通。

数据库管理主要是数据库系统运行期间对数据库实施的日常维护活动。目的是保证数据库应用系统正常运行和数据服务;为用户提供一个可用性好、安全可靠、性能优秀的数据库环境。综合而言,本章主要解决的问题是:

(1) 什么是数据库设计? 设计的输入和输出各是什么? 设计原则是什么?

(2) 什么是数据库生命周期? 与数据库设计有什么关系?

(3) 什么是数据库设计模型? 设计模型的意义是什么? 什么是设计路线图?

(4) 数据库设计各阶段的主要任务、方法和成果是什么? 上下阶段间有什么关系?

(5) 为什么要进行数据库管理? 管理的主要内容有哪些?

(6) 通过数据库设计和管理,认识 DBA 角色、职责是什么?

7.1 数据库设计概述

任何一个数据库应用系统设计都包括两个部分,一是数据设计,二是应用设计。对一个数据库应用系统而言,数据设计的主要内容是数据库设计,也是最重要的设计。数据库设计得好与不好直接影响应用程序设计乃至整个应用系统的有效性和可用性。那么,什么是数据库设计? 如何进行数据库设计? 这是两个关键性问题。

7.1.1 什么是数据库设计

粗略地说,数据库设计是从用户应用需求和系统支持平台出发,通过设计活动得到一个数据库的数据模型和关于该数据库的程序设计指南,如图 7-1 所示。数据库设计是一项系统开发活动或工作过程。它获取输入信息,导出输出信息。图 7-1 左端是输入信息,右端是输出信息。数据需求和处理需求取自用户实际,是数据库设计的目标和基础。数据需求是用户单位的数据及其组织结构要求,表达数据库的内容和模型,是数据库的静态要求。处理需求是它经常进行的典型数据处理活动,表达基于数据库的数据处理,是数据库的动态要求。DBMS 是数据库的管理软件支持;应用数据库模型直接受 DBMS 所支持数据模型的约束。系统平台是建立数据库的硬件、软件(如操作系统等)、网络环境基础,它们将直接影响最终数据库的正常运行和性能。数据库模型是创建数据库的结构基础,程序指南是应用程序员在数据库程序设计时应遵循的一些原则。数据库程序设计不仅是在数据库的开发期,而且也贯穿于数据库的整个生命周期。

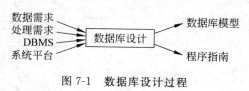

图 7-1　数据库设计过程

7.1.2　数据库设计模型与路线图

所谓数据库设计模型(database designing model)是指数据库设计采用的方式方法;所谓数据库设计路线图是指如何进行数据库设计的实施过程和具体步骤;不同设计模型有不同的设计路线图。在软件工程方法中,把软件开发过程分为 6 个阶段:需求分析、系统设计、编程、测试、运行和维护;并称为软件的生命周期。所谓软件生命周期是指,当软件从在某人脑中酝酿开始到在用户的机器上最后一次运行为止之间的一切活动。类似地,数据库设计有需求分析、概念设计、逻辑设计、物理设计、数据库实现、数据库测试评价和维护等 7 个阶段。前 4 个阶段是数据库设计的主要内容。数据库应用系统开发对一个企业或组织是一个很严肃的问题;还要做好前期工作,即系统规划;解决“要不要做?能不能做?”的问题。前一个问题是确定目标;后一个问题是研究可行性。因此,数据库的生命周期应从系统规划开始。数据库生命周期为数据库应用系统开发提供了一种次序和指导。根据生命周期规划不同数据库设计路线图,形成不同的数据库设计方法,或称数据库设计模型。

最简单直观的数据库设计过程是按数据库生命周期的次序进行,称为生命周期模型,或瀑布生命周期模型,简称瀑布模型;其设计路线图如图 7-2 所示。在瀑布模型中,设计活动按阶段独立进行,确保已产生出正确设计结果(设计文档)再进入下一个阶段。瀑布模型是文档驱动的,通过文档从一个阶段传递到下一个阶段。各阶段不连续,也不交叉。如果一个阶段未完成,或结果检查不通过,就停留在当前阶段,直到当前阶段完成才进入下一阶段。例如,在需求分析说明书未检查通过前,是不能进入概念设计阶段的。

瀑布模型有许多优点,是一个线性过程,阶段性十分明显,易于管理和控制。“线性”是人们最容易掌握并能熟练应用的思想方法。线性是一种简洁,简洁就是美。但也有许多缺点。首先,设计过程是不连续的,有顺序的;其二,某阶段的未被发现错误会漫延到以下所有阶段。当在某阶段发现错误时可能要依次回溯到上游若干阶段,并重新调整设计,使开发成本急遽上升,效率严重降低。改进的办法是在两个相邻阶段之间允许回溯,即可回溯瀑布模型,其设计路线图如图 7-3 所示。在可回溯瀑布模型中,把两阶段看成是具有前提和结果关系的互动阶段,两者之间进行迭代,逐步求精,再进入下一阶段。

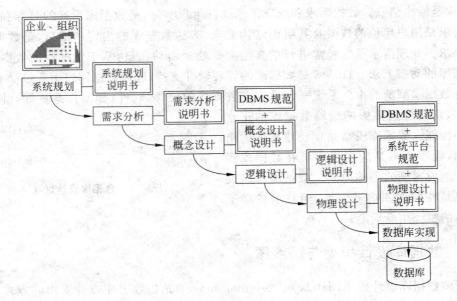

图 7-2 瀑布模型路线图

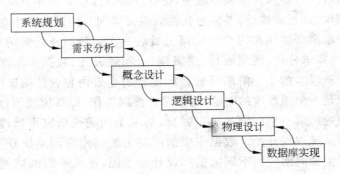

图 7-3 可回溯瀑布模型

可回溯瀑布模型使设计阶段之间有最低限度的重叠。能不能更大幅度的重叠呢？因此，另一个改进的模型叫做生鱼片模型。在生鱼片模型中，两阶段之间可以进行充分的交流，并行设计，减少设计期间的文档传递。例如，在需求分析完成之前就可以充分进行概念设计，部分地进行逻辑设计。生鱼片模型的设计路线图如图 7-4 所示。

除上述数据库设计模型外，尚有如螺旋模型、渐进模型等其他模型，请参阅有关书籍。

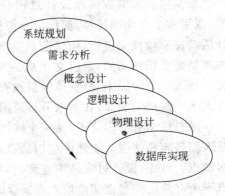

图 7-4 生鱼片模型

7.1.3　数据库设计原则

不管用什么设计模型,都必须遵循共同的设计原则,以便设计出一个"好"的数据库。

1. 性能原则

不同应用对数据库有不同的性能要求。一般来说,每一个应用用户在心理上都希望有适应自己的"最好"性能。如最合适的数据结构,最快的响应速度等。但对整个数据库系统而言,数据库设计者应保证整体数据库有"最好"的性能。这就要求必须在各种类型应用之间进行权衡。必要时牺牲某些类型应用的性能,保证系统的整体性能"最好"。

2. 质量原则

质量是数据库的生命。衡量一个数据库的质量指标主要是,正确性与精确性、高性能与高效率、简洁性与可理解性、友好性与易用性。

正确性与精确性是质量之首。因为不正确、不精确的数据库会给应用处理带来不便甚至造成损失,导致错误的结果。数据库的高性能与高效率必然带来应用处理的高性能与高效率。数据库是要被使用的,快速准确认识和理解数据库是用户,特别是应用程序员所期盼的。因此,数据库设计者要善于运用简洁的形式表达复杂的数据问题,简洁是一种美。易用性是数据库用户和应用程序设计者的感觉,要让他们评价,切不可自以为是。当数据库用户和应用程序设计者感觉到数据库很好用时,就是友好的。

3. 服务原则

前面多次说过,数据库是一种数据资源供给地,随时服务于用户或应用程序设计员的数据要求。好的数据库设计方案能使这种服务迅速、便利、准确。一个综合数据库是庞大而复杂的。对特定用户而言,无须了解其全部,只需了解自己关心的那部分数据,不能多也不能少。再则,应用处理贯穿于数据库的全部生命周期。新应用不断出现;潜在应用不断萌动。因此数据库服务是一个永久性问题。为应用用户提供数据库外模式是数据库服务的一项主要内容。对关系数据库系统,为其设计视图,加上一部分相关基本表构成外模式。

4. 扩充原则

企业、组织因势而发展、变化、延伸是一个不争的事实。数据库应用系统必须及时作出反应,扩充或修改数据库,如增加或修改字段或数据类型、增加关系或连接等。一个好的数据库设计必能快速适应。

7.1.4　数据库设计工具

原始的软件设计是人工笔写手画的,方法简陋,容易出错,设计人员工作负担重,生产效率低。利用计算机设计计算机软件是一个好的主意。计算机的快速运行和规则处理特点克服了人的能力不足,实现软件设计的计算机辅助,并逐步实现软件设计的自动化,谓之计算机辅助软件工程(computer aided software engineering,CASE)。数据库设计同样是软件设计问题。20 世纪 90 年代前后,许多计算机软件研究机构和开发商纷纷研制数据库设计和开发计算机辅助工具软件,并推向市场。典型的有 PowerBuilder(PB)、PowerDesigner(PD)。这些软件工具提供集成开发环境,实现多层次体系结构设计,包括业务处理模型、数据流程图、概念模型、物理模型等设计,提供概念模型合并和分解、概念模型到物理模型的转换、生成数据库创建脚本等,还为应用程序开发提供方便。图 7-5 和图 7-6 是用 PowerDesigner 设计概念模型和物理模型的界面图。

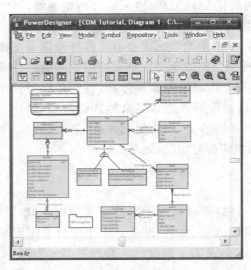 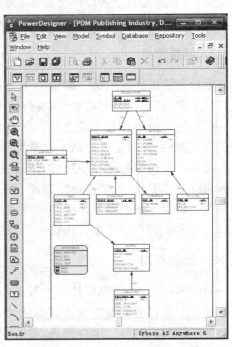

图 7-5　用 PowerDesigner 设计的概念模型　　　图 7-6　用 PowerDesigner 设计的物理模型

7.2　数据库设计

数据库设计从系统规划阶段开始。系统规划包括确定系统目标和边界、规划和配置资源、制定和安排进度计划。因为系统规划是对整个数据库应用系统的规划,而不单是为数据库设计的,因此包含更多的内容。为使本节内容更切题,还是从需求分析讨论起。

7.2.1　需求分析

需求分析是要决定"做什么?"和"不做什么?",是数据库设计的基础和依据,是系统成败的关键之关键。需求分析围绕两个核心问题开展,一是应该了解些什么? 二是通过什么方式去了解?

1. 需求分析的内容

需求分析的内容在于使设计者明确"应该了解些什么"。需求分析从企业组织的现行系统(可能是计算机化前的人工系统)出发。主要内容有两个,数据分析和行为分析。

(1) 通过对数据的收集和分析确定

① 系统应包含的实体:如包含学生信息、教师信息、课程信息、系科信息,等等。

② 实体应包含的属性:如学生实体包含学号、姓名、性别、出生日期、籍贯、系科代号、照片,等等。

③ 标识实体的关键词:如学生实体的关键词是学号,等等。

④ 属性的数据类型,如学号为字符型,出生日期为日期型,分数为数值型,等等。

⑤ 实体间应建立的联系:如系科和学生之间有一对多的联系,学生和课程目录之间有多对多的联系,以及联系派生的属性,等等。

⑥ 数据的约束条件:如学生年龄必须是 16 岁以上,学生所选修课程必须在课程目录中,等等。

⑦ 数据存储量估计:如在校学生不超过 8000 人,40 门课/每生,等等。

⑧ 数据存储周期估计:如学生信息和成绩信息保存 4 年/每生,教师信息永久保存;等等。

(2) 通过对业务处理行为的收集和分析确定

① 各种数据流:如学生考试成绩登记表数据到数据库的数据流。

② 各种处理算法:如成绩分段统计算法,学分计算公式等。

③ 处理频率估计:如成绩录入频率 400 次/学期,成绩查询频率平均 100 次/天,最高频率 1000 次/天,等等。

2. 需求调查

用户需求要通过需求调查获得。通过什么方式去调查呢? 方法有很多种,因人因环境不同而异。

(1) 收集资料。收集现行系统使用和形成的各种相关文件资料。如学生、教师名册、课程计划汇编、成绩登记表、成绩记分册、学籍管理规则以及其他规章制度、管理文件等。

(2) 访问用户。直接与重要部门用户交谈,在分析人员提问启发引导下,了解他们日常工作业务流程和频率、使用数据和形式、对新系统的期望和要求。

(3) 开座谈会。七嘴八舌道真情,广开言路办法多。通过述说、座谈、讨论、甚至争论,获取用户需求、意见和建议。在开会之前准备一份充分的调查提纲,但不要预先发给与会者,防止束缚他们的思路。

(4) 问卷征询。设计有针对性、启发式的征询表格,发给用户填,回答问题。可以是问答题。如学号如何编制? 学分级如何计算? 等等。可以是选择题(单选或多选)。如入学年龄限制在" □16 岁,□30 岁,□70 岁 以内"(在方框内打钩),还可以是其他形式的征询题。分析人员可以创新设计。

（5）请教行家。有些需求用户讲不清楚,特别是趋势性的需求,分析人员也猜不透,这时可以请教行家里手,征求他们的帮助和指导。也许能让你"听君一席话,胜读十年书",豁然开朗。

（6）实际体验。花一定时间与用户同步干同一项业务工作,体验全部流程,关注细节,记录疑问,思考有没有改进和提高的地方。

（7）沙盘推演。这是借用的军事术语。意思是根据已掌握的需求资料,分析人员自己进行企业行为活动的模拟演习,以加深理解,发现失缺,纠正错误。

需求调查不能一次完成,要反复多次;方法不能单一,要有多种形式;途径不能单靠用户,要做研究。作者的体会是"需求分析难"。难的原因是:

- 用户说不清楚或说不完全需要什么。有些用户对需求只是朦朦胧胧的感觉,说不清楚具体的需求是什么;或者朝三暮四,下午说的与上午不一样,今天说的与昨天不一样。有些用户心里很清楚,但却说不明白,不知道如何表述。

- 需求自身经常变动。一个不争的事实是"需求会变";因为企业组织及环境会变。根据经验,没有一个应用系统的需求的改动是少于三次的。因此,要尽可能地分析清楚哪些是稳定的需求,哪些是易变的需求。在进行设计时,将核心建筑在稳定的需求上。在开发合同中一定要说清楚"做什么"和"不做什么",不能含糊。

- 分析人员或用户理解有误,双方错位。一方面,由于用户大多不懂软件,他们可能觉得软件是万能的,会提出一些无法实现的需求。有时用户还会把分析人员的建议或答复想歪了。另一方面,不同分析人员可能对用户表达的需求有不同的理解。如果理解错了,就会导致设计的失败。所以分析人员写好需求分析说明书后,要请用户方代表审阅和验证。如果问题很复杂,双方都不能验证明白,就有必要请领域专家参与。

3. 数据流分析和数据流图

在需求调查的基础上,进行需求分析的第一步工作是数据流分析。所谓数据流（data flow）,是以业务处理（或称加工）为基准,收集处理所需的原始数据（即输入）和经过处理后的结果数据（即输出）及其数据流向,以达到划分和组织数据的目的。分析的结果用数据流图（data flow diagram, DFD）表示之。数据流图有 4 个成分,数据流、处理、数据存储（基本表）和数据的源/目的地（外部实体,如学生、教师等）。分别用 4 种图形符号表示（见图 7-7）。

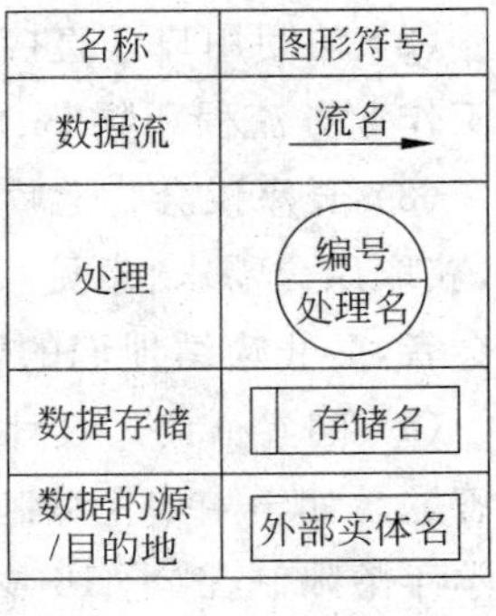

数据流分析遵循由粗到精,自顶向下的方针。相应地,数据流图有顶层数据流图、细化的数据流图。如图 2-4 所示,教学管理是顶层处理。信息浏览、成绩管理、课程管理、报表打印和数据维护是第 1 层处理,为子处理。再向下,如成绩统计、学分计算等是第 2 层处理。作为例子,对"教学管理"系统的顶层处理进行分析,画出数据流图。

名称	图形符号
数据流	流名→
处理	编号 处理名
数据存储	存储名
数据的源/目的地	外部实体名

图 7-7　DFD 图形符号

（1）确定外部实体。主要有教师、教务员、班主任、学生等。

（2）确定存储的数据表。有教师信息表、学生信息表、课程目录表、系科信息表、课程开课表、学生成绩表等。

（3）确定顶层处理。接收外部实体的各种输入请求，经"教学管理"系统的处理，生成结果，返回到外部实体，或进行数据存储。

（4）确定数据流。

教务员是系统的主要用户，他收集学生、教师、课程、系科、开课计划安排、学生考试成绩等方面的外部信息，在系统上操作，并在数据库中存储。他还定期或不定期地打印规定的统计报表等。

教师在学生课程考试后把分数录入数据库，要求系统提供课程成绩表、成绩统计分析信息等。

学生通过系统查询自己的各课程成绩。

班主任从系统获取学生成绩、各分数段统计数据、不及格学生名单、学分级计算和学生评优信息等。

其他人员对系统的操作都纳入以上各角色中。根据以上分析绘制系统顶层数据流图，如图 7-8 所示。顶层处理编号定为第 0 层。该图只是一个示意图，并不精确。

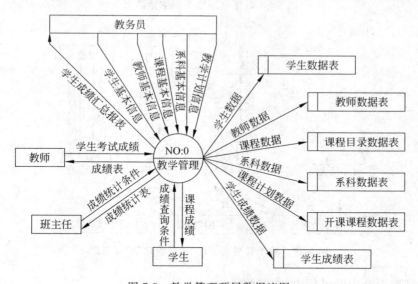

图 7-8 教学管理顶层数据流图

根据顶层数据流图细化并绘制出第 1 层数据流图。第 1 层是划分系统为若干子系统的层，如教学管理系统被划分出，信息浏览、成绩管理、课程管理、报表打印和数据维护等 5 个子系统；分别编号为 NO1、NO2、NO3、NO4、NO5。数据流图如图 7-9 所示。

根据第 1 层数据流图再细化并画出第 2 层数据流图。第 1 层中的每一个处理都需要细化。作为举例，选择成绩管理子处理进一步细化；其余留给读者自己细化。成绩管理包括成绩录入、成绩信息（查询）、成绩统计和学分计算等 4 个子处理。画出的数据流图如图 7-10 所示。

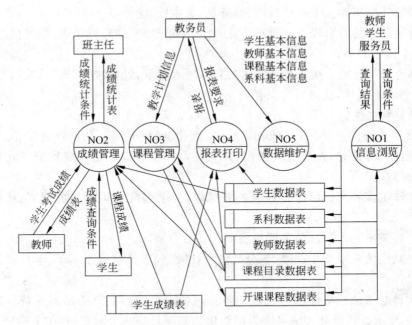

图 7-9　教学管理第 1 层数据流图

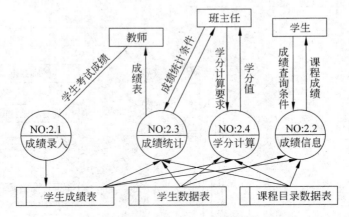

图 7-10　教学管理第 2 层"成绩管理"数据流图

在绘制数据流图的过程中,需要注意:

- 顶层数据流图上的数据流必须封闭在外部实体之间。
- 每个处理必须至少有一个输入流和一个输出流,数据流名必须唯一。
- 下层数据流图与上层数据流图必须保持平衡,处理与子处理要对应,输入流与输出流要一致。
- 数据流图不可夹带或包含控制流,如条件选择分之、重复等。

4. 数据描述和数据字典

数据流图只反映和表现数据在系统中的流向和转换过程;对数据及其结构、数据存储的描述是不细致、不精确的；必须根据需求调查获得的信息进一步进行分析和描述。包括数据项的特征描述、数据存储的结构描述、数据间联系的描述及其对数据语义的约束等。

数据字典（data dictionary，DD）是进一步定义和描述数据之特征的有效工具。数据字典有多种类别，定义和描述系统的各种对象。对数据库设计而言，重要的是"数据项"字典、"数据存储"字典和"联系"字典。

1）"数据项"字典

数据项是数据库最基本的数据单位。为每一个数据项编制一个字典条目，具体内容包括名称（数据项的符号名）、别名（注释性的名称）、含义（数据项的使用意义）、类型（数据类型，长度）、值域（数据项的取值范围）、约束（字段完整性约束条件）、格式（数据项的构造方法）等。如数据项"学号"条目编制如下。

字典类别：数据项

名称：SNO

别名：学号

含义：唯一标识每一个学生

类型：字符型，9 位

值域："000000000"到"999999999"

语义约束：不能为空值

格式：第 1、第 2 位为系科代号，第 3、第 4 位为专业代号，第 5、第 6 位为入学年代号后两位，第 7 位为分班序号，最后 2 位为学生序号。如 020308105 表示 02 号系的 03 号专业，2008 年入学，1 班，05 号学生。学号的前 7 位可用作学生的班级号。

2）"数据存储"字典

数据存储是一种数据结构，是系统存取的数据单位，实现时与文件有关。数据存储由若干数据项构成，故又称数据元素。为每一个数据存储编制一个字典条目；具体内容包括名称（数据存储的符号名）、说明、组成（包含哪些数据项）、约束（实体完整性约束条件）、流入数据流、流出数据流、存取方法、数据量估计等。如数据存储"教师"条目编制如下。

字典类别：数据存储

名称：teachers

说明：教师数据表，存储所有教师的基本人事信息

数据项组成：工号，姓名，性别，籍贯，出生日期，参加工作日期，职称

流入：关于教师信息新增、修改数据

流出：关于教师的原始信息

语义约束：参加工作的年龄大于等于 20 岁

存取方法：随机存取

数据量估计：不超过 2000 人

备注：数据项组成见数据项字典相关条目

3）"关联"字典

关联是数据之间的联系关系，以数据存储为关联对象。为每一种关联编制一个字典

条目,具体内容包括名称(关联的符号名)、说明、关联对象、关联类型、导出数据项等。如关联"选修课程"条目编制如下。

字典类别:关联

名称:students_courses

说明:学生选修课程的联系关系

联系对象:学生数据表、课程目录数据表

联系类型:多对多

关联数据项:SNO

导出数据项:学期号、分数

备注:关联对象见数据存储字典相关条目,数据项见数据项字典相关条目

数据字典可以是卡片式的,每一条目制作一张卡片;也可以是表格式的,每一条目占一行。设计者根据情况选用。数据字典可以手工制作,也可以利用文字编辑软件(如Word)或相关设计软件制作。

5. 编写"需求分析说明书"

需求分析说明书是需求分析成果的表现,是系统用户和设计者交流的工具和共同"宣言",是下一设计阶段的基础和"法律"依据;其重要意义和程度不言而喻。因此,需求分析说明书必须写得全面、详尽、准确、清晰。需求分析说明书的编写有国家标准、部委标准或企业标准可循。标准的目的在于规范分析内容、统一说明书的大纲结构和书写形式。以下给出编写需求分析说明书的建议大纲。

ＸＸＸＸ系统项目需求分析说明书

1 前言

    1.1 背景描述

        主要内容:项目名称、提出者、开发者、预期用户、用户环境概述。

    1.2 系统目标

        主要内容:应用系统目标描述。

    1.3 名词术语定义

        主要内容:本说明书用到的标准名词术语的定义和解释。

    1.4 参考资料

        主要内容:列出参考资料的作者、名称、出版单位、出版时间等。

2 企业模型分析

    2.1 企业组织结构及其与系统关系分析

        主要内容:企业中的部门、上下级关系、系统外部实体及其产生或应用的数据概况。

    2.2 系统边界分析

        主要内容:数据库涉及的数据范围、要什么、不要什么。

    2.3 系统环境分析

        主要内容:硬软件环境、网络环境、用户环境、开发平台。

2.4 系统总体功能结构

　　　主要内容：系统总体功能描述、总体功能结构图。

3 数据分析

　3.1 数据流分析及其数据流图

　3.2 数据存储分析及其数据结构

　3.3 数据语义分析及其约束条件

　3.4 数据关联分析及其关联条件

　3.5 数据-处理关系分析

4 数据字典

　4.1 数据项字典

　4.2 数据存储字典

　4.3 数据关联字典

5 需求分析资料汇编

　5.1 资料 1

　5.2 资料 2

　　　⋮

6 附表

编写人：	审核人：	审批人：
编写日期：	审核日期：	审批日期：
审核意见：		
审批意见：		

6. 审议"需求分析说明书"

　审议目的：审议和检查需求分析的正确性。绝对正确是做不到的，但必须保证与系统目标保持一致。

　审议人员：用户代表、系统分析人员、领域专家、第三方人员。领域专家包括业务领域专家和数据库专家，第三方人员是指用户雇佣的系统监理人员。现在，出现了许多监理机构，专门从事计算机软件系统开发监理业务。这是软件市场化和软件业发展的一个进步。

　主要审议内容：

- 需求是否与系统目标相符、能满足系统目标实现？
- 数据分析是否完全？数据结构是否合理、反映实际？
- 数据域是否已经定义？数据约束是否现实？
- 数据流是否覆盖企业处理功能？数据流图是否封闭、平衡？

- 概念是否准确？名词术语是否标准？符号是否规范？
- 系统边界是否清晰、明确？

审议结论：通过或不通过，并由参加人员签字。如果不通过，提出修改或进一步进行需求分析的意见。

7.2.2　概念设计

概念设计是对企业数据进行的抽象过程，是逻辑设计的前奏。设计的基础是需求分析说明书，即概念设计是面向企业组织的，不受 DBMS 影响。设计结果是数据库的概念模型。

一个数据库应用系统的数据模型可能很复杂，其概念模型不可能一次得到。常用的方法是化难为简，自底向上，逐步达标。因此一个有效的方法是分步进行设计。第一步先设计局部概念模型；第二步集成局部概念模型为全局概念模型；第三步优化全局概念模型。

1. 局部概念模型设计

局部概念模型设计的任务是为系统的各别处理功能或功能组设计适合自己的概念模型。设计的步骤如下：

（1）根据需求分析说明书选择几个有"决定性意义"的处理。什么是有决定性意义的处理呢？没有统一的选择标准。一般而言，是指涉及数据比较多、功能比较大、地位比较重要、操作频度比较高的处理。如在 3.4.3 节中选择了"成绩管理"和"课程管理"两个有决定性意义的处理，都涉及较多的数据，而且使用应该是比较频繁的。

（2）根据数据流图和数据字典分析和识别（参见 3.4.1 节）：

- 实体及其属性组成、确定实体标识属性。
- 联系、联系元数、联系类型以及派生属性。联系元数是指参与某联系的实体个数，如一元联系、二元联系、三元联系，等等（参见 3.4.2 节）。

（3）为实体、属性、联系命名。命名要注意清晰明了、容易记忆、方便使用。在概念模型中可以用中文名，但文字不宜太多，要简洁明了。

（4）绘制局部概念模型的 E-R 图，如"成绩管理"和"课程管理"的局部概念模型参见图 3-8。如何绘制 E-R 图，请参阅 3.4.2 节的内容。

局部概念模型设计是化难为简的意义所在。因为对付某个处理总比对付整个系统要简单得多。

2. 全局概念模型设计

全局概念模型设计的任务是集成局部概念模型以得到一个最终完整的概念模型，即全局概念模型，为逻辑设计提供依据。如何执行集成呢？有两个要解决的问题，一个是集成的原则和策略，另一个是集成的步骤。

1）集成的策略和原则

集成是要把几个局部 E-R 图合并成一个 E-R 图，这个 E-R 图必须包含参与集成的所有 E-R 图的范围。

（1）集成策略是确定集成的方法或途径，即通过什么方法把两个 E-R 图合并成一个 E-R 图，主要方法有"等同"和"聚合"两种方法。

- 等同是指通过相同数据对象（主要是实体）合并两个 E-R 图的方法。如果两实体包含相同的属性组成，且对应属性有相同的数据语义，则视这两个实体等同。注意，等同对象未必语法形式也相同。如学生的"性别"属性，可以规定用中文"男"或"女"表示；也可以规定用字母"M"或"F"表示；但它们同义，视为等同。合并时把等同对象作为"重叠"点，连接两个 E-R 图。如图 3-8 中（a）、（b）两个 E-R 图有等同实体"系科"和"课程"，集成的 E-R 图如图 3-9 所示。
- 聚合是数据对象之间的一种组合关系。通过聚合把两个实体组合成一个实体，以达到合并两个 E-R 图的目的。如把图 3-8 改为图 7-11 后，会发现"课程 1"和"课程 2"两实体可以聚合为一个实体，即把两者的属性集成在一起，作为集成时的一个重叠点。经过聚合后集成的结果仍然是图 3-9 显示的 E-R 图。

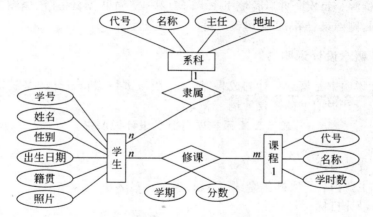

(a) 成绩管理功能的局部 E-R 图

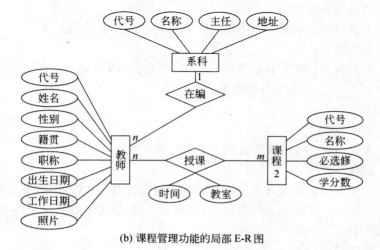

(b) 课程管理功能的局部 E-R 图

图 7-11　局部 E-R 图

（2）集成原则是对集成结果的一种限制或条件。主要有：

- 完备性原则，要能从全局 E-R 图导出所有现行局部 E-R 图。
- 正确性原则，全局 E-R 图必须能满足所有应用功能的数据要求。
- 同一性原则，要对实体、属性、联系有统一命名，等同属性要有相同的值域。
- 最小性原则，全局 E-R 图含有最少个数的实体，每个实体含有最少个数的属性。
- 可理解原则，有最容易读懂的全局 E-R 图结构。

2）集成的步骤

第 1 步，规划集成路线。根据局部 E-R 图确定集成次序。按照重要程度排列局部 E-R 图构成一个集成序列，最重要的排在最前面，最不重要的排在最后面。如局部 E-R 图序列（M1，M2，M3，…，Mn）。所谓重要程度是指局部 E-R 图包含实体的多少，实体包含的属性多少，包含联系的多少决定。

第 2 步，按集成路线依次两个两个地进行局部 E-R 图合并操作。如先集成 M1 和 M2 得 M12；再集成 M12 和 M3 得 M123，等等。最后得全局 E-R 图 M。

第 3 步，检测。每次合并后检测 E-R 图 M12…i。如果 M12…i 已经满足完整性原则和正确性原则，则结束合并；否则继续合并。

3. 编写"概念设计说明书"

概念设计说明书是概念设计的成果，是下一阶段进行逻辑设计的基础性文件。以下给出编写概念设计说明书的建议大纲。

ＸＸＸＸ系统项目概念设计说明书

1　前言

　　1.1　背景描述

　　　　主要内容：项目名称、概念设计参加人员名单。

　　1.2　设计目标

　　　　主要内容：设计目标描述。

　　1.3　名词术语定义

　　　　主要内容：本说明书用到的标准名词术语的定义和解释。

　　1.4　参考资料

　　　　主要内容：列出参考资料的作者、名称、出版单位、出版时间等。必须包括
　　　　　　　　　 "需求分析说明书"。

2　属性设计

　　2.1　属性说明

　　　　主要内容：各别属性设计的必要性和依据。

　　2.2　属性一览表

　　　　主要内容：列表显示每个属性的名称、注释、意义、数据类型信息、数据格
　　　　　　　　　 式、值域、默认值、可否为空值、域完整性约束条件等。

3　实体设计

　　3.1　实体说明

　　　　主要内容：各别实体设计的必要性、依据和实体完整性约束条件。

　　3.2　实体一览表

　　　　主要内容：列表显示每个实体的名称、注释、意义、估计数据量、主关键

　　　　　　　　词等。

　　3.3　实体—属性表

　　　　主要内容：列表显示每个实体包含的属性。

4　联系设计

　　4.1　联系说明

　　　　主要内容：各别联系设计的必要性、依据和完整性约束条件。

　　4.2　联系—览表

　　　　主要内容：列表显示每个联系的名称、注释、意义、相联系的实体、联系类

　　　　　　　　型等。

　　4.3　E-R 图

　　　　主要内容：画出全局 E-R 图，给出必要说明。

5　功能-实体关系

　　5.1　功能—实体说明

　　　　主要内容：说明功能与实体的存取关系。

　　5.2　U-C 表

　　　　主要内容：列表显示每个功能与实体的存取关系（见例表 2-8）。

6　概念设计资料汇编

　　6.1　资料 1

　　6.2　资料 2

　　　　　⋮

7　附表

编写人：	审核人：	审批人：
编写日期：	审核日期：	审批日期：
审核意见：		
审批意见		

4. 审议"概念设计说明书"

审议目的：审议和检查概念模型设计的正确性，是否与"需求分析说明书"相符。

审议人员：用户代表，系统分析人员，数据库设计人员，领域专家，第三方人员。

主要审议内容：

- 概念设计是否与系统目标相符、能满足系统目标实现？

- 属性设计是否完全？数据特性和格式是否合理、反映实际？

- 实体设计是否完全？实体与属性的关系是否合理、反映实际？
- 联系设计是否完全？联系类型是否合理、反映实际？
- E-R 图是否正确？是否比较优化？

审议结论：通过或不通过，并参加人员签字。如果不通过，提出修改或进一步进行补充需求分析的意见。

7.2.3　逻辑设计

逻辑设计的主要任务是把概念数据模型转换为符合指定 DBMS 要求的逻辑数据模型。因为现在开发运行的数据库应用系统基本都建立在关系数据库管理系统（RDBMS）上，所以这里只讨论概念模型向 RDBMS 逻辑模型的转换。RDBMS 逻辑数据模型即关系数据库模型，其基本元素是关系模式，一组相关关系模式就构成关系数据库模型。

逻辑设计过程一般分 5 步进行，形式化处理、模型转换、关系规范化处理、性能优化、约束条件设置和视图设计。

1. 形式化处理

形式化处理包括命名处理、属性域处理和关键词处理。

（1）命名处理。为数据库模型中的每一个组成元素都命名一个名字。如关系名、属性名、数据库名，等等。名字是标识模型元素的标识符，是"呼叫"模型元素的标志。所以对命名有 3 个基本要求。

① 要简洁，不宜太长，尽可能使用字符。

② 要明意，能表明元素的原来意义。

③ 要唯一，不同元素有不同名字。可以使用 E-R 图中原有的命名，也可以重新命名。

（2）属性域处理。属性域主要体现为属性的数据类型。一般地，RDBMS 只支持有限种数据类型，而在概念模型中却不受 RDBMS 的这种限制。因此，当概念模型中出现了 RDBMS 不支持的数据类型时，就必须转换成 RDBMS 支持的数据类型。如中国学生姓名的数据类型为 4 个汉字；但 VFP 的 RDBMS 不支持汉字类型；因此，要把其转换为 8 个字符的字符类型。

（3）关键词处理。为每一个实体确定一个主关键词。

2. 模型转换

模型转换是把概念模型（主要根据 E-R 图）转换成关系数据库模型的过程，主要是对实体集合的转换和对联系的转换。

（1）实体集合的转换。一般地，一个实体集合用一个关系表示，转换成一个关系模式。

（2）联系的转换。根据不同的联系类型进行不同方法的转换，一般地，一个 $n:m$ 型联系用一个关系表示；转换成一个关系模式。对一个 $1:1$ 型的联系，一般不建立新关系，把联系属性加入到相联系的两关系之一中。对一个 $1:n$ 型的联系，一般也不建立新关系,把联系属性加入到相联系的两关系之 n 端的关系中,详见 3.6.1 节。

3. 关系规范化处理

关系规范化处理有两层意思:其一,判断关系是不是规范化的;其二,如果一个关系不是规范化的,用什么方法把它规范化为规范化的关系。关系规范化是数据库技术的一个理论问题,其意义是要求关系模式满足一定的条件或标准,设计出"好"关系。在 3.6.1 节中给出了一个所谓非形式化的判别方法,即"一个关系一个概念"判别原则。可以运用这个原则检测每一个关系,看是否规范化,但这个原则在实际应用中不易掌握。如关系模式 students 和 teachers 中都有属性 dno(系科代号)。该属性是否应该属于学生概念和教师概念呢? 设计者可能产生犹豫,举棋不定。因为教师或学生是活动在学校里,必隶属于某一个系科。从这个意义上讲,dno 应是学生或教师必须的属性。为了避免这种困惑,下面给出另一种形式化的判别准则。先定义两个相关概念。

定义 1 〔主属性和非主属性〕在一个关系 R 中,可以把全部属性分成两部分。凡是在候选关键词中出现的属性称为主属性;其余不出现在任何候选关键词中属性称为非主属性。

如关系 $R(A,B,C,D,E)$,若 (A,B) 和 (A,D) 是两个候选关键词,则 A、B、D 是主属性;而 C、E 是非主属性(见表 7-1)。

表 7-1 关系 R

A	B	C	D	E
a_1	b_1	c_1	d_1	e_1
a_1	b_2	c_1	d_2	e_1
a_2	b_1	c_1	d_1	e_1
a_2	b_2	c_1	d_2	e_1

定义 2 〔决定因素〕设有关系 R,X、Y 是 R 的两个不相交属性组合,v 和 w 是 R 的任意两个元组,v 在 X、Y 上的值分别表示为 $v[X]$、$v[Y]$,w 在 X、Y 上的值分别表示为 $w[X]$、$w[Y]$。若当 $v[X]=w[X]$ 时,有 $v[Y]=w[Y]$,则称 X 决定 Y;并称 X 为决定因素。

表 7-1 是关系 R 的一个实例,若取属性组合 $X=(B,C)$、$Y=(D,E)$ 和 R 中任意两个元组 $v=(a_1,b_1,c_1,d_1,e_1)$ 和 $w=(a_2,b_1,c_1,d_1,e_1)$;则 $v[X]=(b_1,c_1)$,$w[X]=(b_1,c_1)$,$v[Y]=(d_1,e_1)$,$w[Y]=(d_1,e_1)$。因为有 $v[X]=w[X]$ 和 $v[Y]=w[Y]$;故称 (B,C) 决定 (D,E),(B,C) 是决定因素。此外,(A,B) 能决定 (C,E),(A,D) 能决定 (C,E),(B) 能决定 (D),(A) 能决定 (C),(A,B,C) 能决定 (E);因此,(A,B)、(A,D)、(A)、(B)、(A,B,C) 也都是决定因素。注意,这种属性间的决定关系对 R 的任何实例都必须成立。

在上面两个定义的基础上,下面给出关系规范化的判别准则。

准则 1 若关系 R 的每一个属性都是不可在分的,则 R 是满足准则 1 的关系。

准则 1 的意义在于保证使关系是一个简单二维表或平面表;等价于关系理论中的第

一范式(1NF)。实际上,关系性质的"属性的原子性"已经保证了准则1。如果 R 有属性可以再分,则 R 就不是关系。此时,可以通过横向和/或纵向展开该表,使之成为一个二维表,满足准则1,成为关系。例如,表7-2所示的表 SC1 不满足准则1;因而不是关系。因为属性成绩是可再分的。属性政治、语文、数学和计算机也是可再分的。因此,准则1是保证设计出的每个"关系"都必须是关系。为使表 SC1 满足准则1,只要把它展开为表7-3给出的表 SC2 就可以了。即把成绩属性纵向展开,把政治、语文、数学和计算机等属性横向展开。

表 7-2　学生成绩表 SC1

学　号	成　绩							
	政治		语文		数学		计算机	
	课程号	分数	课程号	分数	课程号	分数	课程号	分数
0202071001	1001	89	2003	76	3004	78	4002	78
0202071002	1001	97	2003	81	3004	85	4002	93
0202071003	1001	65	2003	100	3004	92	4002	60

表 7-3　学生成绩表 SC2

学　号	课　程　号	课　程　名　称	分　数
0202071001	1001	政治	89
0202071002	1001	政治	97
0202071003	1001	政治	65
0202071001	2003	语文	76
0202071002	2003	语文	81
0202071003	2003	语文	100
0202071001	3004	数学	78
0202071002	3004	数学	85
0202071003	3004	数学	92
0202071001	4002	计算机	78
0202071002	4002	计算机	93
0202071003	4002	计算机	60

准则 2　若关系 R 满足准则1,且不包含候选关键词的决定因素不决定 R 的每一个非主属性,则 R 是满足准则2的关系。

准则2保证关系具有"一个概念一个关系"原则的实现;等价于关系理论中的 BC 范式(BCNF)。考察关系 SC2,(学号,课程号)是 SC2 的候选关键词。它能决定(课程名称)和(分数)。(学号,课程号,课程名称)也能决定(课程名称)和(分数)。因为决定因素(学号,课程号)和(学号,课程号,课程名称)中都包含候选关键词。同时读者不难看出,在 SC2 中,(课程号)能决定(课程名称),但不能决定(分数)。因为决定因素(课程号)中不包含候选关键词。因此,SC2 不满足准则 2,显然也不满足"一个概念一个关系"原则。因为在 SC2 中有两个概念混合在一起:一个是关于学生成绩的概念,另一个是关于课程的概念。解决的方法是分解,即把两个概念分开分别设计成两个关系。因为(课程号)决定(课程名称),所以把所有(课程号)决定的属性连同(课程号)从 SC2 中分离出来,设计成一个关系,如表 7-4 所示;把(课程号)留在原关系中并与其他剩余属性设计成另一个关系,如表 7-5 所示。图 7-12 示意了分解方法。分解后的关系是否已满足准则 2,需要继续检测。准则 2 是一个比较实用且规范化程度比较高的判别准则。

表 7-4　课程目录表 C

课　程　号	课　程　名　称
1001	政治
2003	语文
3004	数学
4002	计算机

表 7-5　学生成绩表 SC

学　　　号	课程号	分　数
0202071001	1001	89
0202071002	1001	97
0202071003	1001	65
0202071001	2003	76
0202071002	2003	81
0202071003	2003	100
0202071001	3004	78
0202071002	3004	85
0202071003	3004	92
0202071001	4002	78
0202071002	4002	93
0202071003	4002	60

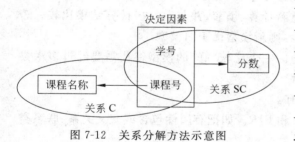

图 7-12　关系分解方法示意图

4. 性能优化

关系规范化应当是关系模型优化的一个内容,但它只着眼于各别关系是否满足规范化的条件,对完整系统而言是不够的。同一个数据库的数据模型可能有多个设计方案,其中必有最佳者。判定是否最佳是困难的,但判定是否更好是可行的。因此,优化的目的是期望找到一个性能比较好的逻辑模型。

(1) 性能优化的主要内容是尽可能减少:

① 单位时间内访问逻辑记录的个数(logical record access,LRA);

② 单位时间内的数据传输量(data transmission volume,DTV);

③ 数据库存储空间大小(database stored volume,DSV);

④ 关系操作中的连接运算次数(frequcy of joining relations,FJR);

(2) 实现优化的步骤如下所示。

第 1 步,计算 LRA、DTV 和 FJR。模拟每个应用处理的执行过程,分别计算出它们

的 LRA、DTV 和 FJR 数,并填入性能分析表中(见表 7-6)。

第 2 步,计算所有应用处理的 LRA、DTV 和 FJR 数总和。并填入性能分析表中(见表 7-6)。

表 7-6   LRA-DTV-FJR 表

处理名	平均执行频率	一次访问记录数		LRA	DTV	FJR	是否主处理
		记录名	记录数				
成绩查询	100 次/天	students courses grade	8000 110 24000	80 万 1.1 万 240 万	43×80 万 32×1.1 万 18×240 万	200	√
开课查询	30/天	teachers courses offer	3000 110 500	9 万 0.33 万 1.5 万	53×9 万 32×0.33 万 28×1.5 万	60	
⋮							
		总计		523.6 万	2922.4 万	5782	

第 3 步,确定主处理。选择 LRA、DTV 和 FJR 数最大的处理,并定为主处理。在性能分析表中打上标记(见表 7-6)。

第 4 步,修改或调整逻辑数据模型,以减小主处理的 LRA、DTV 和 FJR 数及其总数。模型修改调整完成后,再根据新模型重新计算、填表,并与上一次计算结果比较。若主处理的总计 LRA、DTV、FJR 数有所减少,则新模型优于旧模型。

以上 4 步可以反复进行,直到满意为止。一个比较"好"的模型往往需要经过多次尝试才能得到,但这种尝试也只能适可而止。

(3) 修改和调整逻辑数据模型的方法有:

① 合并关系密切的关系,以减小 LRA 和 FJR。如把有属性包含或交叉关系、联系类型为 1∶1 的关系合并为一个关系。

② 纵向拆分关系,以减小 LRA。比如把 grade 关系按系科拆分,为每一个系科建立一个 grade 关系,使每个关系的记录数比较少。

③ 横向拆分关系,以减小 DTV。比如把关系 students 横向拆分为关系 students1(sno,sname)和 students2(sno,sex,birday,city,dno,photo)。因为一般处理中只用到students1,使其记录比较小。

④ 采用"快照",以减小 LRA、DTV 和 FJR。对于只使用固定时刻值的处理,可以用快照的方法把特定时刻的值保存为一个关系,称为快照;并定期更新快照的值。如学生考试成绩查询处理总是在课程考试后 3 到 5 天被执行。可以为之建立快照 cjcx(sno,sname,title,score)。成绩查询处理总是只浏览 cjcx,而无须涉及其他关系的处理操作,每当考试公布成绩时就更新 cjcx。

需要说明的是,模型优化往往是有矛盾的。例如,若拆分关系可能会增加 FJR;合并关系可能会增加 DTV;因此,优化只能折中对待。矛盾的另一个表现是,提高了某些处理的性能,但却降低了另一部分处理的性能。对付的策略是,保证频率高的处理(如每天执行 100 次以上)有好的性能;而对频率低的处理(如每年才执行一两次)性能差些无关紧要。目的是要保证全系统有一个好性能。

5. 设置约束条件

完整性约束条件分 4 个层次设置。

域完整性约束条件,是为属性(或字段)设置的完整性约束条件,包括关系属性的数据类型定义,是否允许空值,取值范围或属性值应满足的条件等。

实体完整性约束条件,是为关系元组(或记录)设置的完整性约束条件。包括决定因素,不同属性之间的约束条件(如工作年份与出生年份之差必须大于等于 18),对关系操作的限制条件(如只能检索,不能修改)等。

参照完整性约束条件,是为联系设置的完整性约束条件。包括相联系关系中公共属性的约束,其中一个关系改变时对另一个关系的影响等。

用户自定义完整性约束条件,是为数据库设置的上述 3 种以外的完整性约束条件,通常以数据库存储过程实现。如按规定某课程不及格补考及格后的分数记录只能是 60分;因此不管输入是什么分,存储的必须是 60。

6. 视图设计

视图设计有 3 方面的意义。在数据库设计阶段,视图设计是为初始应用而设计。根据应用需求向用户提供基本关系,以及基于基本关系的视图。如为成绩统计应用设计视图 grade_1(见例 5-38)。此外,在数据库维护管理阶段,可能会因为数据库模式的变化而影响到应用的执行,需要数据库独立性来保证。因此视图设计是提高数据独立性,主要是逻辑独立性的实现手段(参见 5.3.6 节)。用户通过视图实现对数据库的操作也是数据库的一种数据安全措施。因为用户只知道他的视图划定的局部数据,而不知道也不需要知道数据库的全部数据,起到了一定的隔离和保密作用。

7. 编写“逻辑设计说明书”

逻辑设计说明书是逻辑设计的成果,是下一阶段进行物理设计和数据库实现的基础性文件。以下给出编写逻辑设计说明书的建议大纲。

ＸＸＸＸ系统项目逻辑设计说明书

1　前言

　　1.1　背景描述

　　　　主要内容:项目名称、逻辑设计参加人员名单。

　　1.2　设计目标

　　　　主要内容:设计目标描述。

　　1.3　名词术语定义

　　　　主要内容:本说明书用到的标准名词术语的定义和解释。

　　1.4　参考资料

　　　　主要内容:列出参考资料的作者、名称、出版单位、出版时间等。必须包括

“需求分析说明书”和“概念设计说明书”。

2　DBMS 特性说明

　2.1　DMBS 简介

　　　主要内容：DBMS 名称及其版本，支持数据模型及其特性，运行 DBMS 要求的计算机硬件、软件环境和网络环境等。

　2.2　DMBS 主要技术指标

　　　主要内容：数据描述语言、数据操纵语言和应用程序设计语言方式和功能简介，开发工具简介，数据库文件结构说明，各种数据结构最大容量规定等。

　2.3　影响逻辑设计的主要因素

　　　主要内容：如关系名、属性名的命名规则，数据类型种类，完整性约束条件种类等。

3　属性设计

　3.1　属性说明

　　　主要内容：各别属性设计的必要性和依据。

　3.2　属性一览表

　　　主要内容：列表显示每个属性的名称、注释、意义、数据类型定义、数据格式、值域、默认值、可否为空值、域完整性约束条件等。

4　关系设计

　4.1　关系说明

　　　主要内容：各别关系设计的必要性、依据和实体完整性约束条件。

　4.2　关系一览表

　　　主要内容：列表显示每个关系的名称、注释、意义、估计数据量、主关键词等。

　4.3　关系－属性表

　　　主要内容：列表显示每个关系包含的属性。

5　数据完整性约束设计

　5.1　参照完整性

　　　主要内容：具体列出参照完整性相关的关系、约束规则、触发时间。

　5.2　用户自定义完整性约束条件

　　　主要内容：逐条列出完整性约束要求。

6　视图设计

　6.1　视图一览表

　　　主要内容：列表显示视图的名称、基于的基本关系和视图、用途或应用处理等。

　6.2　视图定义

　　　主要内容：逐个给出视图定义要求。

7　逻辑设计资料汇编

　7.1　资料 1

7.2　资料 2

　　⋮

8　附表

编写人：	审核人：	审批人：
编写日期：	审核日期：	审批日期：
审核意见：		
审批意见：		

8. 审议"逻辑设计说明书"

审议目的：审议和检查数据库逻辑模型的正确性，是否与概念模型相符，是否满足"需求分析说明书"要求。

审议人员：用户代表，系统分析人员，数据库设计人员，领域专家，第三方人员。

主要审议内容：

- 逻辑设计是否能实现系统目标？
- 属性设计是否完全、唯一？数据特性描述是否完善？
- 逻辑模型是否与概念模型一致？关系模式设计是否合理、性能好？
- 数据库逻辑模型是否与指定 DBMS 相容？能否在指定 DBMS 上实现？
- 视图设计是否已经能适应初始应用处理问题的需要？有无不足或冗余设计？

审议结论：通过或不通过，并参加人员签字。如果不通过，提出修改或进一步进行补充需求分析和修改概念设计的意见。

7.2.4　物理设计

数据库的物理设计是如何把数据有效存储到海量存储设备上去的设计。物理设计以逻辑设计为基础，以硬设备环境和操作系统特征为条件。设计内容主要包括数据及其联系的物理表示、数据存储块的大小、存储设备及空间分配、存取方法选择、数据访问方式确定以及数据在内存中的安排等多个方面。因为现代关系数据库管理系统已经承担了数据库的大部分物理设计，对设计者透明，所以需要设计者进行物理设计的部分已经很少，甚至无须专门进行物理设计。

1. 物理设计的主要内容

几乎所有关系数据库系统都实行以特定文件形式存储关系的方法。每一个关系存储为一个文件，接受操作系统文件控制功能的控制和管理。文件的逻辑结构由 RDBMS 控制和处理。因此，数据库的物理设计一般只考虑以下几个问题：

（1）文件分组设计。按应用的重要程度、频繁程度或其他因素把数据库中的文件分成若干文件组，并分别分布存储于不同磁盘组。这样，既可以分担存储压力，又可以提高数据库的并行存取能力，达到提高数据库性能的目的。例如，若使用数据库系统 SQL Server 实现教学管理系统，则在数据库物理设计时可以把 students、courses 和 grade 3 个文件分为一组，组名为 scg-group。其余文件为另一组，组名为 other-group。并分别存储在磁盘 E 和 F 上。这样，当成绩统计查询和教师信息查询两应用同时执行时，E 盘和 F 盘就能并行存取，从而提高它们的执行性能。

（2）索引设计。索引是加快数据搜索速度和连接速度、使数据有序化的有力工具。为关系建立各种不同用途的索引几乎是必须的。常用索引有下列两种：

① 主索引和外索引。主索引是用主关键词建立的索引，也是关系最重要的一个索引。每个关系最多只能建立一个主索引。主索引保证关系中元组有序化，为数据的快速检索算法提供可能。外索引是用外关键词建立的索引，在 VFP 中又称普通索引，是实现关系连接操作之必须。关系的每一个外关键词都可以建立一个外索引。

② 辅助索引。原则上，可以以关系的任何一种属性组合作为索引关键词建立索引，称为辅助索引。辅助索引的作用在于从各种不同角度提高数据检索速度。如对关系 students，可以以姓名、出生日期、籍贯、系科代号、甚至性别建立相应索引。在不同检索要求的处理中引用不同的索引。

（3）空间设计。许多数据库系统要求对存储数据的外存空间进行必要的管理，如物理记录的大小、物理记录与逻辑记录的组配、内存缓冲区的多少、存储页面类别、区域容量和类型、磁盘组的分配等，如 SQL Server 系统以页面为存储数据的基本单位、以区间为空间分配最小单位等。

（4）配置参数设计。物理设计的另一个重要内容是数据库管理系统环境参数设置，包括如用户数、数据库需求空间大小、可同时打开数据库数、内存分配参数、缓冲区分配参数、存储区间页面数、加锁数等。不同 RDBMS 有不同的环境参数要求，不能一概而论。

2. 编写"物理设计说明书"

物理设计说明书是物理设计的成果。逻辑设计说明书和物理设计说明书是下一步在指定 RDBMS 环境下创建数据库和加载数据的基础性文件。以下给出编写逻辑设计说明书的建议大纲。

Ｘ Ｘ Ｘ Ｘ 系统项目物理设计说明书

1　前言

　　1.1　背景描述

　　　　主要内容：项目名称、物理设计参加人员名单。

　　1.2　设计目标

　　　　主要内容：设计目标描述。

　　1.3　名词术语定义

　　　　主要内容：本说明书用到的标准名词术语的定义和解释。

　　　　1.4　参考资料

　　　　　　主要内容：列出参考资料的作者、名称、出版单位、出版时间等。必须包括

　　　　　　　　"需求分析说明书"、"概念设计说明书"和"逻辑设计说明书"。

　　2　文件分组设计

　　　　2.1　文件分组说明

　　　　　　主要内容：说明分组依据和作用，性能分级状况。

　　　　2.2　文件分组一览表

　　　　　　主要内容：列表显示各文件组的名称、意义、成员文件名和注释等。

　　3　索引设计

　　　　3.1　索引说明

　　　　　　主要内容：所设计索引的类型、使用范围、性能评价。

　　　　3.2　索引一览表

　　　　　　主要内容：列表显示每个索引的名称、索引表达式、索引种类等。

　　4　存储空间设计

　　　　4.1　磁盘组分配设计

　　　　　　主要内容：哪些文件组分配在哪些磁盘组上。

　　　　4.2　页面设计

　　　　　　主要内容：页面大小、使用哪些种类的页面、与文件的关系等。

　　　　4.3　区间设计

　　　　　　主要内容：区间规模、分配原则、使用的区间类型等。

　　5　系统参数配置

　　　　5.1　系统参数配置说明

　　　　　　主要内容：说明各参数配置的意义和理由等。

　　　　5.2　系统参数配置一览表

　　　　　　主要内容：列表显示系统参数配置数据。

　　6　物理设计资料汇编

　　　　6.1　资料 1

　　　　6.2　资料 2

　　　　　　　⋮

　　7　附表

编写人：	审核人：	审批人：
编写日期：	审核日期：	审批日期：
审核意见：		

审批意见：

3. 审议"物理设计说明书"

审议目的：审议和检查数据库物理设计的正确性，是否与逻辑模型相符，是否满足"需求分析说明书"要求。

审议人员：用户代表，系统分析人员，数据库设计人员，领域专家，第三方人员。

主要审议内容：

- 文件组分组是否合理、有效、利于性能？
- 索引设计是否周全、合理、实用？辅助索引设计是否冗余或不足？
- 系统空间设计是否有利数据库管理？空间效率评估结论？
- 系统参数配置是否合适、确当？
- 物理设计是否有利数据库存储和操作？

审议结论：通过或不通过，并参加人员签字。如果不通过，提出修改或进一步进行设计的意见。

至此，已经介绍完数据库设计问题，但还是原则的、粗糙的、纲领性的。数据库设计方法、技术和工具仍然是今后若干年内继续研究和开发的主题。在实际进行一个数据库应用系统项目设计时，会有许多细节问题需要思考、探索和研究。特别是对具有动态特征数据的设计会有一定难度。应具体问题具体分析，设计出合适优秀的设计方案。

完成数据库设计任务之后，接的任务是在指定数据库系统平台上创建数据库，包括建立数据库、表、视图等。实际在数据库系统平台上操作之前还需要编写数据库创建脚本，如 3.6.3 给出的表 3-2 到表 3-7 是教学管理数据库表在 VFP 表设计器上操作的手工脚本示例。当然，还可以用 SQL 数据定义语句编写数据库创建脚本，由系统执行自动创建教学管理数据库。

7.3　数据库管理

数据库管理属数据库维护的范围。广义而言，是数据库设计以后的一切数据库管理活动。包括数据库模型创建、数据加载、数据库系统日常维护活动等。狭义而言，是数据库系统运行期间采取对数据库的活动。如数据服务、性能监督、数据库重组、数据库重构、数据库完整性控制和安全性控制、数据库恢复等各个方面。数据库管理职责由数据库管理员（DBA）承担。数据库管理的目的是为数据库用户提供一个可用性好、安全可靠、性能优秀的数据库环境。

数据库管理涉及内容多，技术要求高，工作负担重。本节把数据库管理分类为数据服务管理、数据库性能管理、数据库安全管理和数据库恢复管理等 4 个方面进行概略性讨论。

7.3.1　数据服务管理

数据服务管理主要面向应用用户，即为用户提供数据源支持。

1. 外模式的设计和提供

用户的数据源支持主要是为应用处理设计和提供合适的外模式。对于初始应用处理,已经在数据库设计阶段提供。但是,在数据库应用系统运行过程中,随着企业组织业务的发展会不断次生出新的应用处理要求数据支持。例如,教学管理系统中可能提出以课程为主要对象的教学情况统计分析处理要求,包括对课程考试成绩的统计分析、不同班级同一课程成绩的比较和课程历史教学情况的分析等。DBA 根据应用处理为其设计和提供外模式,详细内容参见 7.2.3。

2. 数据模型再设计和数据库重构

由于企业组织业务活动的拓展,对数据的需求发生较大变化,甚至要求现行数据库以外的数据服务,并希望纳入现行数据库中。例如,随着国家、学校对贫困生的助学措施的实施需要在数据库中增加学生经济状况和受助情况数据的存储。还可能因为最初设计的数据库模型不能再适应新应用环境的要求。为此,必须变动原数据库模型或重新设计、构作数据库模型,称为数据库重构。数据库重构局部地按数据库设计路线图进行。

3. 数据独立性保障

由于数据库重构,无疑会影响大量相关应用程序。如数据结构的改动、命名的更换、约束规则的修改等等使原有的应用程序不能再运行。为屏蔽这些变化对原有应用程序的影响,最有效的办法是采用视图技术。

7.3.2　数据库性能管理

保持数据库有良好的性能至关重要。因此,数据库性能管理是数据库管理的一个长效工作。

1. 数据库性能监督

影响数据库性能的主要因素来自应用操作;特别是对数据库的修改性操作。另一个原因可能是初始设计的数据库模型存在缺陷;或新应用不断增加而提出对数据的新要求。DBMS 提供数据库性能监督程序随着监督性能的变化。DBA 经常分析性能监督记录,判断性能的现状和变化趋势。当性能变化到不能满足和适应应用需要时,DBA 就必须采取措施调整或重组数据库,以改善、提高或恢复数据库性能。

2. 数据库调整

提高数据库性能的一个措施是数据库调整。视不同情况施以不同措施。当因检索速度降低而不能满足应用时,可以重建相关索引,或增建索引。当因数据缺失而不能满足应用时,可以在关系模式中增加新属性,并调整或重新设计外模式等。

3. 数据库重组

对数据库进行频繁的修改、插入、删除等操作会造成外存空间的分散,碎片增加,影响输入输出速度,进而使数据库性能降低。这时有必要对数据库进行整理,重新组织分配外存空间,称为数据库重组。重组过程分 3 个步骤:

第一步,先把旧数据库卸载出来存储到临时外存空间上;

第二步,删除旧数据库,并定义新的数据库空间;

第三步,在新的数据库空间上重新加载数据库,最后完成数据库重组操作。

重组能达到复原数据库性能的目标。

数据库重组也是数据库调整的一个措施;但是一个极端措施。因为数据库重组是对全数据库进行的一次全面整理,需要花费很长的系统运行时间,会影响数据库的正常数据服务。因此不宜常做,要谨慎选择重组周期,研究重组策略。

7.3.3　数据库安全管理

数据库是一种高度共享的数据资源。为保证数据库正常运行和数据可用性,要对数据库保护问题予以足够的重视。为用户的应用处理单独设计外模式是安全控制的基本方式。除对数据库实施完整性控制外,还要进行安全性控制和管理。

所谓安全性控制是指,为阻止用户存取他无权存取的数据,警惕非法用户无意或恶意存取或破坏数据库的一切行为而采取的一系列控制机制和措施。包括规章制度和伦理道德约束、密码技术、安全控制技术和在线监视技术等。本节只从技术角度进行概念性讨论。

1. 用户身份识别

用户身份识别是判断一个用户是否有权使用数据库的控制。通常,用户预先在系统中注册,设置自己的用户名和口令。只当口令验证通过才能进入数据库操作。

2. 用户权限管理

用户权限管理有两个基本层次,可触及的数据范围和可操作的种类。向用户提供外模式是控制用户可触及数据范围的一种有效措施。外模式定义之外的数据对该用户是透明的,不可触及的。不仅如此,还要控制用户对这些数据能作何种操作。如对某数据可检索或添加或删除或更新或全部种类操作等。通过系统的授权机制赋予用户对各别数据的操作权限。每当用户对数据执行操作时,系统先验证是否在授权权限范围内。"是"则执行;"否"则拒绝。系统维护一个权限表,也称授权矩阵,管理用户权限(见表7-7)。其中,S(select)表示检索权,I(insert)表示插入权,D(delete)表示删除权,U(update)表示更新权,A(all)表示全部权限,N(no)表示无任何权限,实际系统使用的授权矩阵还包含许多其他权限的控制。

表 7-7　授权矩阵例

	关系 1	关系 2	⋯	关系 *m*
用户 1	*A*	*S*	⋯	*S，U*
用户 2	*S，I*	*N*	⋯	*D*
⋮	⋮	⋮	⋮	*I*
用户 *n*	*D，U*	*N*	⋯	*A*

3. 密码技术

密码技术是防止数据内容被泄露的一种控制措施。所谓密码是对原始数据(称为明码数据)经过加密算法加密后变成密码(成为密码数据)存储和传输,以达到防止数据被非法窃听的目的。密码技术包括加密算法和密钥两部分。加密算法用于对原始数据加密得到密码数据,密钥用于解密密码数据返回为原始数据。密码技术在网络环境下的数据库安全控制特别有效。

4. 安全审计

安全审计是一种在线监控技术,即在系统运行过程中记录用户对数据库的访问操作历史。DBA 定期查阅、分析和统计这些信息,以发现非安全因素,实现监控数据库的运行安全。因为审计需要额外时间开销;所以 DBA 常常要根据监控目标选择要审计的事件、对象和用户,不能全面开花。

7.3.4　故障恢复管理

尽管采取众多技术措施对数据库进行保护,但是,因为各种原因使数据库的局部或全部遭到破坏仍会经常发生,甚至是灾难性的毁灭,如自然灾害、突然断电、硬件故障、软件错误、人为破坏、数据库管理不当等,都可能造成数据库的损坏。因此,必须备有应急预案和故障恢复计划。使在数据库出现故障后能被及时恢复和运行,并使损失减少到最小。这就是数据库故障恢复管理。一般而言,DBMS 要提供故障恢复的手段和工具,如复制副本、记录运行日志和 UNDO(撤销)、REDO(重做)等。DBA 有执行故障恢复的职能。

1. 副本

某特定时刻数据库状态的复制品称为副本,也称象本或快照。生产副本的过程称为转储或卸库,由 DBMS 的转储程序执行完成。副本不宜过于频繁地转储,也不宜每次全数据库转储。因为转储副本是一个耗费大量时间和系统资源的活动。需要制订切实可行的副本策略和实施计划。如确定副本转储周期(多长时间转储一次)、转储面积(每次转储的数据范围)、保存代数(同时保存的副本版本个数)等。

2. 日志

日志是数据库运行轨迹的记录。每当应用程序执行对数据库的修改性操作(如插入、删除、更新)就会改变数据库的状态。把改变的因素构成一条记录存储在日志中;包括应用程序标识、操作种类、修改对象、修改前后的旧值和新值、操作的日期和时间等。

日志必须与副本相容配套。日志是相邻两代副本之间的操作信息记录。设 A、B 是相邻的两代副本,Ja 是与 A 相容配套的日志。它们的关系是,对 A 依次执行 Ja 记录的所有操作得 B。可见 Ja 记录了数据库从 A 变化到 B 的全部操作过程;称 A 与 Ja 相容配套。因此,日志必须在副本转储结束后立即重新开始记录。如当副本 A 制作结束时刻,日志 Ja 为空,并开始活动。在制作副本 B 的开始时刻 Ja 停止活动,并将 Ja 与 A 一起保存。

3. 恢复

一旦数据库故障发生,如执行某应用程序 P 时发现异常或不正确,就启动应急预案,执行故障恢复计划。作为例子,在数据库已被破坏不能继续使用的情况下,数据库的恢复步骤是:

第 1 步,装入最近一次副本,如副本 C;把数据库恢复到转储 C 时的状态。

第 2 步,利用 C 相容配套的日志,如 Jc,执行 REDO 操作;把数据库状态恢复到被损害前的状态。

第 3 步,重新执行应用程序 P。

习　题　7

一、名词解释题

试解释下列名词的含义。

数据库生命周期、数据库设计模型、数据库设计路线图、数据流图、主属性、非主属性、决定因素、密码、口令、副本、日志。

二、单项选择题

1. 数据字典的作用是_____。

A. 描述和定义系统的数据　　　　　　　B. 描述和定义系统的处理

C. 描述和定义系统的数据库　　　　　　D. 描述和定义系统的各种对象

2. 需求分析结束时必须提交_____。

A. 数据流图　　　　　　　　　　　　　B. 数据字典

C. 需求分析说明书　　　　　　　　　　D. 调查资料

3. 数据库设计的主要任务是模型设计,包括_____的设计。

A. 概念模型和逻辑模型　　　　　　　　B. 逻辑模型和企业模型

C. 物理模型和逻辑模型　　　　　　　　D. 概念模型、逻辑模型和物理模型

4. 下列关于概念模型设计的说法中,错误的是_____。

A. 概念模型的分步设计法是一种降低复杂程度的方法

B. 概念模型设计与 DBMS 特征无关

C. 全局概念模型是按确定次序逐个集成所有局部概念模型得到的,一个不能少

D. 全局概念模型是包含所有局部概念模型的模型,一个不能少

5. 在概念模型向逻辑模型转换设计中,下列说法正确的是_____。

A. 一个实体集合转换成一个关系模式　　　B. 一个联系转换成一个关系模式

C. 一个属性转换成一个关系模式　　　　　D. 一个 E-R 图转换成一个关系模式

6. 如果一个关系满足_____,就符合"一个概念一个关系"原则。

A. 属性最少化的　　　　　　　　　　　　B. 决定因素是关键词

C. 准则 1　　　　　　　　　　　　　　　D. 准则 2

7. 下列关于数据库管理的说法中,错误的是_____。

A. 数据库性能降低的原因可能是设计中存在缺陷

B. 当发现数据库性能降低了,就必须立即进行数据库重组

C. 数据库的安全保障,除技术措施外,还要采取法律、制度和道德等措施

D. 任何数据库应用系统都必须备有故障恢复应急预案和故障恢复计划

三、填空题

1. 数据库生命周期划分为需求分析、_____、逻辑设计、物理设计、_____、数据库测试评价和维护等 7 个阶段。

2. 需求分析包括_____分析和_____分析两大部分。

3. 数据流图包括 4 个成分:_____、处理、数据存储和数据的源/目的地。

4. 实体联系有一元联系、二元联系、三元联系……二元联系居多,二元联系是涉及 2 个实体的联系。一元联系也常有应用,是_____个实体的联系。

5. 数据库逻辑设计主要结果是关系,为使关系有好性能,必须对关系进行_____处理。

6. 数据完整性约束有 4 种级别,即域完整性、实体完整性、参照完整性和_____。

7. _____管理主要面向应用用户,为用户提供数据源支持。

四、问答题

1. 什么是软件工程?什么是数据库工程?试述两者的关系。

2. 什么是数据库设计?试述数据库设计与数据库工程的关系。

3. 数据库设计的输入信息和输出信息各是什么?试解释它们的意义。

4. 数据库设计有哪些基本原则?每一个原则的重要意义是什么?

5. 请细说需求分析的内容;列出分析纲要。

6. 为什么要对数据库设计每个阶段的结果进行审议?审议不通过能进入下一阶段吗?为什么?

7. 简单叙述瀑布模型的设计路线图是怎样的?

五、思考题

1. 根据你自己的学习和认识,分析"需求分析难"的原因。

2．可以用汉字或西文字符命名关系、属性等数据库对象，试分析其优缺点。

3．关系规范化准则 2 为什么能保证关系满足"一个概念一个关系"原则？试说明之。

4．未规范化的关系有什么缺陷？试举例说明之。

5．为什么说视图在数据库系统中具有安全性控制意义？

6．描述根据副本和日志进行数据库故障恢复的过程和注意事项。

7．根据数据库管理的主要工作内容，细分析数据库管理的必要性和意义。

六、综合/设计题

1．就书中教学管理课题为例，请设计一分向用户征询调查的问卷。

2．就书中教学管理课题为例，请准备一份用户需求座谈会提纲。

3．试根据图 7-9，分别画出编号为 NO1、NO2、NO3、NO4、NO5 等 5 个处理的数据流图。

4．根据用户要求在教学管理系统中增加教室和教材管理内容。教室包括教室代号、地址、可容纳人数、是否有多媒体设备等属性。教材包括书号、书名、作者、出版社、定价、采购价等属性。试重新设计教学管理的数据库模型。补充编写关于新增对象的数据字典，重新设计系统的概念模型（画出 E-R 图）和逻辑模型（列出所有关系模式，并规范化到准则 2）。

第8章

SQL Server 2000 简介

Microsoft SQL Server 2000 数据库是一种基于客户端/服务器模式的新一代大型关系型数据库管理系统,它提供了超大容量的数据存储、高效率的数据查询、方便的向导工具、友好的用户接口,大大推动了数据仓库、数据库解决方案、电子商务的发展。Microsoft SQL Server 除提供了数据定义、数据控制、数据操纵等基本功能外,还提供了数据完整性、并发性、可用性、集成性等独特功能。

本章的主要任务是让读者对 SQL Server 2000 数据库系统的平台、体系结构、组件有一个比较全面的了解和认识,掌握它的基本知识和术语、关键技术等。通过实例,让读者学会怎样使用 SQL Server,本章主要回答以下几个问题。

(1) 用户可以通过哪些客户端应用程序访问存储在 SQL Server 中的数据?

(2) SQL Server 的客户端/服务器体系结构是怎样的?

(3) SQL Server 的查询分析器有哪些主要功能?

(4) 怎样创建数据库?

(5) 怎样建立 Visual Basic 与 SQL Server 的连接?

8.1 SQL Server 2000 的运行环境

在 SQL Server 的客户端/服务器体系结构中,客户端提出查询请求,服务器做出响应,在客户端显示查询结果。它运行在基于使用 Intel 处理器的网络——Microsoft Windows NT4 或 Microsoft Windows 2000 Server 上。可以使用一张 CD 来安装任何一个 SQL Server 2000 的服务器版本或者个人版本。

8.1.1 SQL Server 简介

SQL Server 既可以用于处理普通的联机事务处理(online transaction processing, OLTP)数据库,也可以用于决策支持的联机分析处理(online analytical processing, OLAP)数据库。通常,每个客户通过网络通信来访问数据库。

SQL Server 2000是一个高性能的关系数据库管理系统(RDBMS),它基于客户端/

服务器结构，如图 8-1 所示。SQL Server 2000 有七种不同的版本：Standard Edition、Enterprise Edition、Personal Edition、Developer Edition、Windows CE Edition、Evaluation Edition 和 Microsoft Desktop Engine(MSDE)。

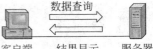

图 8-1　SQL Server 2000 的 C/S 模式结构示意图

1. 关系数据库管理系统

SQL Server 的 RDBMS 主要负责：维护数据库中数据间的关系；确保数据的正确存储；系统出现错误时，恢复数据。

2. 客户端应用程序

要访问存储在 SQL Server 中的数据，可以通过下列独立的客户端应用程序。

(1) Transact-SQL。这种查询语言，是结构化查询语言(structured query language, SQL)的一个版本，是使用 SQL Server 进行数据查询使用的主要语言。

(2) XML。XML 是 extensible markup language 的缩写。XML 是一种用来描述数据的，类似于 HTML 的标记语言，可以使用 XML 语言在数据库中执行插入、删除、更新等操作。

(3) MDX。MDX 是多维表达式(multi-dimensional expressions)的简称。MDX 语法可以进行 OLTP 定义、查询并操纵数据库中的对象。

(4) OLE DB 和 ODBC。OLE DB 和 ODBC(open database connectivity，开放的数据库连接)是两种不同的应用程序编程接口(application programming interfaces，API)，客户端应用程序通过这些接口向数据库发送命令。

(5) English Query。English Query 是 Microsoft SQL Server 系统的内置工具，它可以让用户能够使用自然语言访问数据库中的数据。用户不必编写复杂的 Transact-SQL 语句。例如，用户可以问这样的问题"学生数学考试的平均成绩是多少？"

8.1.2　客户端/服务器体系结构

客户端/服务器体系结构是当前非常流行的计算机体系结构。在这种体系结构中，客户端提出查询请求，服务器对客户端的请求做出响应。客户端/服务器体系结构最初起源于局域网中对打印机等外部设备的共享请求，该体系结构的本质在于实现分工服务。服务器为整个网络提供自己擅长的服务，客户端的应用程序通过服务器的服务功能可以实现复杂的应用。

在 SQL Server 2000 系统中，包括了用于检索数据的客户端组件和服务器组件。客户端负责商业逻辑和数据显示，包括了客户端应用程序、数据库 API、客户端网络库(Net-Library)。服务器负责管理数据和分配服务器资源(内存、网络等)，包括了服务器网络库、开放数据服务、关系引擎、存储引擎。SQL Server 2000 系统的这种组件体系结构如图 8-2 所示。

用户通过客户端应用程序使用 SQL Server，提出查询请求和接收最终的回应结果。客户端应用程序调用数据库 API 来传输查询请求以及接收来自服务器的回应。

数据库 API 使用驱动程序或动态链接库文件把查询请求封装成一个或多个 TDS

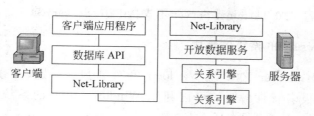

图 8-2　SQL Server 2000 组件体系结构图

(tabular data stream,表格数据流)包。然后,把 TDS 包传送给客户端网络库,并且对由服务器传来的结果进行处理。

客户端网络库管理客户端和服务器间的路由选择和网络连接。它完成 TDS 包到网络协议包之间的转变,并通过网络协议把这些数据包发送给服务器端的网络库。网络库使 SQL Server 能够访问或使用不同的网络协议的网络,其中每个协议都有一个特定的驱动程序。SQL Server 有两个主网络库:超级套接字网络库和共享内存网络库。

客户端网络库必须与服务器网络库中的某个网络库完全匹配,才能进行通信。服务器网络库把数据包中的 TDS 包传送给开放式数据服务(ODS)。

开放式数据服务以 SQL Server 身份向客户端提供服务。ODS 包是一种服务器端的API,负责把查询信息从 TDS 包中取出来,然后传送给关系引擎。

关系引擎负责分析 Transact-SQL 语句,处理数据定义语言(data definition language,DDL)和其他语句,优化和实施查询计划。

存储引擎管理数据库文件和文件中的空间分配,管理物理 I/O,控制并发,执行日志记录和恢复操作等。它把数据读入到缓冲区中,并把执行的结果传送给关系引擎。

关系引擎将最终的结果集传递给开放式数据服务。开放式数据服务打包结果集,并通过服务器网络库和数据库 API 把结果集传送给客户端应用程序。

8.1.3　SQL Server 集成

SQL Server 的客户端组件和服务器组件能够与 Microsoft 的各种操作系统集成在一起,比如 Microsoft Windows 2000、Microsoft Windows NT 等。用户也可以通过浏览器访问 SQL Server。

1. 与操作系统的集成

SQL Server 包含了客户端组件和服务器端组件。

(1)客户端组件。除了 SQL Server Windows CE 版本外,SQL Server 的客户端组件能够运行在这些系统上,包括:Microsoft Windows 2000 的各种版本、Microsoft Windows NT 的各种版本、Microsoft Windows Millennium、Microsoft Windows 98、Microsoft Windows 95 等。其中 SQL Server 的 Windows CE 版本只能运行在 Microsoft Windows CE 操作系统上。

(2)服务器端组件。Microsoft SQL Server 2000 系统的服务器端组件也可以运行在多个操作系统上,包括:Microsoft Windows 2000 的各种版本、Microsoft Windows NT 的各种版本、Microsoft Windows Millennium、Microsoft Windows 98、Windows CE 等。

注意：Windows NT 4.0 Terminal Server 不支持 SQL Server 2000。

2. 与 Windows 2000 系统的集成

Microsoft SQL Server 2000 与 Windows 2000 集成在一起，充分利用了 Windows 2000 系统已有的很多特性。例如可以利用 Windows 2000 的系统监视器监视 SQL Server 系统的性能。具体描述如下：

（1）活动目录（active directory）。服务器启动时，服务器及其属性信息自动地在活动目录中注册登记。通过活动目录搜索，用户可以查找运行实例的服务器信息。

（2）安全性。SQL Server 与 Windows 2000 的安全性集成在一起。例如用户可以使用同一个用户名和密码同时访问 Windows 2000 和 SQL Server，简化了安全管理。SQL Server 还使用了 Windows 2000 的加密特征，例如 Kerberos 的支持。另外对于没有 Windows 2000 认证的客户，SQL Server 也为他们提供了自身的安全机制。

（3）多处理器支持。SQL Server 支持 Windows 2000 的并行多处理（symmetric multiprocessing，SMP）功能。因此，SQL 能够自动地利用任何一个安装在计算机上的处理器。

（4）事件查看器。为了方便查看和跟踪问题，SQL Server 把自己系统中的消息发送给 Windows 2000 的日志程序。

（5）组件服务。组件服务是基于组件对象模型（component object model，COM）和 Microsoft 事物服务器（Microsoft transaction server，MTS）的扩展。它提供了改进的线程、改进的安全性、排队组件、事务管理、应用程序管理等功能。

（6）性能监视器。SQL Server 通过向 Windows 2000 的系统监视器发送自身的性能测量指数，来监视 SQL Server 的系统性能。

（7）Microsoft Internet 信息服务。SQL Server 可以使用 Windows 2000 集成的 Microsoft 万维网信息服务（Internet information services，IIS），使用 IE 浏览器，通过超文本传输协议（hyper text transport protocol，HTTP）访问 SQL Server 数据库。

（8）Windows 群集。Windows 群集是 Windows 2000 Advanced Server 的一个组件，它可以把两个节点（服务器）连接成一个群集，使这些节点像一个节点在工作，能够更好地管理数据库和应用程序。当一个节点被破坏时，自动切换到另一个节点上。

3. 与其他 Microsoft 服务器应用程序的集成

SQL Server 能够很好地与其他的 Microsoft 服务器应用程序集成，以更好地解决问题。表 8-1 描述了一组常用的，能够与 SQL Server 2000 集成的应用程序特征。

表 8-1　服务器应用程序

服务器应用程序	描　述
Microsoft Windows 2000 Server with Solution Accelerator(SA) for the Internet Storefront	提供安全、快捷、可管理的 Internet 连接。它包含了可扩展的、多层的企业防火墙和可伸缩的 Web 高速缓冲存储器

续表

服务器应用程序	描　述
Microsoft Exchange 服务器（Server）	使 SQL Server 能通过邮件发出错误信息或者任务，和对嵌入在邮件信息中的查询做出回应
Microsoft 主机集成服务器 2000	利用 Microsoft 主机集成服务器，可以用来连接运行系统网络体系结构（system network architecture，SNA）协议的 IBM 环境
Microsoft System Management 服务器（Server）	用来管理计算机软硬件信息。并使用 SQL Server 存储数据库

8.1.4　安装 SQL Server 2000

SQL Server 2000 的安装并不难，下面详细介绍安装前的准备工作和安装的全过程。

1. 安装 SQL Server 2000 的环境需求

在安装 SQL Server 2000 之前，首先要了解 SQL Server 2000 对硬件及软件的安装要求，对硬件的要求如表 8-2 所示，对操作系统的要求如表 8-3 所示。

表 8-2　SQL Server 2000 对硬件的要求

硬　件	最 低 要 求
处理器（CPU）	Pentium 166MHz
内存（RAM）	企业版：至少 64MB 内存，建议 128MB 或更多 标准版：至少 64MB 个人版：Windows 2000 以上至少 64MB，其他操作系统至少 32MB
硬盘空间	完全安装（full）：至少 180MB 的内存空间 典型安装（typical）：至少 170MB 的内存空间 最小安装（minimum）：至少 65MB 的内存空间
监视器	VGA 或更高分辨率 SQL Server 图形工具需要 600、800 或更高分辨率

表 8-3　SQL Server 2000 对操作系统的要求

SQL Server 2000 版本	操作系统的最低要求
企业版	Microsoft Windows NT Server 4.0 、Microsoft Windows 2000 Server、Microsoft Windows NT Server Enterprise Edition 4.0 、Windows 2000 Advanced Server、Windows 2000 Data Center Server
标准版	Microsoft Windows NT Server 4.0 、Microsoft Windows 2000 Server、Microsoft Windows NT Server Enterprise Edition 、Windows 2000 Advanced Server、Windows 2000 Data Center Server
个人版	Microsoft Windows 98、Microsoft Windows NT Workstation 4.0、Microsoft Windows 2000 Professional、Microsoft Windows NT Server 4.0、Microsoft Windows 2000 Server

2. SQL Server 2000 的各种版本

在安装 SQL Server 2000 之前,必须对它的各种版本有一定的了解,才能正确地安装。SQL Server 2000 主要有 3 个不同的版本:企业版、标准版、个人版,用户可以根据需要选择不同的版本。这些版本的简要说明如下:

(1) SQL Server 2000 企业版。用作企业的数据库服务器使用,支持 SQL Server 2000 中的所有可用功能,包括支持 OLTP 和 OLAP 系统,是当前所有版本中性能最好,也是价格最昂贵的数据库系统。

(2) SQL Server 2000 标准版。用作部门或工作组的数据库服务器使用,虽然功能没有企业版那样齐全,但它的功能能够满足企业的一般应用要求。该版本支持最多 2GB 的 RAM 和 4 个 CPU,可以有 100 个左右的用户,属于 TB 级的数据库。

(3) SQL Server 2000 个人版。主要用于移动的用户,属于 MB 级的数据库。这些用户大部分时间是与网络断开的,但他们需要使用 SQL Server 存储数据。另外,当只在某一台客户端计算机上运行 SQL Server 数据库时,也可以使用个人版,但只能支持 10 个左右的用户。

3. 安装 SQL Server 2000

SQL Server 2000 有多种不同的版本,可以安装在多种操作系统上,下面以 SQL Server 2000 标准版的安装过程为例介绍整个安装过程。

(1) 将 SQL Server 2000 安装光盘放入光驱,自动进入 SQL Server 2000 的安装界面,如图 8-3 所示。

图 8-3　安装 SQL Server 2000 的启动界面

(2) 选择"安装 SQL Server 2000 组件",安装程序将为用户安装 SQL Server 2000 服

务器组件,如图 8-4 所示。

图 8-4   选择"安装 SQL Server 2000 组件"界面

(3) 选择"安装数据库服务器",会进入到如图 8-5 所示的"欢迎"界面。

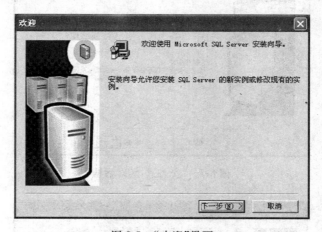

图 8-5   "欢迎"界面

(4) 单击"下一步"按钮,出现"计算机名"对话框,如图 8-6 所示,选择"本地计算机"单选按钮。

(5) 单击"下一步"按钮,会出现如图 8-7 所示的"安装选择"对话框。

(6) 选择"安装选择"对话框中的"创建新的 SQL Server 实例,或安装客户端工具"单选按钮,并单击"下一步"按钮,出现如图 8-8 所示的输入"用户信息"界面。

(7) 在如图 8-8 所示的对话框中输入姓名与公司名后,单击"下一步"按钮,出现如图 8-9 所示的"软件许可协议"对话框。

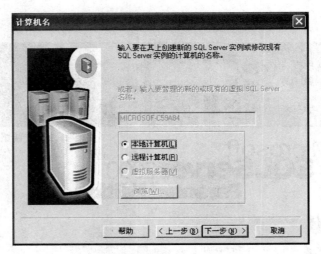

图 8-6 "计算机名"对话框

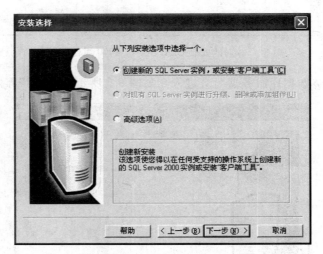

图 8-7 "安装选择"对话框

图 8-8 "用户信息"界面

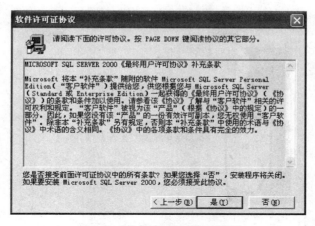

图 8-9 "软件许可协议"对话框

(8) 在如图 8-9 所示的对话框中,单击"是"按钮,出现如图 8-10 所示的"安装定义"对话框。

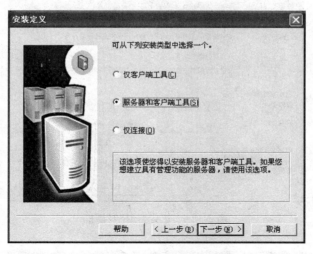

图 8-10 "安装定义"对话框

(9) 选择"服务器和客户端工具"单选按钮,并单击"下一步"按钮,出现如图 8-11 所示的"实例名"对话框。选择该选项,安装程序只安装客户端工具,用户无法提供 SQL Server 的服务器服务,只能连接到 SQL Server 服务器上。

(10) 选择"默认"安装,系统将安装 SQL Server 的实例,单击"下一步"按钮,出现如图 8-12 所示的"安装类型"对话框。

(11) 选择"典型"单选按钮,将使用默认安装选项安装整个 SQL Server,建议采用此安装。单击"下一步"按钮,出现如图 8-13 所示的"服务账户"对话框。选择默认选项,在服务设置选项中选择"使用本地系统账户"单选按钮。

(12) 单击"下一步"按钮,出现图 8-14 所示的"身份验证模式"对话框。

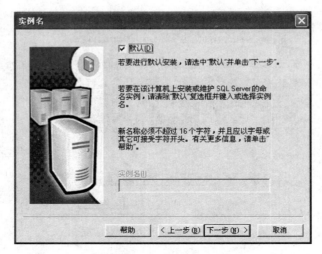

图 8-11　"实例名"对话框

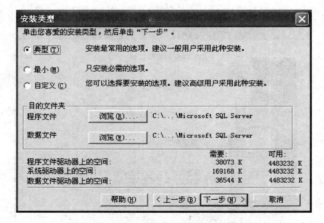

图 8-12　"安装类型"对话框

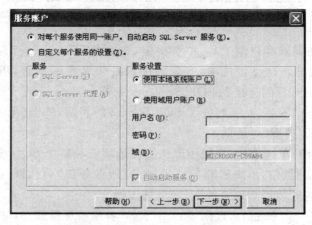

图 8-13　"服务账户"对话框

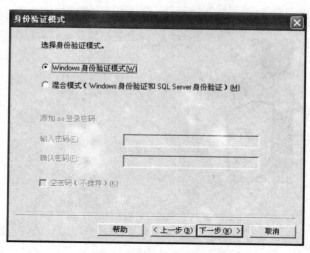

图 8-14　"身份验证模式"对话框

（13）默认是"Windows 身份验证模式"，在这种模式下，用户连接 SQL Server 时，SQL Server 将使用 Windows 中的信息验证账户名和密码。如果选择了混合模式（Windows 身份验证和 SQL Server 身份验证），SQL Server 将选择 Windows 身份验证或 SQL Server 身份验证进行连接。在这里我们选择"Windows 身份验证模式"，单击"下一步"按钮，出现如图 8-15 所示的"开始复制文件"对话框。在此对话框中，显示机器已获得足够的信息，可以执行安装操作。

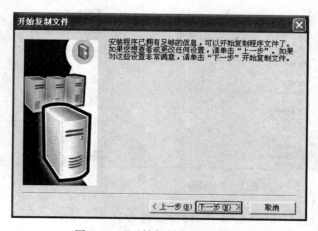

图 8-15　"开始复制文件"对话框

（14）单击"下一步"按钮，系统开始安装进程。安装完会显示"安装完毕"对话框，如图 8-16 所示。单击"完成"按钮，系统安装完毕。

安装结束后，怎样才能知道安装是否成功呢？一般，如果在安装过程中没有出现错误提示，就可以认为安装是成功的。要确保安装是正确的，可以执行"开始→程序→Microsoft SQL Server→企业管理器"命令，查看能否启动数据库服务，如图 8-17 所示。

附带说明：如果已经把 SQL Server 的安装软件拷入电脑的某个文件夹中，则双击该

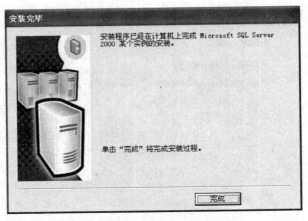

图 8-16   "安装完毕"对话框

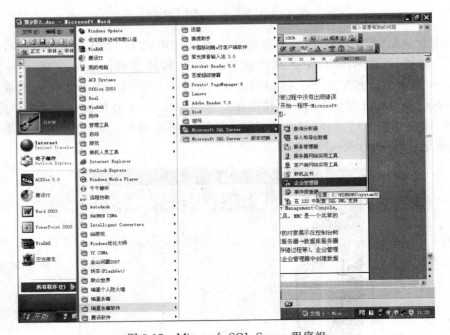

图 8-17   Microsoft SQL Server 程序组

文件夹中的"AUTORUN. EXE"文件,即可安装 SQL Server。

8.1.5   SQL Server 主要的管理工具

SQL Server 2000 提供了两种主要的系统管理工具:SQL Server 企业管理器(SQL Server Enterprise Manager 和 SQL 查询分析器(SQL query analyzer)。

1. SQL Server 企业管理器

SQL Server 企业管理器是 Microsoft 管理控制台(microsoft management console,

MMC)的一个插件,它是 SQL Server 2000 的主要管理工具。MMC 是一个共享的用于 Microsoft 服务应用程序管理的用户接口。

企业管理器通过简单易用的图形界面,将所有 SQL Server 中的对象展示在控制台树中,它按照这样的层次结构对数据库中的对象进行管理:数据库服务器→数据库→数据库对象(如表、关系图、视图、存储过程等)。企业管理器主要的作用是对数据库中的对象进行有效的管理。比如可以在企业管理器中创建数据库对象,如数据库、表、视图等。

2. SQL Server 查询分析器

SQL Server 的查询分析器是一种交互式的图形工具,它允许用户输入和执行查询语句和存储过程,对数据库中的信息进行查询。可以在企业管理器中选择"工具→SQL 查询分析器"或者"开始"→"程序"→ Microsoft SQL Server→"查询分析器"。

SQL Server 查询分析器常用的功能有:

(1) 在查询分析器中编写并执行 SQL 脚本,执行结果会以表格或文本的格式显示在下方的结果窗格中。用户还可以在查询分析器中打开已经存在的 SQL 脚本。

(2) 利用模板功能,还可以快速创建数据库和数据库对象。

(3) 执行存储过程。

(4) 调试脚本。

(5) 查看查询性能问题,包括显示服务器跟踪、显示执行计划、显示客户统计、索引优化向导。

8.2　在 SQL Server 上建立示例数据库

SQL Server 包含两种类型的数据库:系统数据库和用户数据库。可以使用系统数据库操作和管理 SQL Server 系统,用户数据库是用户创建的数据库。在安装 SQL Server 时,会自动安装系统数据库和示例数据库。系统数据库包括 master、model、tempdb、msdb、distribution,示例数据库有 Northwind。

8.2.1　数据库与表

数据库就像一个容器,它建好以后,用户才可以把数据库中的对象装入其中,比如表、视图等。对于表对象而言,一个表对象可以属于多个数据库。在此可以使用"导入数据"功能实现把一个表导入多个数据库中。

下面以把示例数据库 Northwind 中的 Orders 表导入"教学管理"数据库为例,详细介绍操作步骤。

(1) 打开"教学管理"数据库中的"表"对象,选择"表"→"所有任务"→"导入数据"菜单,如图 8-18 所示。

(2) 出现如图 8-19 所示的"DTS 导入/导出向导"对话框,单击"下一步"按钮。

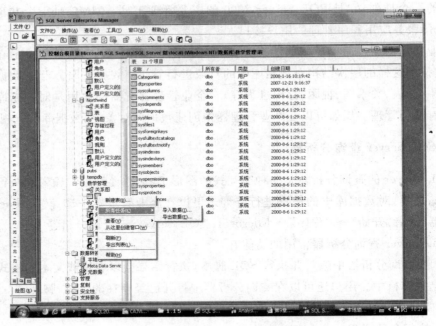

图 8-18 "导入数据"菜单

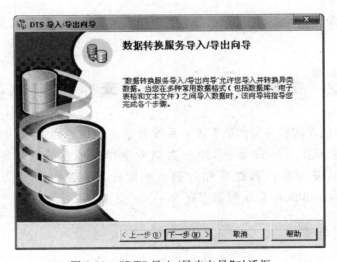

图 8-19 "DTS 导入/导出向导"对话框

（3）出现如图 8-20 所示的"选择数据源"对话框，在此对话框中的"数据源"下拉列表框中选择"用于 SQL Server 的 Microsoft OLE DB 提供程序"。"服务器"选项中选择"使用 Windows 身份验证"单选按钮，"数据库"下拉列表框中选择 Northwind，单击"下一步"按钮。

（4）出现如图 8-21 所示的"选择目的"对话框，在该对话框中的"数据库"下拉列表框中选择"教学管理"，其他选项使用系统默认设置。单击"下一步"按钮。

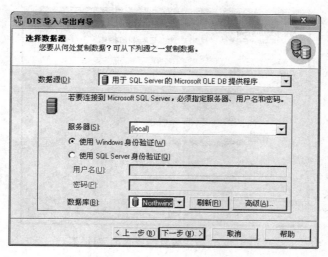

图 8-20   "选择数据源"对话框

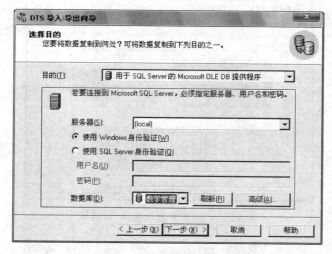

图 8-21   "选择目的"对话框

（5）出现如图 8-22 所示的"指定表复制或查询"对话框。在此选择"从源数据库复制表和视图"单选按钮，单击"下一步"按钮。

（6）出现如图 8-23 所示的"选择源表和视图"对话框。在此选择 Orders 表，单击"下一步"按钮。

（7）出现如图 8-24 所示的"保存、调度和复制包"对话框。在此使用默认选项，单击"下一步"按钮。

（8）出现如图 8-25 所示的"正在完成 DTS 导入/导出向导"对话框。单击"完成"按钮。出现图 8-26 所示的成功对话框，单击"确定"按钮，即完成将 Northwind 中的 Orders 表导入"教学管理"数据库中。

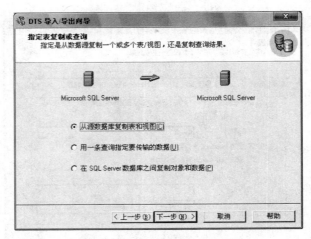

图 8-22 "指定表复制或查询"对话框

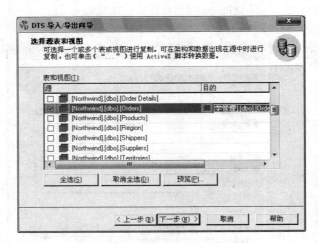

图 8-23 "选择源表和视图"对话框

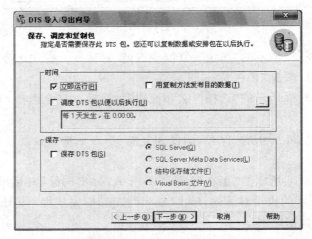

图 8-24 "保存、调度和复制包"对话框

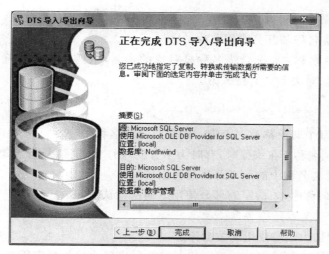

图 8-25 "正在完成 DTS 导入/导出向导"对话框

图 8-26 成功将表复制到数据库

8.2.2 SQL Server 数据库对象

数据库是多个对象的集合。表 8-4 描述了 SQL Server 中各个数据库对象。

表 8-4 数据库对象

数据库对象	描　　述
表	用来存储和操作数据的一种逻辑结构。由行和列组成
数据类型	定义了列或变量允许的数据值。包括系统提供的数据类型和用户自定义数据类型
约束	定义列中的值必须满足的规则
默认值	定义了默认情况下某个列的列值
规则	定义了某个列的列值的取值范围
索引	索引是根据表中一列或多列按照一定顺序建立的列值与记录间的对应关系表
视图	提供了从一个或多个表中浏览数据的方法
用户定义函数	用户自己定义的函数,它为用户进行程序设计带来了方便
存储过程	事先已经编译好的,一组 Transact-SQL 语句,用以完成某个特定的功能
触发器	一种特殊的存储过程,用以保护表中的数据

用户在对数据库进行操作的过程中，经常要引用数据库中的对象，对象的引用方式有两种：完全合法名称和部分引用名称。

（1）完全合法名称：完全合法名称是对象的全名，包括 4 个标识符，即服务器名、数据库名、拥有者名、对象名。其格式为：

```
Server.Database.Owner.Object
```

数据库中的每个对象都有一个唯一的完全合法名称。

（2）部分引用名称：在编程时，有时为了方便，用户可以省去完全合法名称中的一些部分，其中完全合法名称中的前三部分均可以省略。

在部分引用名称中，未指定的部分使用下面的默认值：

① 服务器默认为本地服务器。

② 数据库默认为当前使用的数据库。

③ 所有者默认为登录当前数据库相对应的用户名称或数据库所有者（dbo）。

下列指出了一些正确的对象名称的有效格式：

```
Server.Database.Owner.Object
Database.Owner.Object
Owner.Object
Object
```

比如 Northwind. dbo. orderhistory 使用的是 Database. Owner. Object，是部分引用名称。

8.2.3 创建和删除数据库

SQL Server 2000 有两类数据库：系统数据库和用户定义数据库。在安装 SQL Server 2000 时，会自动安装 4 个系统数据库：master 、model、msdb、tempdb。

（1）master 包含了如登录账号、系统配置、数据库位置和错误信息等，它控制用户数据库和 SQL Server 的运行。

（2）model 为用户创建数据库提供模板。

（3）msdb 为调度信息和作业历史提供一个存储区域。

（4）tempdb 为临时表和临时存储过程提供一个存储空间。存储所有与系统连接的用户临时表和临时存储过程。

1. 创建数据库

一般地，创建数据库有三种方法，一是使用企业管理器创建数据库；二是通过向导（wizard）创建数据库；三是通过命令方式创建数据库。

能够创建数据库的用户必须是数据库管理员或者是拥有 CREATE DATABASE 权限的用户。要说明创建的数据库的名称、用户名、数据库大小以及数据文件和事务日志文件的属性。

新创建的数据库，系统默认的设置为：数据文件初始大小 1MB，最大为 10MB，允许数据库按 10％比例自动增长；事务日志文件初始大小 1MB，最大 2MB，允许事务日志文件按 10％比例自动增长。

1）使用企业管理器创建数据库

下面以前面提到的"教学管理系统"为例，详细说明怎样使用企业管理器创建"教学管理"数据库。

启动 SQL Server 服务，以"Windows 身份验证模式"登录计算机。创建"教学管理"数据库，数据文件设置初始大小 1MB，最大不超过 10MB，数据库按百分比方式自动增长，增长量为 10％；日志文件初始大小为 1MB，最大不超过 3MB，按 1MB 增长；所有者为 ado。

第 1 步，启动 SQL Server 企业管理器，如图 8-27 所示。

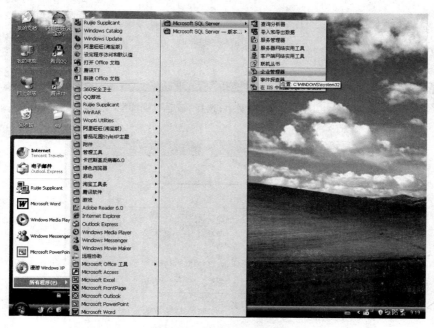

图 8-27　启动企业管理器

第 2 步，展开 SQL Server 企业管理器中控制平台的 SQL Server 组，选中"数据库"，右击，出现如图 8-28 所示的快捷菜单，选择"新建"→"新建数据库"菜单。

第 3 步，出现如图 8-29 所示的"数据库属性"对话框，在该对话框的"常规"选项卡中，输入数据库名称，本例为"教学管理"。

第 4 步，在"数据库属性"对话框中还有另外两个选项卡——"数据文件"选项卡和"事务日志"选项卡。数据文件和事务日志的文件名和文件的存放路径均采用系统的默认值，如图 8-30 所示，数据文件的默认文件名为"教学管理_Data"，默认存放位置为 C:\Program Files\Microsoft SQL Server\MSSQL\ data\教学管理_Data. MDF，扩展名为 MDF。在图 8-30 中，单击"位置"按钮可以更改文件的存放位置。在数据文件选项卡中输入数据文件的属性：初始大小 1MB，最大文件大小 10MB，按百分比增长，增长量为 10％。

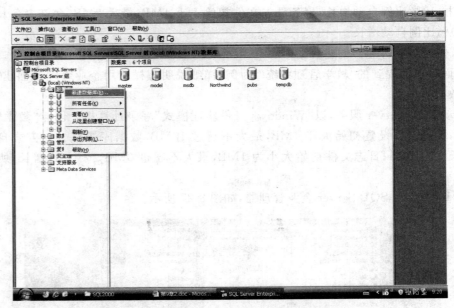

图 8-28　在企业管理器中,选择"新建数据库"菜单项

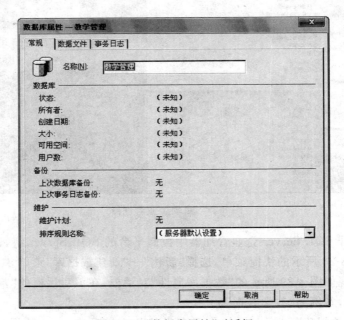

图 8-29　"数据库属性"对话框

第 5 步,在事务日志选项卡中输入事务日志文件的属性,事务日志的默认文件名为
教学管理_Log,默认存放位置为 C:\Program Files\Microsoft SQL Server\MSSQL\data
\教学管理_Log. LDF,LDF 是日志文件的扩展名。初始大小为 1MB,最大文件大小为
3MB,按 1MB 增长,如图 8-31 所示。

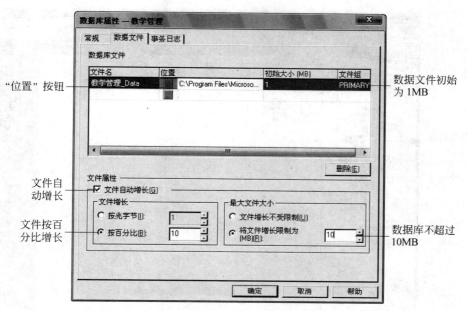

图 8-30　设置数据库文件属性对话框

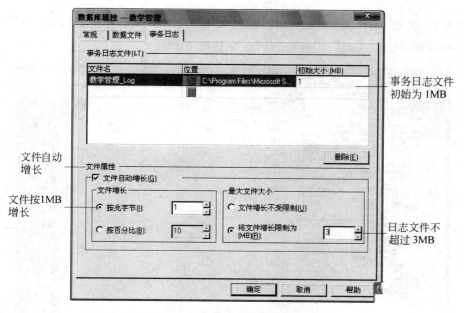

图 8-31　设置事务日志文件属性对话框

第 6 步，单击"确定"按钮，数据库就创建好了，如图 8-32 所示。

2）使用向导创建数据库

这里仍以创建"教学管理"数据库为例，假设已经登录计算机。

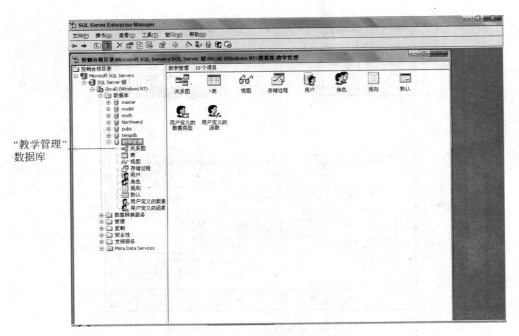

"教学管理"
数据库

图 8-32 "教学管理"数据库

第 1 步,启动 SQL Server 企业管理器,展开 SQL Server 企业管理器控制台中的
SQL Server 组,选择"工具"→"向导"命令,如图 8-33 所示。

图 8-33 启动企业管理器

第 2 步 出现如图 8-34 所示的向导对话框,展开"数据库"级联菜单,选择"创建数据库向导",单击"确定"按钮。

图 8-34   "选择向导"对话框

第 3 步 出现如图 8-35 所示的"欢迎使用创建数据库向导"界面,单击"下一步"按钮。

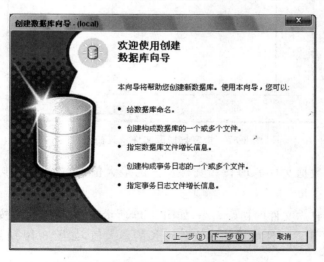

图 8-35   "欢迎使用创建数据库向导"界面

第 4 步 单击"下一步"按钮,在如图 8-36 所示的"创建数据向导-(local)"对话框中输入数据库名,以及事务文件和日志文件的存放位置,单击"下一步"按钮。

第 5 步 出现如图 8-37 所示的对话框,在此输入数据文件的初始大小。单击"下一步"按钮。

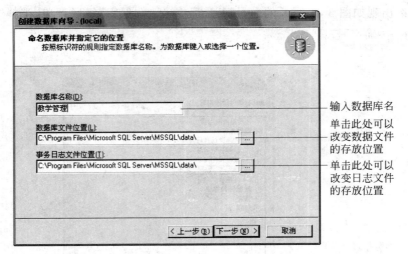

图 8-36 "创建数据向导-(local)"对话框

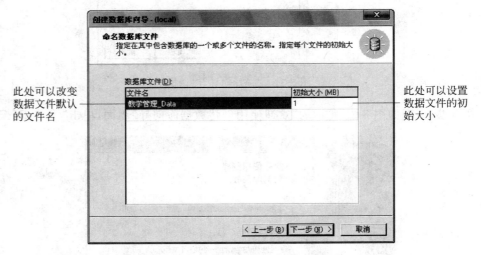

图 8-37 指定数据库文件及其初始大小

第 6 步 指定数据文件的增长和文件增长的最大值,单击"下一步"按钮,如图 8-38 所示。

第 7 步 输入日志文件的初始大小,如图 8-39 所示,单击"下一步"按钮。

第 8 步 指定日志文件的增长和文件增长的最大值,如图 8-40 所示,单击"下一步"按钮。

第 9 步 单击图 8-41 中的"完成"按钮,"教学管理"数据库创建成功。

3) 通过命令创建数据库

除了使用界面创建数据库外,还可以在查询分析器中使用命令创建数据库,常用的语法格式如下:

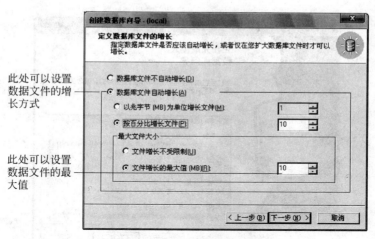

此处可以设置
数据文件的增
长方式

此处可以设置
数据文件的最
大值

图 8-38 定义数据库文件属性

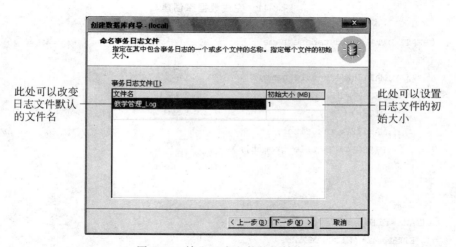

此处可以改变
日志文件默认
的文件名

此处可以设置
日志文件的初
始大小

图 8-39 输入日志文件的初始大小

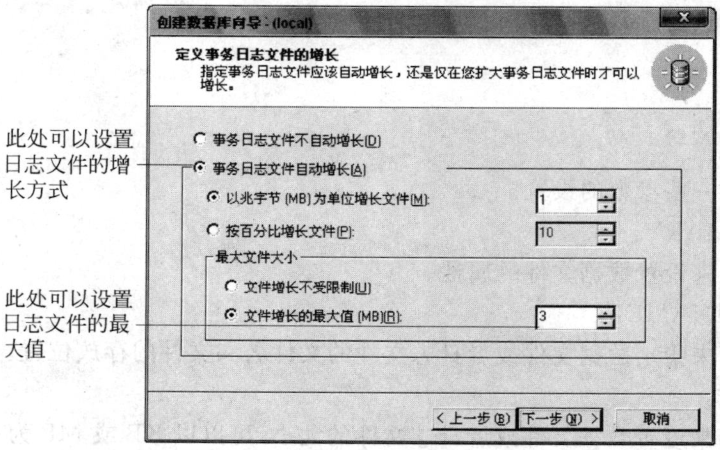

此处可以设置
日志文件的增
长方式

此处可以设置
日志文件的最
大值

图 8-40 定义日志文件的属性

图 8-41 完成数据库创建

```
CREATE DATABASE database_name
[ON
    {[PRIMARY](NAME=file_name,
       FILENAME='FILENAME',
       [,SIZE=size],
       [,MAXSIZE=max_size],
       [,FILEGROWTH=file_growth])
    }
]
[LOG ON
{(NAME=file_name,
   FILENAME='FILENAME',
  [,SIZE=size],
       [,MAXSIZE=max_size],
       [,FILEGROWTH=file_growth])
}
]
[COLLATE]
```

下面列出一些参数的设置。

（1）PRIMARY：

该参数用来设置数据文件的属性。

（2）FILENAME：

该参数用来指定数据文件或者日志文件的文件名和文件的存放位置。

（3）SIZE：

该参数用来设置数据文件或者日志文件的大小，可以以 KB 或 MB 为单位。

（4）MAXSIZE：

该参数用来设置数据文件或日志文件增长的最大值。

（5）FILEGROWTH：

该参数用来设置文件的增长量，可以选择按兆字节增长或者按百分比增长。

（6）COLLATE：

该参数用来指定数据库的默认排序规则。

例 8-1　在查询分析器中，编写 T-SQL 语句创建如前所述的"教学管理"数据库。

用户可以在查询分析器中输入如下代码：

```
CREATE DATABASE 教学管理
ON
  PRIMARY ( NAME= '教学管理_Data',
  FILENAME= 'C:\Program Files\Microsoft SQL Server\MSSQL\data\教学管理_Data.
MDF',
    SIZE= 1MB,
    MAXSIZE= 10MB,
    FILEGROWTH= 10% )
LOG ON
  ( NAME=教学管理_Log,
FILENAME= 'C:\Program Files\Microsoft SQL Server\MSSQL\data\教学管理_Log.LDF'
    SIZE= 1MB,
    MAXSIZE= 3MB,
    FILEGROWTH= 1MB)
COLLATE Chinese_PRC_CI_AS
```

总体来说，创建数据库，使用企业管理器较为方便，用户可以根据需要选择。

2. 删除数据库

当用户不再需要某个数据库时，用户可以删除数据库。删除数据库有两种方法：一是使用企业管理器，二是通过命令。

1）使用企业管理器

在控制台中选择要删除的数据库，单击鼠标右键，在弹出的快捷菜单中选择"删除"，然后单击"确定"按钮，将删除该数据库以及所有相关的引用。使用企业管理器，一次只能删除一个数据库。

2）通过命令删除

通过使用 DROP Database 语句，也可以删除数据库。一次可以删除多个数据库。

语法如下：

```
DROP Database database_name [,…,n]
```

为了让读者能够学会使用命令创建数据对象，下面通过例子来介绍它的使用方法，读者在学习过程中，要学会方法，其他数据库对象的创建可以举一反三，并且要多上机实践。

例 8-2　删除"教学管理"数据库。

用户可以在查询分析器中输入如下代码：

DROP DATABASE 教学管理

删除数据库也有限制条件，不能删除下列数据库：

① 正在被使用或已打开的数据库；

② 处于恢复过程中的数据库；

③ 系统数据库。

8.2.4　表的创建和删除

表是用来存储数据的一种逻辑结构。以前面提及的"教学管理"数据库中的"教师信息"表（teachers）为例，SQL Server 中有关术语表示如表 8-5 所示。

表 8-5　"教师信息"表数据结构

tno	tname	sex	city	title	birday	jobday	dno
0101	常有福	男	南京	教授	1964/03/12	1988/08/31	01
0102	胡子华	男	北京	讲师	1972/09/24	2000/08/16	01
0203	张玲玲	女	武汉	助教	1981/03/12	2003/08/14	02
0204	许明辉	男	南京	副教授	1970/12/05	1994/09/01	02
0305	汪林红	女	上海	副教授	1968/03/12	1995/08/01	03

表名——字段名　表——记录

1. 创建表

一般地，创建数据表，有两种方法：一是使用企业管理器，二是通过命令。以下以创建"教师信息"表为例，详细介绍创建表的过程，数据库中其他表的创建可参照此法。

1）使用企业管理器创建表

第 1 步 启动企业管理器，单击控制台树中的"教学管理"数据库，然后右击，在弹出的快捷菜单中选择"新建"→"表"，如图 8-42 所示。

第 2 步 弹出如图 8-43 所示的对话框，在该对话框中输入列名和列的属性，包括数据类型、是否允许为空值等。例如输入列名为 tno，数据类型为 char，长度为 4，不允许为空值。按照同样的方法，输入"教师信息"表中的其他字段属性，如图 8-43 所示。

第 3 步 编辑表中的各属性，单击工具栏上的"保存"按钮，出现如图 8-44 所示的"选择名称"对话框。在该对话框中输入表名 teachers。

第 4 步 "教师信息"表创建好了，在企业管理器控制台中选择"数据库"→"教学管理"→"表"→teachers，查看建好的表，如图 8-45 所示。

2）使用 CREATE TABLE 命令创建表

除了使用企业管理器创建表外，还可以使用命令创建表，且使用此方法更加灵活。

（1）语法。

CREATE TABLE 语句创建表的语法格式为：

图 8-42　新建表

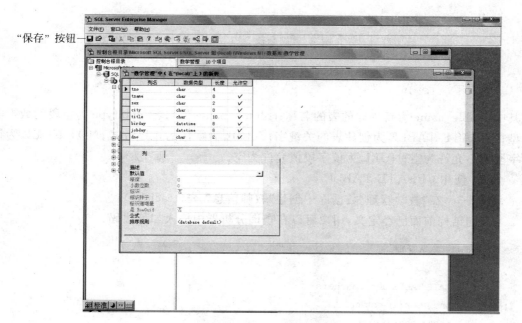

图 8-43　创建表

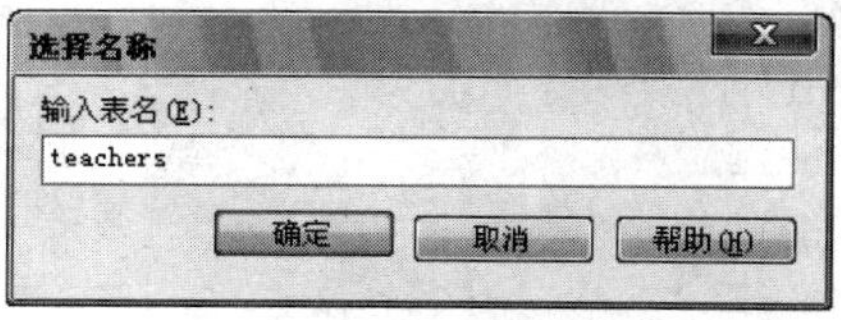

图 8-44　"选择名称"对话框

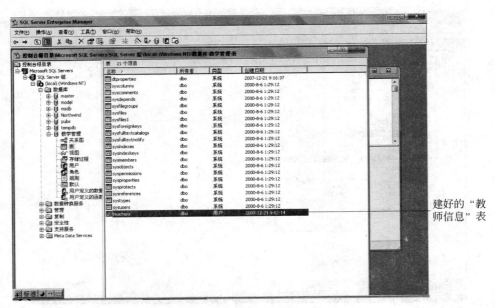

图 8-45　建好的"教师信息"表

```
CREATE TABLE table_name
    column_name data type [collate< collation_name>]
    [NOT NULL │ NULL]
    │ column_name as computed_column_expression
        [,…,n]
```

其中：table_name 为新创建的表的名称；column_name 为列名；datatype 为字段的数据类型；CREATE TABLE 为创建表的关键字；Collate 为默认的排序方式；NOT NULL 为该字段值不允许为空；NULL 为该字段值允许为空。

（2）使用 CREATE TABLE。

例 8-3　在"教学管理"数据库中创建"教师信息"表（teachers）。

表的结构前面已经定义,用户可以在查询分析器中输入如下代码：

```
USE 教学管理
GO
CREATE TABLE dbo.teachers
( tno char(4) not null,
    tname char(8)null,
    sex char(2) null,
    city char(8) null,
    title char(10) null,
    birday datetime null,
    jobday datetime null,
    dno char(2)null
    )
```

GO

在查询分析器中运行结果,如图 8-46 所示。

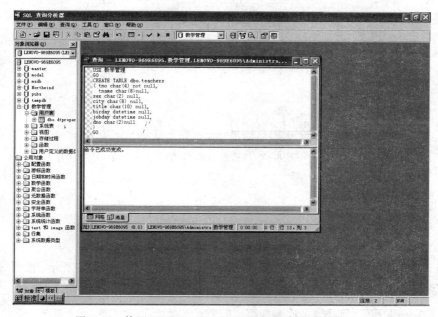

图 8-46　使用 CREATE TABLE 语句创建"教师信息"表

通过上述语句可以创建"教师信息"表,表的拥有者是 dbo,括号中的代码 tno char(4) not null 的含义是定义字段名为 tno,数据类型为 char(字符型),长度为 4 个字节,不允许为空。其他语句的含义读者也不难理解。用户可以在查询分析器中单击"运行"按钮,创建教师信息表,创建好的表用户可以在企业管理器中器中查看。

2. 数据库中表的删除

不再需要表的时候,可以把表删除。表中的所有结构也将被删除。表的删除有两种方法:一种是使用企业管理器;二是使用 DROP TABLE 语句来实现。

1)使用企业管理器

例 8-4　删除前例创建的"教师信息"表。

操作过程如下:

(1)在企业管理器中,展开控制台,找到"教学管理"数据库。

(2)单击"教学管理"数据库中的"表"对象,寻找"teachers"表,右击,在弹出的快捷菜单中选择"删除"命令,出现图 8-47 所示的对话框,单击"全部移去"按钮,就可以删除表。

2)使用 DROP DABLE 语句删除表

例 8-5　删除前例创建的"教师信息"表。

操作过程如下:

在查询分析器中输入下列命令:

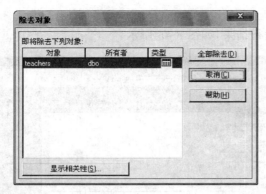

图 8-47　"移去对象"对话框

```
USE 教学管理
GO
DROP TABLE dbo.teachers
GO
```

运行该程序,在执行结果窗口中看到"命令执行成功",如图 8-48 所示,表示"教师信息"表已经被成功删除。

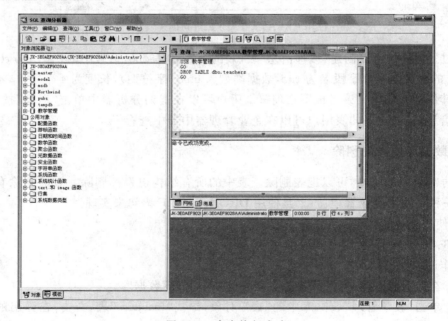

图 8-48　命令执行成功

8.2.5　创建连接

在数据库的 C/S 结构中,一般都要进行图形用户界面的设计。通常用户可以使用 Visual Basic,Delphi,PowerBuilder 等。本节主要介绍怎样使用 Visual Basic,链接 SQL

Server 应用程序,主要讲述通过 ADO 数据控件访问数据库的方法和步骤。

和 SQL Server 一样,Visual Basic 也是 Microsoft 公司研制和开发的。VB 不仅是一种程序设计语言,也是一个开发数据库的工具。

1. ADO

开放式数据库互联 ODBC 是 Microsoft 公司于 1991 年发布的一种访问数据库的统一界面标准。ODBC 为数据库应用程序访问异构数据库提供了统一的数据存取接口 API,允许应用程序以 SQL 作为数据存取标准,来存取不同的 DBMS 管理的数据。ODBC 可以用来使用许多种类的数据库,如 SQL,Oracle 等,在数据库编程方面是一个很大的进步。然而,它也有一些缺点,如 ODBC 的接口的定义是由一些函数所构成的,不方便编程人员的学习和使用,也不易扩展和集成。为此,Microsoft 公司提出了一种新的解决方案——OLE DB,它对各类应用程序都适用,采用 ODBC 接口,可以通过 SQL 对数据库访问和操作。

OLE DB 是一组符合组件对象模型(COM)的 API 函数。ADO(ActiveX Data Objects,ActiveX 数据对象)技术是一种良好的方案,操作简单,它基于 OLE DB,提供了面向对象的、与语言无关的应用程序编程接口。

2. 使用 ADO 数据控件

ADO 数据控件使用 ADO 来快速建立数据绑定控件与数据源之间的连接,具有 DataSource 属性的控件都可以作为数据绑定控件,任何符合 OLE DB 规格的源都可以作为数据源。

1) 安装 ADO

首先,要将 ADO 添加到工具箱中,步骤如下:

打开 Visual Basic,在"工程"菜单中选择"部件",打开"部件"对话框。选择 Microsoft ADO Data Control 6.0(OLE DB)复选框,如图 8-49 所示。

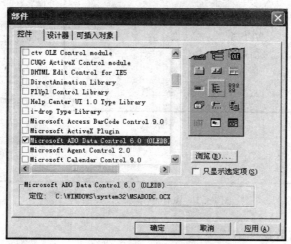

图 8-49　"部件"对话框

单击"确定"按钮,即可把 ADO 数据控件添加到工具箱中,如图 8-50 所示。

工具箱中的 ADO
数据控件

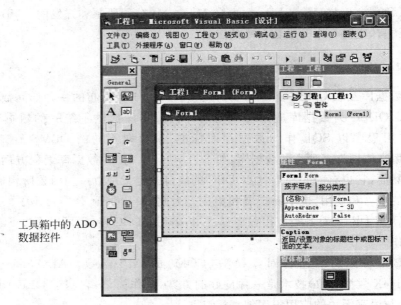

图 8-50　添加的 ADO 控件

2) 添加 ADO 控件

双击工具箱中添加的 ADO 控件,添加到窗体中,如图 8-51 所示。

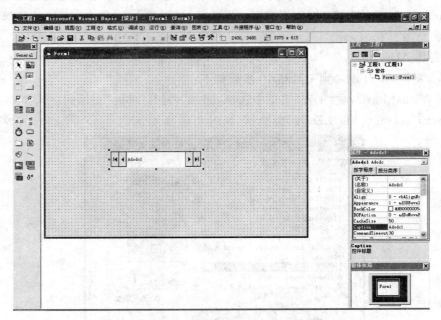

图 8-51　窗体中添加 ADO 控件

3) 设置 ADO 与数据库的连接

(1) 单击窗体的 ADO 控件,单击鼠标右键属性,在弹出的快捷菜单中选择"ADODC

属性",打开"属性页"对话框,如图 8-52 所示。

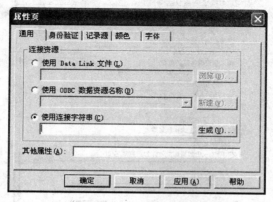

图 8-52 "属性页"对话框

（2）在"属性页"对话框中可以选择使用 Data Link 文件、使用 ODBC 数据资源名或使用连接字符串。在此我们选择"使用连接字符串"单选按钮,然后单击"生成"按钮。

（3）弹出"数据链接属性"对话框,如图 8-53 所示,选择"Microsoft OLE DB Provider for SQL Server"选项。

图 8-53 "数据链接属性"对话框(1)

（4）单击"下一步"按钮,在如图 8-54 所示的对话框中输入服务器名称,如"JK-3E0AEF9028AA","输入登录服务器的信息"框中选择"使用 Windows NT 集成安全设置"单选按钮,"在服务器上选择数据库"框中选择"教学管理"数据库,单击"确定"按钮。

（5）在"属性页"对话框中选择"记录源"选项卡,如图 8-55 所示。

（6）选择记录源的命令类型。从列表中选择：1-adCmdText 表示通过执行 SQL 语句生成记录集；2-adCmdTable 表示通过一个数据库表中检索数据；4-adCmdStoredProc

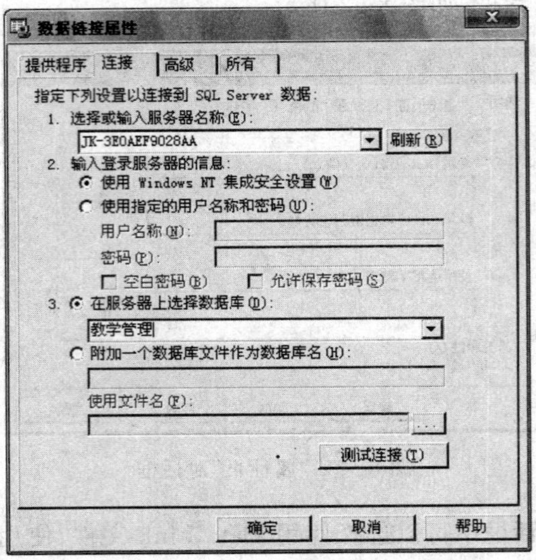

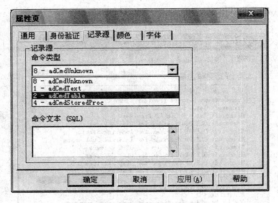

图 8-54　"数据链接属性"对话框(2)

图 8-55　"属性页"对话框

表示通过存储过程生成记录集。

　　如果选择 2-adCmdTable 或 4-adCmdStoredProc,则在"表或存储过程名称"框中输入所需要的表名称或存储过程名称;如果选择的 1-adCmdText,则在"命令文本"框中输入 SQL 查询语句。

　　(7) 单击"确定"按钮,完成操作。

8.2.6　数据装入

　　表创建好以后,表是一个空表,表中没有任何记录,用户可以向表中输入数据。在输入数据之前,用户要查看表的结构、表中各字段的数据类型、表中的约束、表之间的关系等。

一般地，向表中添加数据有两种方法：一种是使用企业管理器；二是使用 INSERT 命令。

1. 使用企业管理器向表中添加数据

例 8-6　在"teachers"表中输入表 8-6 中的数据。

表 8-6　teachers 表中的数据

tno	tname	sex	city	title	birday	jobday	dno
0101	常有福	男	南京	教授	1964/03/12	1988/08/31	01
0102	胡子华	男	北京	讲师	1972/09/24	2000/08/16	01
0203	张玲玲	女	武汉	助教	1981/03/12	2003/08/14	02
0204	许明辉	男	南京	副教授	1970/12/05	1994/09/01	02
0305	汪林红	女	上海	副教授	1968/03/12	1995/08/01	03

前面已经完成了"teachers"表结构的设计，现在可以查看创建的表。展开企业管理器控制台，在"教学管理"数据库对象中选中 teachers 表，右击，选择弹出的快捷菜单中的"打开表"→"返回所有行"，如图 8-56 所示。

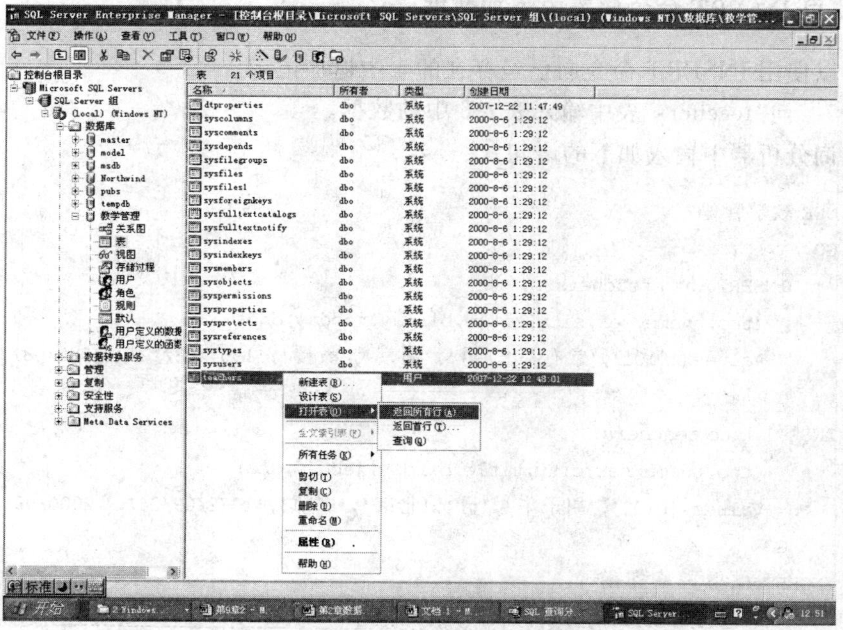

图 8-56　打开表

可以看到该表内没有任何记录。可以直接在打开的窗口中直接输入记录，对输入的记录也可以修改或删除。将表 8-6 的数据输入到 teachers 表中，如图 8-57 所示。

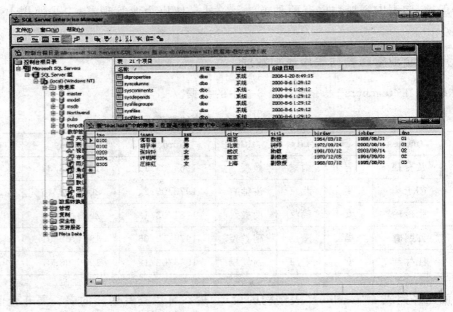

图 8-57　输入表中记录

2. 使用 INSERT 命令向表中添加数据

也可以使用 INSERT 命令向已经存在的表中追加记录。

例 8-7　向"teachers"表中输入表 8-6 中的数据。

在查询分析器中输入如下的语句:

```
USE 教学管理
GO
    INSERT into teachers
        (tno,tname,sex,city,title,birday,jobday,dno)
        Values('0101','常有福','男','南京','教授','1964/03/12','1988/08/31','01')
        GO
    INSERT into teachers
        (tno,tname,sex,city,title,birday,jobday,dno)
        Values('0102','胡子华','男','北京','讲师','1972/09/24',' 2000/08/16','01')
        GO
    INSERT into teachers
        (tno,tname,sex,city,title,birday,jobday,dno)
        Values('0203','张玲玲','女','武汉','助教','1981/03/12',' 2003/08/14','02')
        GO
    INSERT into teachers
        (tno,tname,sex,city,title,birday,jobday,dno)
        Values('0204','许明辉','男','南京','副教授','1970/12/05',' 1994/09/01','02
')
```

```
        GO
INSERT into teachers
        (tno,tname,sex,city,title,birday,jobday,dno)
        Values('0305','汪林红','女','上海','副教授','1968/03/12',' 1995/08/01','03
')
        GO
```

执行结果如图 8-58 所示。

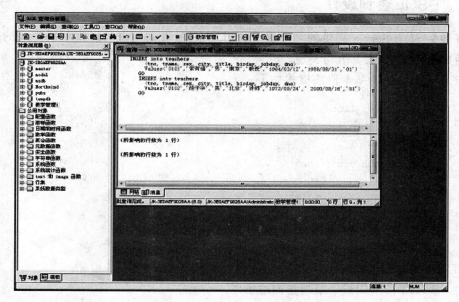

图 8-58   使用 INSERT 语句向"teachers"表中添加数据

8.3   T-SQL 和示例数据库查询

T-SQL 语言包括数据定义、数据操纵和数据控制语言。通过执行和编写 T-SQL 语句，可以向 SQL Server 提交查询请求。

8.3.1   T-SQL 语言

T-SQL 语句分为 3 类：

（1）数据定义语句（data definition language，DDL），它允许创建数据库对象。

（2）数据控制语句（data control language，DCL），它设置允许哪些用户可以查看和修改数据库中的数据。

（3）数据操作语句（data manipulation language，DML）它允许用户可以查看或修改数据库中的数据。

表 8-7 是这三类 T-SQL 语句使用的命令分类。

表 8-7 T-SQL 语句的命令分类

T-SQL 语句分类	命　　令
数据定义	CREATE、ALTER、DROP
数据控制语句	GRANT、DENY 、REVOKE
数据操作语句	SELECT、INSERT、UPDATE、DELETE

8.3.2　T-SQL 查询设计

查询是 SQL Server 提供的一个重要的功能,通过查询用户可以得到所需要的数据,可以通过执行 SELECT 语句实现。

SELECT 语句的基本语法格式如下:

```
SELECT column_list
[INTO new_table_name]
FROM table_name
[WHERE search_conditions]
[GROUP BY column_list]
[HAVING search_conditions]
[ORDER BY column_list[ASC|DESC]]
```

其中:

(1) SELECT 表示查询,指定要返回的行和列。

(2) WHERE 子句指定限制查询的条件。

(3) FROM 指定查询的表。

(4) GROUP BY 用来分组汇总。

(5) HAVING 用来设置分组汇总的条件。

(6) ORDER BY 用来排序。

必须使用的动词是 SELECT,其他都是可选的。比如不需要设置查询的条件时,就不需要用 WHERE 子句。

在编写 SELECT 查询语句时,有以下的注意事项:

- 查询的结果将 column_list 指定的顺序显示列。
- 列之间用逗号隔开,最后一列后面不加逗号。
- 如果使用"SELECT *",将检索所有列。

8.3.3　示例数据库的 T-SQL 查询

下面以第 2 章的"教学管理"数据库中的"教师信息"表(teachers)为例,通过举例来展示 T-SQL 查询,表中的记录如表 8-6 所示。

例 8-8　查询"教师信息"表中全体教师的记录。

查询代码如下：

```
USE 教学管理
SELECT * FROM teachers
GO
```

返回结果如表 8-8 所示。

表 8-8　查询结果 1

tno	tname	sex	city	title	birday	jobday	dno
0101	常有福	男	南京	教授	1964/03/12	1988/08/31	01
0102	胡子华	男	北京	讲师	1972/09/24	2000/08/16	01
0203	张玲玲	女	武汉	助教	1981/03/12	2003/08/14	02
0204	许明辉	男	南京	副教授	1970/12/05	1994/09/01	02
0305	汪林红	女	上海	副教授	1968/03/12	1995/08/01	03

例 8-9　查询全体教师的代号和姓名。

查询代码如下：

```
USE 教学管理
SELECT tno,tname FROM teachers
GO
```

返回结果如表 8-9 所示。

例 8-10　查询教师信息表中的教师姓名和年龄。

查询代码如下：

```
USE 教学管理
SELECT tname,YEAR(GETDATE())- YEAR(birday)AS 年龄 FROM teachers
GO
```

返回结果如表 8-10 所示。

表 8-9　查询结果 2

tno	tname
0101	常有福
0102	胡子华
0203	张玲玲
0204	许明辉
0305	汪林红

表 8-10　查询结果 3

tname	年　龄
常有福	45
胡子华	37
张玲玲	28
许明辉	39
汪林红	41

在本例中,教师的年龄是通过计算得来的,这时可以使用"AS 列名"来为计算列命名。

例 8-11 查询教师信息表中的第一条记录信息。

查询代码如下:

```
USE 教学管理
SELECT TOP 1 * FROM teachers
GO
```

返回结果如表 8-11 所示。

表 8-11 查询结果 4

tno	tname	sex	city	title	birday	jobday	dno
0101	常有福	男	南京	教授	1964/03/12	1988/08/31	01

在本例中,用户要限制返回的行的数目,可以使用 TOP n 关键字。例如 TOP 1,则显示第一条记录。如果是 TOP 3 PERCENT 关键字,则查询结果显示前面 3% 条记录。

例 8-12 查询"教师信息"表中职称是"教授"的记录。

查询代码如下:

```
USE 教学管理
SELECT * FROM teachers
WHERE title= '教授'
GO
```

返回结果如表 8-12 所示。

表 8-12 查询结果 5

tno	tname	sex	city	title	birday	jobday	dno
0101	常有福	男	南京	教授	1964/03/12	1988/08/31	01

例 8-13 查询"教师信息"表中系代号为"01"的记录。

查询代码如下:

```
USE 教学管理
SELECT * FROM teachers
WHERE dno= '01'
GO
```

返回结果如表 8-13 所示。

表 8-13 查询结果 6

tno	tname	sex	city	title	birday	jobday	dno
0101	常有福	男	南京	教授	1964/03/12	1988/08/31	01
0102	胡子华	男	北京	讲师	1972/09/24	2000/08/16	01

例 8-14   查询教师姓"张"的教师信息。

查询代码如下：

```
USE 教学管理
SELECT * FROM teachers
WHERE tname LIKE '张% '
GO
```

返回结果如表 8-14 所示。

表 8-14   查询结果 7

tno	tname	sex	city	title	birday	jobday	dno
0203	张玲玲	女	武汉	助教	1981/03/12	2003/08/14	02

本例中使用了"LIKE'张%'"，表示查询教师姓"张"的教师信息。其中"%"是通配符，可以使用通配符来限制字符串搜索条件。表 8-15 列出了四种通配符的使用。

表 8-15   通配符的使用

通 配 符	说　明	通 配 符	说　明
%	零个或多个字符的字符串	[]	指定的范围内的任意单个字符
_	任意单个字符	[^]	不在指定的集合内的单个字符

例 8-15   将教师信息表中的教师信息按照出生前后顺序排序。

查询代码如下：

```
USE 教学管理
SELECT * FROM teachers
ORDER BY birday
GO
```

返回结果如表 8-16 所示。

表 8-16   查询结果 8

tno	tname	sex	city	title	birday	jobday	dno
0101	常有福	男	南京	教授	1964/03/12	1988/08/31	01
0305	汪林红	女	上海	副教授	1968/03/12	1995/08/01	03
0204	许明辉	男	南京	副教授	1970/12/05	1994/09/01	02
0102	胡子华	男	北京	讲师	1972/09/24	2000/08/16	01
0203	张玲玲	女	武汉	助教	1981/03/12	2003/08/14	02

本例中 ORDER BY 表示按照某个字段排序，可以对结果集中的行按照升序（ASC）或降序（DESC）排列，默认情况下是升序。

习　题　8

一、名词解释题

1. 试解释下列名词的含义。

联机事务处理、联机分析处理、客户端/服务器体系结构。

2. 写出下列英文缩写名词对应的中文名词。

OLTP、OLAP、C/S、MDX、ODBC、API、DDL、COM、IIS、HTTP、TDS、ODS、MMC。

二、单项选择题

1. Microsoft SQL Server 2000 数据库是一种_____。

A. 小型桌面数据库管理系统　　　　B. 新一代大型关系型数据库管理系统

C. 数据仓库　　　　　　　　　　　D. 只用于 OLAP 处理

2. 下列关于 Microsoft SQL Server 提供的服务的论述中,错误的是_____。

A. 数据定义　　　　　　　　　　　B. 数据控制

C. 数据操纵　　　　　　　　　　　D. 数据挖掘

3. 典型的 OLTP 数据库有许多,除了_____。

A. 航空订票系统　　　　　　　　　B. 学院图书馆管理信息系统

C. 银行储蓄业务信息系统　　　　　D. 实验数据分析系统

4. 以下关于 OLAP 数据库数据存储模型与 OLTP 数据库数据存储模型的叙述中,错误的是_____。

A. OLAP 数据存储模型是瀑布型

B. OLAP 数据库的主要作用是通过组织和整理大量的数据,提高系统对数据的检索和和分析速度

C. SQL Server 2000 Analysis Services 就是一种 OLAP 系统

D. OLAP 系统可以执行各种数据分析操作,以便为用户提供解决方案

5. 用户要访问存储在 SQL Server 中的数据,他们可以通过下面的一些独立的客户端应用程序,除了_____。

A. Transact-SQL　　　　　　　　　B. XML

C. MDX　　　　　　　　　　　　　D. JAVA

6. SQL Server 2000 是一种_____。

A. 客户端/服务器体系结构的数据库管理系统

B. 数据挖掘工具

C. 系统

D. 网络结构

7. 客户端网络库管理客户端和服务器间的_____。

A. 层次模型　　　　　　　　　　　B. 存储器

C. 关系模型　　　　　　　　　　　D. 路由选择和网络连接

8. 关系引擎将最终的结果集传递给_____。

A. 客户端网络库　　　　　　　　　B. 开放式数据服务

C. 服务器端网络库　　　　　　　　D. 数据库 API

三、填空题

1. Microsoft SQL Server 2000 数据库是一种基于客户端/服务器模式的新一代大型关系型数据库管理系统,它提供了超大容量的_____,高效率的_____,方便的_____,友好的_____。

2. OLTP 数据库的主要作用是减少多余信息,提高对数据的_____、_____、_____。

3. 用户要访问存储在 SQL Server 中的数据,可以使用的客户端应用程序有_____、_____、_____、_____、_____。

4. 在客户端/服务器体系结构中,_____提出查询请求,_____对客户端的请求做出响应。

5. 开放式数据服务以_____身份向客户端提供服务。

6. CREATE Database 语句用来_____,CREATE TABLE 语句用来_____。

四、问答题

1. SQL Server 2000 有哪 7 种不同的版本?

2. OLTP 和 OLAP 的相同点和不同点有哪些?

3. 简述 SQL Server 的客户端/服务器体系结构。

4. SQL Server 与 Windows 2000 系统的集成使用了 Windows 2000 系统的哪些特性?

5. SQL Server 2000 有哪 3 种不同版本?

五、思考题

1. 试分析一下 SQL Server 2000 的各种版本各有什么特点,有哪些区别。

2. SQL Server 的系统数据库有哪些? 能否对系统数据库修改或删除?

六、综合/设计题

1. 模仿"教学管理"数据库,使用 SQL Server 2000 设计一个"学生信息管理"数据库。包括数据库的设计、数据库中表的设计、表中的记录设计等。要求能够对学生的个人信息和成绩信息进行管理。

2. 尝试使用 SELECT 语句查询"学生信息管理"数据库中的信息。

3. 使用 Visual Basic 设计应用程序界面,连接"学生信息管理"数据库,查看数据库中的信息。

读者意见反馈

亲爱的读者：

感谢您一直以来对清华版计算机教材的支持和爱护。为了今后为您提供更优秀的教材，请您抽出宝贵的时间来填写下面的意见反馈表，以便我们更好地对本教材做进一步改进。同时如果您在使用本教材的过程中遇到了什么问题，或者有什么好的建议，也请您来信告诉我们。

地址：北京市海淀区双清路学研大厦 A 座 602　　　计算机与信息分社营销室　收

邮编：100084　　　　　　　　　　电子邮件：jsjjc@tup.tsinghua.edu.cn

电话：010-62770175-4608/4409　　　邮购电话：010-62786544

教材名称：数据库技术应用基础

ISBN：978-7-302-18199-6

个人资料

姓名：＿＿＿＿＿＿＿　年龄：＿＿＿＿　所在院校/专业：＿＿＿＿＿＿＿＿＿＿

文化程度：＿＿＿＿＿＿　通信地址：＿＿＿＿＿＿＿＿＿＿＿＿＿＿＿＿＿

联系电话：＿＿＿＿＿＿　电子信箱：＿＿＿＿＿＿＿＿＿＿＿＿＿＿＿＿＿

您使用本书是作为： □指定教材　□选用教材　□辅导教材　□自学教材

您对本书封面设计的满意度：

□很满意　□满意　□一般　□不满意　改进建议＿＿＿＿＿＿＿＿＿＿＿＿＿

您对本书印刷质量的满意度：

□很满意　□满意　□一般　□不满意　改进建议＿＿＿＿＿＿＿＿＿＿＿＿＿

您对本书的总体满意度：

从语言质量角度看　□很满意　□满意　□一般　□不满意

从科技含量角度看　□很满意　□满意　□一般　□不满意

本书最令您满意的是：

□指导明确　□内容充实　□讲解详尽　□实例丰富

您认为本书在哪些地方应进行修改？（可附页）

＿＿＿＿＿＿＿＿＿＿＿＿＿＿＿＿＿＿＿＿＿＿＿＿＿＿＿＿＿＿＿＿＿＿

＿＿＿＿＿＿＿＿＿＿＿＿＿＿＿＿＿＿＿＿＿＿＿＿＿＿＿＿＿＿＿＿＿＿

您希望本书在哪些方面进行改进？（可附页）

＿＿＿＿＿＿＿＿＿＿＿＿＿＿＿＿＿＿＿＿＿＿＿＿＿＿＿＿＿＿＿＿＿＿

＿＿＿＿＿＿＿＿＿＿＿＿＿＿＿＿＿＿＿＿＿＿＿＿＿＿＿＿＿＿＿＿＿＿

电子教案支持

敬爱的教师：

为了配合本课程的教学需要，本教材配有配套的电子教案（素材），有需求的教师可以与我们联系，我们将向使用本教材进行教学的教师免费赠送电子教案（素材），希望有助于教学活动的开展。相关信息请拨打电话 010-62776969 或发送电子邮件至 jsjjc@tup.tsinghua.edu.cn 咨询，也可以到清华大学出版社主页（http://www.tup.com.cn 或 http://www.tup.tsinghua.edu.cn）上查询。

高等院校信息技术规划教材
系 列 书 目

书　　名	书　号	作　者
数字电路逻辑设计	978-7-302-12235-7	朱正伟　等
计算机网络基础	978-7-302-12236-4	符彦惟　等
微机接口与应用	978-7-302-12234-0	王正洪　等
XML 应用教程(第 2 版)	978-7-302-14886-9	吴　洁
算法与数据结构	978-7-302-11865-7	宁正元　等
算法与数据结构习题精解和实验指导	978-7-302-14803-6	宁正元　等
工业组态软件实用技术	978-7-302-11500-7	龚运新　等
MATLAB 语言及其在电子信息工程中的应用	978-7-302-10347-9	王洪元
微型计算机组装与系统维护	978-7-302-09826-3	厉荣卫　等
嵌入式系统设计原理及应用	978-7-302-09638-2	符意德
C++ 语言程序设计	978-7-302-09636-8	袁启昌　等
计算机信息技术教程	978-7-302-09961-1	唐　全　等
计算机信息技术实验教程	978-7-302-12416-0	唐　全　等
Visual Basic 程序设计	978-7-302-13602-6	白康生　等
单片机 C 语言开发技术	978-7-302-13508-1	龚运新
ATMEL 新型 AT89S52 系列单片机及其应用	978-7-302-09460-8	孙育才
计算机信息技术基础	978-7-302-10761-3	沈孟涛
计算机信息技术基础实验	978-7-302-13889-1	沈孟涛　著
C 语言程序设计	978-7-302-11103-0	徐连信
C 语言程序设计习题解答与实验指导	978-7-302-11102-3	徐连信　等
计算机组成原理实用教程	978-7-302-13509-8	王万生
微机原理与汇编语言实用教程	978-7-302-13417-6	方立友
微机组装与维护用教程	978-7-302-13550-0	徐世宏
计算机网络技术及应用	978-7-302-14612-4	沈鑫剡　等
微型计算机原理与接口技术	978-7-302-14195-2	孙力娟　等
基于 MATLAB 的计算机图形与动画技术	978-7-302-14954-5	于万波
基于 MATLAB 的信号与系统实验指导	978-7-302-15251-4	甘俊英　等
信号与系统学习指导和习题解析	978-7-302-15191-3	甘俊英　等
计算机与网络安全实用技术	978-7-302-15174-6	杨云江　等
Visual Basic 程序设计学习和实验指导	978-7-302-15948-3	白康生　等
Photoshop 图像处理实用教程	978-7-302-15762-5	袁启昌　等
数据库与 SQL Server 2005 教程	978-7-302-15841-7	钱雪忠　著
计算机网络实用教程	978-7-302-16212-4	陈　康　等
多媒体技术与应用教程	978-7-302-17956-6	雷运发　等